无机材料物理性能辅导与习题集

陈　雷　陈　萍　编著

合肥工业大学出版社

图书在版编目(CIP)数据

无机材料物理性能辅导与习题集/陈雷,陈萍编著.—合肥:合肥工业大学出版社,2023.8

ISBN 978-7-5650-6129-5

Ⅰ.①无… Ⅱ.①陈… ②陈… Ⅲ.①无机材料—物理性能—习题集 Ⅳ.①TB321-44

中国国家版本馆 CIP 数据核字(2023)第 169311 号

无机材料物理性能辅导与习题集

陈 雷 陈 萍 编著　　　　责任编辑 赵 娜

出 版	合肥工业大学出版社	版 次	2023 年 8 月第 1 版
地 址	合肥市屯溪路 193 号	印 次	2023 年 8 月第 1 次印刷
邮 编	230009	开 本	787 毫米×1092 毫米 1/16
电 话	理工图书出版中心:0551-62903004	印 张	18.25
	营销与储运管理中心:0551-62903198	字 数	387 千字
网 址	press.hfut.edu.cn	印 刷	安徽联众印刷有限公司
E-mail	hfutpress@163.com	发 行	全国新华书店

ISBN 978-7-5650-6129-5　　　　定价:68.00 元

如果有影响阅读的印装质量问题,请与出版社营销与储运管理中心联系调换。

前　言

"无机材料物理性能"是无机非金属材料专业的必修课，也被粉体材料科学与工程、材料物理、材料化学等其他材料类相关专业的大学生作为选修课或必修课，还有一些高校把"无机材料物理性能"列为研究生入学考试科目。由关振铎、张中太和焦金生编著并由清华大学出版社出版的《无机材料物理性能》是非常经典的教材，荣获高等教育"十一五"国家级规划教材荣誉，被国内众多高校使用。本书可以与关振铎、张中太和焦金生编著的《无机材料物理性能》(清华大学出版社，第2版，2011)配套使用。

从2008年起，我在合肥工业大学材料科学与工程学院给无机非金属材料工程和粉体材料科学与工程两个专业的本科生讲解"无机材料物理性能"课程，一直选用关振铎、张中太和焦金生编著的《无机材料物理性能》作为主要教材。长期以来，我在给学生讲授课后作业时发现，尽管网络媒体或其他资料有一些与该教材课后习题相关的解答和参考答案，但这些解答往往不深入、不全面，因为缺乏辩证思考而未能全面反应该教材编著者的智慧。多年来，每当我给同学们讲一遍课后习题时，我总想着出版一本与该教材相关的配套习题解答，以正视听，以及更好地启迪学生。这个想法一直激励着我，而今逾十年夙愿终得以实现。

近年来，我国半导体芯片产业发展暴露的问题使国民日益认识到无机材料的重要性，半导体与光电材料主要采用无机非金属材料。"无机材料物理性能"课程是材料科学与工程专业的学生认识无机材料物理性能最重要的专业基础课。我国高等教育担负着为党育人、为国育才的重要任务。在新工科背景下，新时代的高等教育迫切需要把立德树人融入到思想道德教育、文化知识教育、社会实践教育各个环节，使大学生在"真刀真枪"的学习与实践中不断增长才干，从而为我国的社会发展服务，为党的执政兴国服务。

本书共分为四个部分：第一部分为学习辅导；第二部分为随堂测试样题与参考答案、第三部分为其中考试样题与参考答案、第四部分为期末考试样题与参考答案。

本书在编写过程中坚持五位一体、能力导向、协同育人的人才培养理念，充分贯彻实施新工科背景下注重人才过程培养的考核机制，对关振铎、张中太和焦金生编著的《无机材料物理性能》中八个章节内容的教学要求、教学重点和教学难点分别进行了梳理，并对其中的课后习题进行了解答。为了加深同学们的理解，本书对同学们多年来出现的典型错题进行了收集，并对典型错题进行分析讲解。学好物理相关课程，不仅需要多思多想以及对物理定律和定理多加总结，而且需要通过适当的习题练习来巩固知识，提炼知识点。本书在第一部分每一章节后都给出了相应的辅导练习题，再加上随堂测试、期中考试、期末考试的试题练习，可以帮助学生掌握、巩固相应知识。

在本书在编写过程中，合肥工业大学毕业生褚哲凯、王步威、王家煜、亓亚刚、梁成硕、郭若萌等人为整理本书付出了不少时间和精力，在此对他们表示衷心感谢！同时，感谢安徽省杰出青年基金(项目编号:2208085J13)为本书出版提供的经费支持!

由于著者水平有限，书中难免存在疏漏和不足之处，恳请读者批评指正！

陈　雷

2023 年 7 月

目　录

第一部分　学习辅导

第二部分　随堂测试样题与参考答案

第三部分　期中考试样题与参考答案

第四部分　期末考试样题与参考答案

第一部分

学习辅导

《无机材料物理性能》课程教学大纲

1. 课程概况

<table>
<tr><td>开课单位</td><td>材料科学与工程学院</td><td>课程类型</td><td>专业必修课程</td></tr>
<tr><td>课程名称</td><td>无机材料物理性能</td><td>课程代码</td><td></td></tr>
<tr><td>开课学期</td><td>第六/七学期</td><td>学时/学分</td><td></td></tr>
<tr><td>选课对象</td><td colspan="3">无机非金属材料工程、粉体材料科学与工程专业的本科生</td></tr>
<tr><td>先修课程</td><td colspan="3">《高等数学》《大学物理》《无机化学》《物理化学》《材料科学基础》</td></tr>
<tr><td>课程教材</td><td colspan="3">关振铎，张中太，焦金生.《无机材料物理性能》第2版，清华大学出版社，2011</td></tr>
<tr><td>参考书目和资料</td><td colspan="3">熊兆贤.《材料物理导论》，科学出版社，2007.
关振铎，张中太，焦金生.《无机材料物理性能》第2版，清华大学出版社，2011.
王秀峰，史永胜，宁青菊，等.《无机材料物理性能》，化学工业出版社，2010.
李志林.《材料物理》，化学工业出版社，2013.
黄昆著，韩汝琦.《固体物理学》，高等教育出版社，1998.</td></tr>
<tr><td colspan="4">《无机材料物理性能》课程简介
本课程系统阐述了材料的力学、热学、光学、电导、介电与磁学性能及其发展和应用，介绍了各种重要物理性能的原理及微观机制，性能的测定方法及控制、改善性能的措施，各种材料结构与性能的关系，各性能之间的相互制约与变化规律。本课程着重阐述了如何采用合理的参数表征材料力学、热学、光学、电导、介电和磁学性能，参数的物理意义和单位及其在实际工程技术中所处的地位，以及影响物理性能参数的因素，即材料性能与材料组成和结构的关系、性能参数的物理本质、物理模型和变化规律。学生通过对本课程的学习，可为判断材料性能优劣，正确选择和使用材料，改变材料性能，探索新材料、新性能、新工艺打下理论基础。</td></tr>
<tr><td colspan="2">课程目标(Course Objectives,CO)</td><td colspan="2">对应的专业培养目标(Learning Objectives,LO)</td></tr>
<tr><td colspan="2">(CO1)使学生了解材料的力学、热学、光学、电导、介电和磁学等性能，明确如何采用合理的参数表征这些物理性能，同时掌握各类物理参数的意义和单位及这些参数在实际工程技术中所处的地位。</td><td colspan="2">(LO4)使学生掌握坚实的无机非金属材料工程专业的基础理论和系统的专门知识。</td></tr>
<tr><td colspan="2">(CO2)使学生理解影响物理性能参数的因素，即材料性能与材料组成和结构的关系、性能参数的物理本质、物理模型和变化规律，以及基本的性能测试方法，为判断材料性能优劣，正确选择和使用材料，改变材料性能，探索新材料、新性能、新工艺打下理论基础。</td><td colspan="2">(LO6)使学生具有较强的开拓创新能力，有效地进行新材料、新工艺、新技术的研发。</td></tr>
<tr><td colspan="2">(CO3)使学生掌握材料力学和物理性能的研究方法。</td><td colspan="2">(LO5)使学生具有较强的自主学习能力，提出问题、分析问题和解决问题的能力，以及从事本专业和相近专业业务工作的能力。</td></tr>
</table>

第一章　无机材料的受力形变

【教学要求】 使学生掌握应力与应变基本概念；理解无机非金属材料与金属材料力学性能的差异（金属材料具有很好的塑性；无机非金属材料在低温下具有脆性，而在高温下具有一定的塑性），能够解释这种现象产生的物理机制，从而为开发、选择及应用新型材料奠定坚实的理论基础；掌握广义胡克定律、弹性模量；理解黏弹性与滞弹性；掌握晶体的滑移、临界剪应力、理论剪切强度、塑性形变的位错运动理论，理解塑性形变的影响因素，理解蠕变的概念、蠕变的位错运动理论、扩散蠕变理论、晶界蠕变理论。

【教学重点】 弹性模量、晶体滑移、塑性形变的位错运动理论，蠕变的位错运动理论，扩散蠕变理论，晶界蠕变理论。

【教学难点】 应力与应变基本概念与数学表达式、无机非金属材料的典型力学特征及其物理机制。

一、课后习题解答

1-1　对于一根长 25 cm、直径 2.5 mm、承受 4500 N 轴向拉力的圆杆，如果将其直径拉细成 2.4 mm，求：

(1) 设拉伸变形后，圆杆的体积维持不变，拉伸后的长度是多少？

(2) 在此拉力下的真应力和真应变是多少？

(3) 在此拉力下的名义应力和名义应变是多少？

比较以上计算结果并讨论之。

【参考答案】 (1) 圆柱体积表达式为 $V=\pi r^2 l$，假设拉伸变形后圆杆的体积维持不变，即 $V_1=V_0$，把拉伸前后的圆柱直径 d_0 和 d_1 及拉伸前后的圆柱长度 l_0 和 l_1 分别带入计算，由 $\pi\left(\frac{d_1}{2}\right)^2 l_1=\pi\left(\frac{d_0}{2}\right)^2 l_0$ 计算得到长度为

$$l_1=\frac{(d_0/2)^2\times l_0}{(d_1/2)^2}=\frac{(2.5/2)^2\times 250}{(2.4/2)^2}=271.27(\text{mm})$$

此外，取 $\pi=3.14$，拉伸前后圆杆的几何尺寸相关参数见表1所列。

表 1-1　拉伸前后圆杆的几何尺寸相关参数

	直径 d/mm	圆面积 S/mm²	长度 l/mm	体积 V/mm³
拉伸前	2.5	4.90625	250	1226.56
拉伸后	2.4	4.5216	271.27	1226.56

(2) 真应力为

$$\sigma_{\mathrm{T}}=\frac{F}{A}=\frac{4500}{4.5216\times10^{-6}}\approx9.95\times10^{8}(\mathrm{Pa})=995.22(\mathrm{MPa})$$

真应变为

$$\varepsilon_{\mathrm{T}}=\int_{l_0}^{l_1}\frac{\mathrm{d}l}{l}=\ln\frac{l_1}{l_0}=\ln\frac{A_0}{A_1}=\ln\left(\frac{2.5}{2.4}\right)^2$$

$$=2\ln\left(\frac{2.5}{2.4}\right)=0.08164\approx8.16\times10^{-2}$$

(3) 名义应力为

$$\sigma=\frac{F}{A_0}=\frac{4500}{4.90625\times10^{-6}}\approx9.17\times10^{8}(\mathrm{Pa})=917.20(\mathrm{MPa})$$

名义应变为

$$\varepsilon=\frac{\Delta l}{l_0}=\frac{l_1-l_0}{l_0}=\frac{l_1}{l_0}-1=\frac{A_0}{A_1}-1=0.085069\approx8.51\times10^{-2}$$

对比计算结果可以发现：真应力大于名义应力，真应变小于名义应变。

1-2　列举一些存在 S_{14} 的晶系。

【参考答案】　三斜晶系、三角晶系。

提示

理解这一题，首先要理解弹性柔顺系数的概念。对于各向异性材料的应力-应变关系，$E_x\neq E_y\neq E_z$，$\mu_{xy}\neq\mu_{yz}\neq\mu_{zx}$，各种弹性常数随方向不同而不同，描述这类材料在弹性形变阶段的应力-应变关系，需要借助广义胡克定律。

例如，当单向受应力 σ_x 作用时，y 方向上的应变为 $\varepsilon_{yx}=-\mu_{yx}\varepsilon_x=-\mu_{yx}\dfrac{\sigma_x}{E_x}=S_{21}\sigma_x$，其中 S_{21} 称为弹性柔顺系数，$S_{21}=\dfrac{-\mu_{yx}}{E_x}$。

同理，$\varepsilon_{zx}=-\mu_{zx}\dfrac{\sigma_x}{E_x}=S_{31}\sigma_x$，$S_{31}=-\dfrac{\mu_{zx}}{E_x}$；$\varepsilon_{xx}=\dfrac{\sigma_x}{E_x}=S_{11}\sigma_x$，$S_{11}=\dfrac{1}{E_x}$。

弹性柔顺系数 S_{ij} 中,下标十位数 i 为应变方向,个位数 j 为所受应力的方向。

对于同时受三向应力的各向异性材料,除了法向应力分量对应变分量有上述影响之外,剪切应力分量对正应力分量也有影响,法向应力对剪切应力分量也有影响。各应变分量通式为

$$\varepsilon_x = S_{11}\sigma_{xx} + S_{12}\sigma_{xx} + S_{13}\sigma_{xx} + S_{14}\tau_{yz} + S_{15}\tau_{zx} + S_{16}\tau_{xy}$$

$$\varepsilon_y = S_{21}\sigma_{xx} + S_{22}\sigma_{xx} + S_{23}\sigma_{xx} + S_{24}\tau_{yz} + S_{25}\tau_{zx} + S_{26}\tau_{xy}$$

$$\varepsilon_z = S_{31}\sigma_{xx} + S_{32}\sigma_{xx} + S_{33}\sigma_{xx} + S_{34}\tau_{yz} + S_{35}\tau_{zx} + S_{36}\tau_{xy}$$

$$\gamma_{yz} = S_{41}\sigma_{xx} + S_{42}\sigma_{xx} + S_{43}\sigma_{xx} + S_{44}\tau_{yz} + S_{45}\tau_{zx} + S_{46}\tau_{xy}$$

$$\gamma_{zx} = S_{51}\sigma_{xx} + S_{52}\sigma_{xx} + S_{53}\sigma_{xx} + S_{54}\tau_{yz} + S_{55}\tau_{zx} + S_{56}\tau_{xy}$$

$$\gamma_{xy} = S_{61}\sigma_{xx} + S_{62}\sigma_{xx} + S_{63}\sigma_{xx} + S_{64}\tau_{yz} + S_{65}\tau_{zx} + S_{66}\tau_{xy}$$

该方程组中出现了 36 个弹性柔顺系数。由矩阵的对称阵关系有 $S_{ij}=S_{ji}$。因此,弹性柔顺系数 S 的独立张量元数目最多有 21 个。晶系的对称性越高,独立的张量元数目就越少。S_{ij} 的数目只与晶系有关,而与晶系中具体的对称类型无关,其中立方晶系 S 为 3 个(S_{11}、S_{44}、S_{12}),六方晶系 S 为 5 个(S_{11}、S_{33}、S_{44}、S_{66}、S_{13}),正交晶系(又称为斜方晶系)S 为 9 个(S_{11}、S_{22}、S_{33}、S_{44}、S_{55}、S_{66}、S_{12}、S_{23}、S_{31})。

延伸阅读

七种不同晶系的弹性模量矩阵元

1. 三斜晶系(Triclinic system)

三斜晶系是所有七大晶系中对称性最低的晶系,因此拥有最多的独立矩阵元,其弹性矩阵形式为

$$\begin{bmatrix} S & S_{12} & S_{13} & S_{14} & S_{15} & S_{16} \\ S_{12} & S_{22} & S_{23} & S_{24} & S_{25} & S_{26} \\ S_{13} & S_{23} & S_{33} & S_{34} & S_{35} & S_{36} \\ S_{14} & S_{24} & S_{34} & S_{44} & S_{45} & S_{46} \\ S_{15} & S_{25} & S_{35} & S_{45} & S_{55} & S_{56} \\ S_{16} & S_{26} & S_{36} & S_{46} & S_{56} & S_{66} \end{bmatrix}$$

三斜晶系共有 21 个独立的刚度矩阵元,求解过程也因此较为复杂。

2. 单斜晶系(Monoclinic system)

单斜晶系弹性矩阵形式为

$$\begin{bmatrix} S_{11} & S_{12} & S_{13} & 0 & 0 & S_{16} \\ S_{12} & S_{22} & S_{23} & 0 & 0 & S_{26} \\ S_{13} & S_{23} & S_{33} & 0 & 0 & S_{36} \\ 0 & 0 & 0 & S_{44} & S_{45} & 0 \\ 0 & 0 & 0 & S_{45} & S_{55} & 0 \\ S_{16} & S_{26} & S_{36} & 0 & 0 & S_{66} \end{bmatrix}$$

考虑对称性后,单斜晶系有 11 个独立刚度矩阵元。

3. 正交晶系(Orthorhombic system)

正交晶系弹性矩阵形式为

$$\begin{bmatrix} S_{11} & S_{12} & S_{13} & 0 & 0 & 0 \\ S_{12} & S_{22} & S_{23} & 0 & 0 & 0 \\ S_{13} & S_{23} & S_{33} & 0 & 0 & 0 \\ 0 & 0 & 0 & S_{44} & 0 & 0 \\ 0 & 0 & 0 & 0 & S_{55} & 0 \\ 0 & 0 & 0 & 0 & 0 & S_{66} \end{bmatrix}$$

正交晶系的独立刚度矩阵元数目为 9 个。

4. 四方晶系(Tetragonal system)

(1) 四方晶系(4,－4,4/m)。对于具有“4,－4,4/m”对称操作的四方晶系,其弹性矩阵的形式为

$$\begin{bmatrix} S_{11} & S_{12} & S_{13} & 0 & 0 & S_{16} \\ S_{12} & S_{22} & S_{23} & 0 & 0 & -S_{16} \\ S_{13} & S_{23} & S_{33} & 0 & 0 & 0 \\ 0 & 0 & 0 & S_{44} & 0 & 0 \\ 0 & 0 & 0 & 0 & S_{44} & 0 \\ S_{16} & -S_{16} & 0 & 0 & 0 & S_{66} \end{bmatrix}$$

四方晶系(4，－4，4/m)的独立刚度矩阵元数目为 8 个。

(2) 四方晶系(422，4mm，－42m，4/mmm)。对于具有“422，4mm，－42m，4/mmm”对称操作的四方晶系，其弹性矩阵形式为

$$\begin{bmatrix} S_{11} & S_{12} & S_{13} & 0 & 0 & 0 \\ S_{12} & S_{11} & S_{13} & 0 & 0 & 0 \\ S_{13} & S_{13} & S_{33} & 0 & 0 & 0 \\ 0 & 0 & 0 & S_{44} & 0 & 0 \\ 0 & 0 & 0 & 0 & S_{44} & 0 \\ 0 & 0 & 0 & 0 & 0 & S_{66} \end{bmatrix}$$

四方晶系(422，4mm，－42m，4/mmm)的独立刚度矩阵元数目为 6 个。

5. 三角晶系(Trigonal system)

(1) 三角晶系(3，3)。对于具有“3，3”对称操作的三角晶系，其弹性矩阵形式为

$$\begin{bmatrix} S_{11} & S_{12} & S_{13} & S_{14} & S_{15} & 0 \\ S_{12} & S_{11} & S_{13} & -S_{14} & -S_{15} & 0 \\ S_{13} & S_{13} & S_{33} & 0 & 0 & 0 \\ S_{14} & -S_{14} & 0 & S_{44} & 0 & -S_{45} \\ S_{15} & -S_{15} & 0 & 0 & S_{44} & S_{14} \\ 0 & 0 & 0 & -S_{45} & S_{14} & (S_{11}-S_{12})/2 \end{bmatrix}$$

三角晶系(3，3)的独立刚度矩阵元数目为 8 个。

(2) 三角晶系(32，3m，32/m)。对于具有“32，3m，32/m”对称操作的三角晶系，其弹性矩阵形式为

$$\begin{bmatrix} S_{11} & S_{12} & S_{13} & S_{14} & 0 & 0 \\ S_{12} & S_{11} & S_{13} & -S_{14} & 0 & 0 \\ S_{13} & S_{13} & S_{33} & 0 & 0 & 0 \\ S_{14} & -S_{14} & 0 & S_{44} & 0 & 0 \\ 0 & 0 & 0 & 0 & S_{44} & S_{14} \\ 0 & 0 & 0 & 0 & S_{14} & (S_{11}-S_{12})/2 \end{bmatrix}$$

三角晶系(32，3m，32/m)的独立刚度矩阵元数目为 6 个。

6. 六角晶系(Hexagonal system)

六角晶系弹性矩阵形式为

$$\begin{bmatrix} S_{11} & S_{12} & S_{13} & 0 & 0 & 0 \\ S_{12} & S_{11} & S_{13} & 0 & 0 & 0 \\ S_{13} & S_{13} & S_{33} & 0 & 0 & 0 \\ 0 & 0 & 0 & S_{44} & 0 & 0 \\ 0 & 0 & 0 & 0 & S_{44} & 0 \\ 0 & 0 & 0 & 0 & 0 & (S_{11}-S_{12})/2 \end{bmatrix}$$

六角晶系共有 5 个独立刚度矩阵元。

7. 立方晶系(Cubic system)

$$\begin{bmatrix} S_{11} & S_{12} & S_{12} & 0 & 0 & 0 \\ S_{12} & S_{11} & S_{12} & 0 & 0 & 0 \\ S_{12} & S_{12} & S_{11} & 0 & 0 & 0 \\ 0 & 0 & 0 & S_{44} & 0 & 0 \\ 0 & 0 & 0 & 0 & S_{44} & 0 \\ 0 & 0 & 0 & 0 & 0 & S_{44} \end{bmatrix}$$

立方晶系是所有晶系中对称度最高的晶系,其独立刚度矩阵元数目仅为 3 个。

至此,本书列出了所有七大晶系的刚度矩阵元,只要求出各晶系对应的所有独立矩阵元,即可得到晶体的刚度矩阵或弹性柔顺系数。

1-3　求图 1-1 所示均匀材料试样上的 A 点处的应力场和应变场。

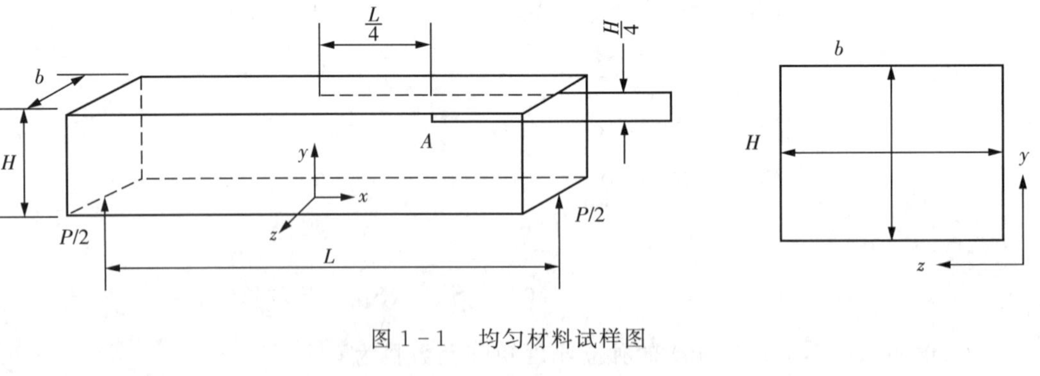

图 1-1　均匀材料试样图

【参考答案】 (1) 应力场:

$$\sigma_{xx} = \sigma_{yy} = \sigma_{zz} = 0$$

$$\tau_{xy} = F/(Hb)$$

$$\tau_{yz} = \tau_{zx} = 0$$

(2) 应变场：

$$\varepsilon_{xx} = \varepsilon_{yy} = \varepsilon_{zz} = 0$$

$$\gamma_{yz} = \gamma_{zx} = 0$$

$$\gamma_{xy} = P/(GHb)$$

式中，G 为剪切弹性模量；H 为试样的高；b 为试样的宽。

提示

材料内部任意一点的应力状态由 6 个应力分量决定，即法向应力 σ_{xx}、σ_{yy}、σ_{zz} 和剪切应力 τ_{xy}、τ_{yz}、τ_{zx}。

由题意得知，该试样为均匀试样，对于均匀弹性体，若其弹性模量为 E，剪切模量为 G，泊松比为 μ，根据广义胡克定律，3 个法向应力引起的应变分量分别为

$$\varepsilon_x = \frac{1}{E}[\sigma_x - \mu(\sigma_y + \sigma_z)]$$

$$\varepsilon_y = \frac{1}{E}[\sigma_y - \mu(\sigma_x + \sigma_z)]$$

$$\varepsilon_z = \frac{1}{E}[\sigma_z - \mu(\sigma_x + \sigma_y)]$$

3 个剪切应力引起的剪切应变分量分别为

$$\gamma_{xy} = \frac{\tau_{xy}}{G}$$

$$\gamma_{yz} = \frac{\tau_{yz}}{G}$$

$$\gamma_{zx} = \frac{\tau_{zx}}{G}$$

对图 1-1 中 A 点进行受力分析，该点在 yz 平面内受到方向沿 y 轴的剪切力，该剪切力的法向指向 x 轴，所以 $\sigma_{xx} = \sigma_{yy} = \sigma_{zz} = 0$，$\tau_{xy} = F/(Hb)$，$\tau_{yz} = \tau_{zx} = 0$。

该题为采用三点弯曲方法测试无机材料断裂强度的受力模型，见教材第 40 页，但教材公式(2.24) 仅仅给出结论。有关利用三点弯曲方法计算材料断裂强度公式的推导，请参考其他教材。本题没有给出弹性模量 E、剪切模量 G 和泊松比 μ 参数，只告诉均匀材料试样，为此，需要自己假定参数。

1-4　一陶瓷含体积百分比为95%的 Al_2O_3($E=380$ GPa)和5%的玻璃相($E=84$ GPa),试计算其上限和下限弹性模量。若该陶瓷含有5%的气孔,再估算其上限和下限弹性模量。

【参考答案】　令 $E_1=380$ GPa,$E_2=84$ GPa,$V_1=0.95$,$V_2=0.05$。则上限弹性模量和下限弹性模量分别为

$$E_H=E_1V_1+E_2V_2=380\times 0.95+84\times 0.05=365.2(\text{GPa})$$

$$E_L=\left(\frac{V_1}{E_1}+\frac{V_2}{E_2}\right)^{-1}=\left(\frac{0.95}{380}+\frac{0.05}{84}\right)^{-1}\approx 323.1(\text{GPa})$$

当该陶瓷含有5%的气孔时,将 $P=0.05$ 代入经验计算公式 $E=E_0(1-1.9P+0.9P^2)$,其上、下限弹性模量分别变为 331.3 GPa 和 293.1 GPa。

1-5　画两个曲线图,分别表示出应力弛豫与时间的关系、应变弛豫和时间的关系。并注出:$t=0$,$t=\infty$ 及 τ_ε(或 τ_σ)时的纵坐标。

【参考答案】　麦克斯韦尔(Maxwell)模型可以较好地模拟应力松弛过程。其应力松弛曲线方程为 $\sigma(t)=\sigma(0)e^{-t/\tau}$,则有 $\sigma(0)=\sigma(0)$;$\sigma(\infty)=0$;$\sigma(\tau)=\sigma(0)/e$。

沃伊特(Voigt)模型可以较好地模拟应变蠕变过程。其应变蠕变曲线方程为 $\varepsilon(t)=\frac{\sigma_0}{E}(1-e^{-t/\tau})=\varepsilon(\infty)(1-e^{-t/\tau})$,则有 $\varepsilon(0)=0$;$\varepsilon(\infty)=\frac{\sigma_0}{E}$;$\varepsilon(\tau)=\frac{\sigma_0}{E}(1-e^{-1})$。

题1-5曲线图如图1-2所示。

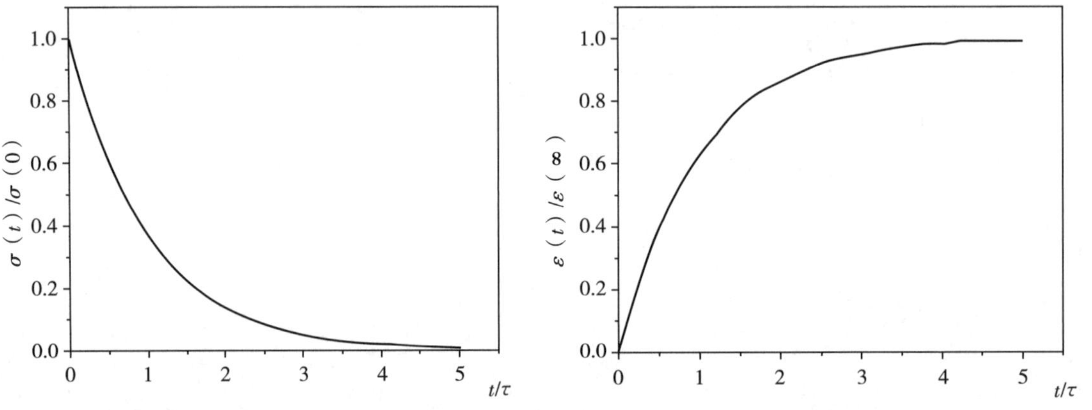

(a) 应力松弛曲线　　(b) 应力蠕变曲线

图1-2　题1-5曲线图

提示

以上两种模型所描述的是最简单的情况,事实上由于材料力学性能的复杂性,我们会用到由多个弹性和多个黏性元件通过串联和并联组合而成的复杂模型,如采用四元件模型来表示线性高聚物的蠕变过程等。

1-6　一 Al_2O_3 晶体圆柱[见图 1-3(a)]，直径 3 mm，受轴向拉力 F，如临界抗剪强度 $\tau_f = 130$ MPa，求沿图中所示情况固定滑移系统时，所需要的拉力值。同时计算在滑移面上的法向应力。

【参考答案】　设单晶圆柱的底面积为 A，滑移面与轴向力 F 呈 60° 夹角，所以滑移面的大小为 $S = A/\cos 60°$[见图 1-3(b)]，根据应力的定义，滑移面受到的应力为

$$\sigma = \frac{F}{S} = \frac{F}{A/\cos 60°} = \frac{F\cos 60°}{A}$$

如图 1-3(c)，沿着与轴向呈 53° 夹角方向产生的剪切力为

$$\tau = \sigma\cos 53° = \frac{F\cos 60°}{A} \times \cos 53° = \frac{F\cos 60°}{0.0015^2\pi} \times \cos 53°$$

由临界抗剪强度 τ_f 为 130 MPa 得

$$F_{\min} = \frac{\tau_f \times 0.0015^2\pi}{\cos 53° \times \cos 60°} = 3.06 \times 10^3 (\mathrm{N})$$

此拉力下的法向应力为

$$\sigma = \frac{F\cos 60°}{S} = \frac{F\cos 60°}{A/\cos 60°} = \frac{F\cos 60° \cos 60°}{A} = 1.08 \times 10^8 (\mathrm{Pa}) = 108 (\mathrm{MPa})$$

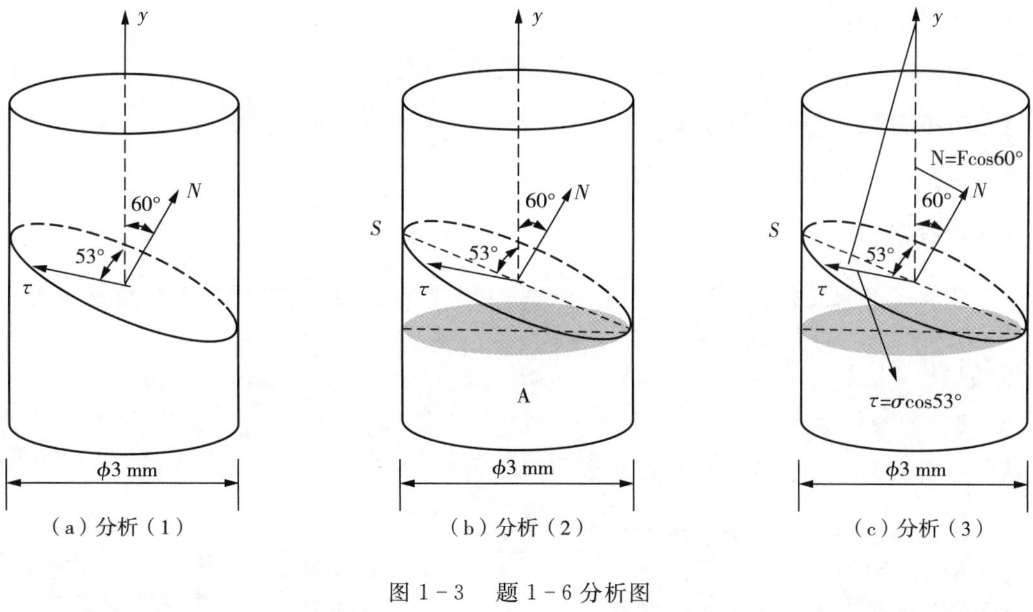

图 1-3　题 1-6 分析图

二、典型错题分析

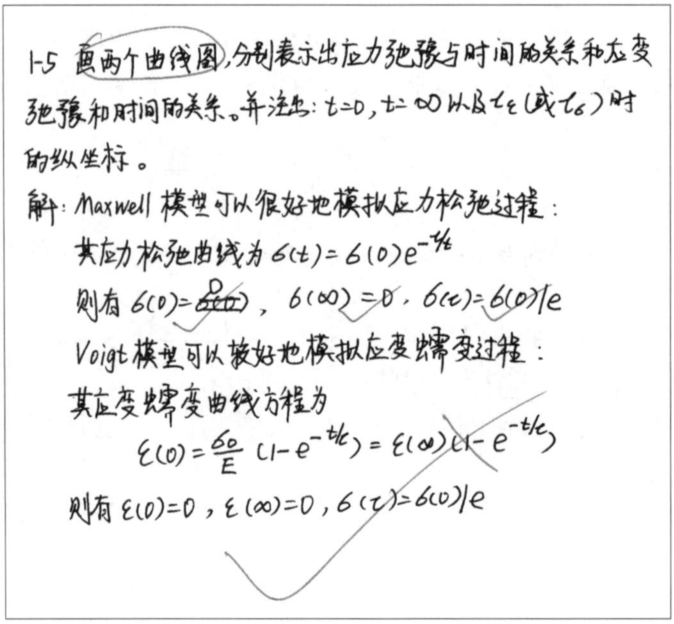
1-5 画两个曲线图，分别表示出应力弛豫与时间的关系和应变弛豫和时间的关系。并注出：$t=0$，$t=\infty$以及t_ε（或t_σ）时的纵坐标。

解：Maxwell 模型可以很好地模拟应力松弛过程：

其应力松弛曲线为 $\sigma(t)=\sigma(0)e^{-t/\tau}$

则有 $\sigma(0)=\sigma(0)$，$\sigma(\infty)=0$，$\sigma(\tau)=\sigma(0)/e$

Voigt模型可以较好地模拟应变蠕变过程：

其应变蠕变曲线方程为

$$\varepsilon(0)=\frac{\sigma_0}{E}(1-e^{-t/\tau})=\varepsilon(\infty)(1-e^{-t/\tau})$$

则有 $\varepsilon(0)=0$，$\varepsilon(\infty)=0$，$\sigma(\tau)=\sigma(0)/e$

【点评】 没按照题目的要求答题、画出图，且应变弛豫与时间的关系式书写错误。

三、辅导练习题

（一）名词解释

1. 形变：

【参考答案】 材料在外力作用下发生形状和大小的变化称为形变。

2. 应变：

【参考答案】 用来描述物体在外力作用下内部各质点之间的相对位移。对于拉伸应变，用单位长度的相对伸长量进行表示，$\varepsilon=\frac{\Delta l}{l}$；对于剪切应变，用单位截面的畸变角度进行表示，$\gamma=\alpha+\beta$。

3. 名义应变：

【参考答案】 用来描述材料在外力作用下内部各质点之间的相对位移。对于拉伸应变，用形变量 Δl 与初始尺寸 l_0 的比值表示，即 $\varepsilon=\frac{\Delta l}{l}$。

4. 真实应变：

【参考答案】 用来描述物体在外力作用下内部各质点之间的相对位移。对于拉伸应变，用单位微小变化量 dl 与变化过程中材料的真实长度 l 比值的积分关系式表示，即 $\varepsilon_{\text{ture}}=\int_{l_0}^{l_1}\frac{\mathrm{d}l}{l}=\ln\frac{l_1}{l_0}$。

5. 应力：

【参考答案】 材料在外力作用下单位面积上所受的附加内力，在数值上其值等于单位面积上所受外力，方向与外力相反。

6. 弹性模量 E（杨氏模量）：

【参考答案】 材料在某方向上发生的单位形变 ε 与所受的作用力 σ 成正比，$\sigma=E\varepsilon$，其中比例系数 E 称为弹性模量（弹性刚度），表示材料抵抗形变能力（刚度）的大小，是材料发生形变难易的量度，是材料发生单位应变时的应力（$\mathrm{N/m^2}$），对各向同性体来说为一常数。

7. 剪切模量 G（刚性模量）：

【参考答案】 对于剪切应变，剪切力 τ 与剪切应变 γ 的大小成正比，$\tau=G\gamma$，在该关系式中，G 称为剪切模量或刚性模量。

8. 体积模量 K：

【参考答案】 体积模量定义为使材料发生单位体积形变所需的各向等同压力，$\frac{\Delta V}{V}=KP$，在该关系式中，V 表示体积，P 表示压力，ΔV 表示体积变化量，$\frac{\Delta V}{V}$ 表示单位体积变化量，K 称为体积模量。

9. 泊松比：

【参考答案】 对于各向同性材料，当受到拉伸应力在 x 方向伸长时，在与其垂直的 y 和 z 方向会产生收缩，把横向变形系数 $\mu=\frac{|\varepsilon_y|}{|\varepsilon_x|}=\frac{|\varepsilon_z|}{|\varepsilon_x|}$ 定义为泊松比。

提示

该关系式表达的是收缩应变 ε_y 或 ε_z 与伸长应变 ε_x 的比值，而不是伸长应变 ε_x 与收缩应变 ε_y 或 ε_z 的比值，两者互为倒数关系。有了该关系式，我们很容易理解考虑了泊松比以后的广义胡克定律的应力-应变表达式为

$$E\varepsilon_x=[\sigma_x-\mu(\sigma_y+\sigma_z)]$$

$$E\varepsilon_y=[\sigma_y-\mu(\sigma_x+\sigma_z)]$$

$$E\varepsilon_z=[\sigma_z-\mu(\sigma_x+\sigma_y)]$$

在该关系式中，左侧是应变产生的作用力，右侧是外加动力与内在阻力的共同作用。对该关系式进行变化，易于理解教材第 5 页式(1.9)：

$$\varepsilon_x = \frac{1}{E}[\sigma_x - \mu(\sigma_y + \sigma_z)]$$

$$\varepsilon_y = \frac{1}{E}[\sigma_y - \mu(\sigma_x + \sigma_z)]$$

$$\varepsilon_z = \frac{1}{E}[\sigma_z - \mu(\sigma_x + \sigma_y)]$$

10. 弹性柔顺系数(弹性柔度):

【参考答案】 对于各向异性材料,$E_x \neq E_y \neq E_z$,$\mu_{xy} \neq \mu_{yz} \neq \mu_{zx}$,在单向应力$\sigma$作用下,$y$方向的应变为$\varepsilon_{yx} = -\mu_{yx}\varepsilon_x = -\mu_{yx}(\sigma_x/E_x) = S_{21}\sigma_x$,其中$S_{21}$为弹性柔顺系数,$S_{21} = -\frac{\mu_{yx}}{E_x}$。

11. 黏弹性:

【参考答案】 一些非晶体和多晶体在比较小的应力时,可以同时表现出弹性和黏性。这种性质称为黏弹性。

12. 滞弹性:

【参考答案】 对于理想的弹性固体,作用应力会立即引起弹性应变,一旦应力消除,应变也随之立即消除。但对于实际固体来说,这种弹性应变的产生与消除需要一些时间,这种与时间有关的弹性称为滞弹性。

13. 蠕变:

【参考答案】 当对黏弹性体施加恒定应力σ_0时,其应变随时间的延长而增加,这种现象叫作蠕变,此时弹性模量$E(t)$随时间的延长而减小,即$E(t)\downarrow \cdot \varepsilon(t)\uparrow = \sigma_0$。

14. 弛豫:

【参考答案】 如果施加恒定应变ε_0,则应力将随时间的延长而减小,这种现象叫作弛豫。此时,弹性模量$E(t)$随时间的延长而降低,即$E(t)\downarrow \cdot \varepsilon_0 = \sigma(t)\downarrow$。

15. 应力弛豫时间:

【参考答案】 应力弛豫时间是指材料应力弛豫过程中弛豫模量衰减到起始应力弛豫模量的1/e所需的时间。对于由黏性与弹性元件构成的系统,在恒定应变下其为黏性系数η与弹性模量E的比值,即$\tau_\varepsilon = \eta/E$。

16. 应变蠕变时间:

【参考答案】 应变蠕变时间是指材料在高温下受外力作用发生蠕变过程所经历的时间。对于由黏性与弹性元件构成的系统,黏性与弹性元件的弹性模量分别为E_1和E_2,则有$\tau_\sigma = \frac{E_1 + E_2}{E_2}\tau_\varepsilon$,即复合系统弹性模量对弹性元件弹性模量的比值乘以应力弛豫时间。

17. 塑性形变：

【参考答案】 塑性形变是指一种在外力移去后不能恢复的形变。

18. 延展性：

【参考答案】 材料经受塑性形变而不被破坏的能力叫作延展性。

19. 屈服应力：

【参考答案】 当外力超过物体弹性极限，达到某一点后，在外力几乎不增加的情况下，变形骤然加快，此点为屈服点，达到屈服点的应力叫作屈服应力。

20. 晶格滑移：

【参考答案】 晶体受力时，晶体的一部分相对另一部分发生平移滑动，叫作晶格滑移。

21. 位错密度：

【参考答案】 单位面积上位错的数目，如果$a \times a$平面上有n个位错，则位错密度定义为$D = n/a^2$。

22. 位错增殖系数：

【参考答案】 在时间t内不但有n个位错通过试样边界，而且还会引起位错增殖，使通过边界的位错数增加到cn个，c称为位错增殖系数。

23. 黏性系数或黏度：

【参考答案】 在黏性流动中，剪应力τ与速度梯度$\mathrm{d}v/\mathrm{d}x$成正比，即$\tau = \eta \frac{\mathrm{d}v}{\mathrm{d}x}$，其中$\eta$为黏性系数或黏度，是材料的性能参数，单位为Pa·s。

24. 牛顿液体：

【参考答案】 在黏性流动中，剪应力τ与速度梯度$\mathrm{d}v/\mathrm{d}x$成正比，即$\tau = \eta \frac{\mathrm{d}v}{\mathrm{d}x}$，其中比例常数$h$为黏性系数或黏度，满足这一关系式的定律称为牛顿定律，符合这一定律的流体叫作牛顿液体。

（二）填空题

1. 应力分为__________应力和__________应力。

【参考答案】 拉（压）/ 法向　　剪切

2. 在拉伸试验时试样若存在加速度，那么在非平衡状态下，材料单位截面上所受的附加内力__________（大于、小于、等于）名义应力。

【参考答案】 小于

3. 在外力作用下，材料每个面都受到__________个法向应力和__________个剪应力。

【参考答案】 1　2

4. 应力分量σ_{ij}、τ_{ij}的下标第一个字母(十位)i表示__________方向,第二个字母(个位)j表示________方向。

【参考答案】 应力作用面的法线　应力

5. 弹性柔顺系数,如S_{xy},第一个字母(十位)x表示________方向,第二个字母(个位)y表示________方向。

【参考答案】 应变　所受应力

6. 对于法向应力,若为拉应力,则规定为________;若为压应力,则规定为________。

【参考答案】 正　负

7. 对于剪应力,若体积元任一面上的法向应力与坐标轴的正方向相同,则该面上的剪应力指向坐标轴的正方向者为________;若该面上的法向应力指向坐标轴的负方向,则剪应力指向坐标轴的负方向者为________。

【参考答案】 正　正

8. 材料中任意取一点,该体积元应力状态的六个应力分量分别为__________。

【参考答案】 σ_{xx}、σ_{yy}、σ_{zz}、τ_{xy}、τ_{yz}、τ_{zx}

9. 应变分为________应变、________应变、________应变。其中,拉伸应变,根据受拉前后材料面积的不同,又分为________应变和________应变。

【参考答案】 拉伸　剪切　体积　名义　真实

10. 拉伸应变使材料尺寸________,剪切应变使材料形状发生________,压缩应变使材料体积________。

【参考答案】 伸长　畸变　缩小

11. 对于弹性形变,无机材料的泊松比范围约为________,无机材料的弹性模量E范围约为__________GPa。相比较而言,金属材料的泊松比范围较大,约为________。

【参考答案】 0.2～0.25　1～100　0.29～0.33

12. 弹性模量的物理本质是____________________________。

【参考答案】 构成物质的原子之间结合力的量度,或者说是原子间结合强度的标志

13. 对于由两相系统构成的材料,泊松比相同,若两相的应变相同,则其弹性模量可以表达为$E_U=V_1E_1+V_2E_2$;若两相受到的应力相同,则其弹性模量可以表达为$\frac{1}{E_L}=\frac{V_1}{E_1}+\frac{V_2}{E_2}$,其

中 E_1 和 E_2 分别为两相的弹性模量，V_1 和 V_2 分别为两相的体积分数。前者称为____________模型，后者称为____________模型。

【参考答案】 串联　并联

15. 对于弹性模量的串联模型，如果为橡皮筋与铁丝串接形成的机构，决定该机构断裂强度的是____________（橡皮筋、铁丝）的弹性模量。对于弹性模量的并联模型，如果为橡皮筋与铁丝并接形成的机构，假定橡皮筋可以无限拉伸而不断裂，那么决定该机构断裂强度的是____________（橡皮筋、铁丝）的弹性模量。

【参考答案】 橡皮筋　铁丝

16. 弹性模量的测定可以采用静态____________和动态____________测量。

【参考答案】 三点弯曲　谐振法

17. 弹性模量的大小取决于：____________、____________、____________、____________、____________、____________等（写出 3 种即得全分）。

【参考答案】 原子种类　原子之间的间距　材料的组成　材料的结构　材料的应力状态　材料所处的温度状态

18. 形变分为____________、____________、____________、____________、____________、____________、____________（写出 4 种即得全分）。提示：按照恢复能力、运动形式，以及形变对温度与时间的依赖性进行分类。

【参考答案】 弹性形变　滞弹性形变　塑性形变　黏性流动　蠕变　脆性断裂　疲劳断裂

19. 晶体中塑性形变的两种基本方式：____________和____________。

【参考答案】 滑移　孪晶

20. 晶格滑移系统由____________和____________组成。

【参考答案】 滑动面　滑动方向

21. 晶格滑移是在____________应力作用下在一定滑移系统上进行的。

【参考答案】 剪切

22. 无机材料比金属材料具有较大脆性的原因：________________________。

【参考答案】 无机材料中离子键和共价键具有方向性、结构复杂、滑移系统少

23. 位错形成能的大小为________________________________。

【参考答案】 $E=aGb^2$，其中 a 为几何因子，G 为剪切模量，b 为柏氏矢量

24. 影响黏流体黏度的因素：____________、______________________________、____________、______________________________（写出 3 种即得全分）。

【参考答案】 温度　应力与温度作用的时间　无机材料的组分　添加剂(包括网络形成剂、阳离子改性剂)

25. 影响蠕变的因素：__________、__________、__________、__________、__________(写出3种即得全分)。

【参考答案】 温度　应力　材料的组成　晶体结构　显微结构

26. 据统计热力学理论，在剪切应力 τ 作用下，位错激活能为 $H(t)$，温度为 T，玻尔兹曼常数为 k，v_0 是与原子热运动固有频率有关的速率常数，则位错运动的速率可以写为__________。

【参考答案】 $v=v_0\mathrm{e}^{-\frac{H(\tau)}{kT}}$

27. 弹性模量的单位是__________，拉伸应力的单位是__________，拉伸应变的单位是__________，剪切模量的单位是__________，剪切应力的单位是__________，剪切应变的单位是__________。

【参考答案】 Pa　Pa　无因次量纲　Pa　Pa　无因次量纲

(三)简答与计算题

1. 为什么要定义应力？思考定义应力的物理意义。

【参考答案】 材料受力发生形变时，其内部原子或离子间的相对位置和距离发生变化，同时产生原子或离子间的附加内力以抵抗外力，并试图恢复到形变前的状态，达到平衡时，附加内力与外力大小相等、方向相反，该作用力称为应力。在数值上，附加内力等于单位面积上所受外力。当不同大小的力施加至大小不同的截面时，其作用效果是不一样的。应力是单面截面材料所受的作用力，考虑到原子是物质的最小组成单位，通过定义应力，就可以忽略截面大小的不同。应力实质上衡量的是单位截面原子所承受的作用力。这是定义应力的物理意义。

2. 为什么要定义应变？思考定义应变的物理意义。

【参考答案】 应变定义为材料在外力作用下单位长度发生形变的大小。通过定义应变，就可以忽略材料尺寸大小的不同。应变实质上反映的是原子在单位外力作用下发生形变大小的量。

3. 对于各向同性材料，设泊松比为 μ，写出弹性模量 E、剪切模量 G 和体积模量 K 的关系式。

【参考答案】 (1)$G=\dfrac{E}{2(1+\mu)}$　或　$\dfrac{E}{G}=2(1+\mu)$

(2)$K=\dfrac{E}{3(1-2\mu)}$　或　$\dfrac{E}{K}=3(1-2\mu)$

4. 应力的方向通常用两个下标字母表示，如 σ_{yz} 或 τ_{yz}，请说出第一个字母 y 和第二个字

母 z 表示的意义，进而指出如下 1－4 图中的错误并予以改正。

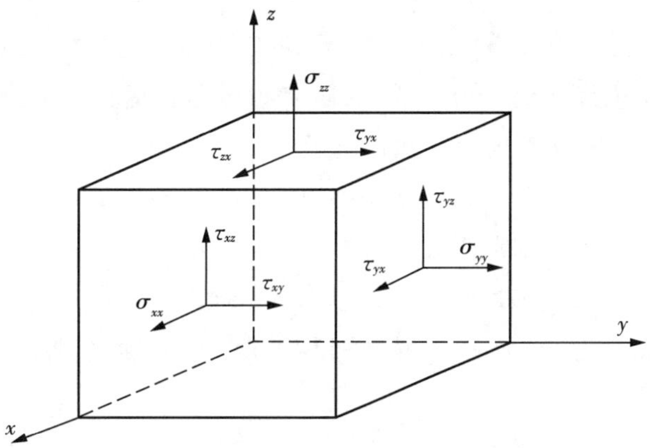

图 1－4　应力方向示意图

【参考答案】 (1) 第一个字母(十位) y 表示应力作用面的法线方向，第二个字母(个位) z 表示应力方向；(2) 据此，沿法线 z 轴的 τ_{yx} 应该改为 τ_{zy}。

5. 为什么晶体中晶格滑移总是发生在主要晶面和主要晶向上？

【参考答案】 这些晶面和晶向指数较小，原子密度大，也就是柏氏矢量 b 较小，只要滑动较小距离就能使晶体结构复原，所以比较容易滑动。

6. 设 $a\times a$ 平面上有 n 个位错，柏氏矢量的大小为 b，位错增殖系数为 c，推导宏观应变速率与位错密度的关系式。

【参考答案】 (1) 据题意，位错密度应为 $D=n/a^2$。

(2) 在 t 时间内，位错沿某方向的相对滑移量为 Δa，则 $\Delta a=nbc$。

(3) 设应变为 ε，宏观应变速率 $\dot{\varepsilon}=\dfrac{\mathrm{d}\varepsilon}{\mathrm{d}t}=\dfrac{\Delta a}{a}\cdot\dfrac{1}{t}=\dfrac{nbc}{at}$；设位错运动平均速率为 $\bar{v}=\dfrac{a}{t}$，则 $\dot{\varepsilon}=\bar{v}Dbc$。

(四) 综合知识应用与能力考查

1. 图 1－5 所示为无机材料典型的高温蠕变曲线，首先，指出图中高温蠕变各个阶段的名称及其表示的意义。其次，思考无机材料发生高温蠕变到底好还是不好？再者，思考如何改善或者抑制无机材料的高温蠕变性能？

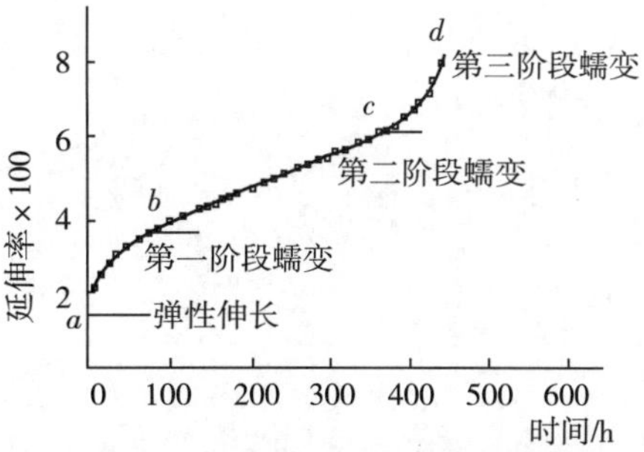

图 1－5　典型的高温蠕变曲线

【参考答案】 (1)$0a$ 为起始区，包含少量塑性变形的弹性应变区、材料在外力作用下瞬时完成的作用区；ab 为减速蠕变区，在恒定应力作用下，原子在高温与应力作用下逐步克服偏离平衡位置的作用而发生移动，但是外加应力尚不足以克服原子偏离平衡位置带来的弹性模量的改变；*bc* 为稳态蠕变阶段：在恒定应力与温度作用下，原子偏离平衡位置达到平衡态，但在该阶段弹性模量基本上保持不变，蠕变随时间持续稳态发生；*cd* 为加速蠕变阶段：在恒定应力与温度作用下，原子偏离平衡位置，导致弹性模量迅速减小，致使蠕变随时间加速进行。

(2) 蠕变的发生对于改善材料的韧性有好处，但是对于提高材料的强度有害处，在材料应用时，应考虑强度与韧性两者的平衡。

(3) 改善蠕变，提高韧性，可以通过细化晶粒、增加晶界、适当增加多晶多相材料中玻璃相的相对含量的方式；反之，抑制蠕变应通过减少晶界、减少无机材料玻璃相相对含量的方式。

（五）开放试题

1. 为什么无机材料的塑性形变小？如何提高其形变能力？

2. 为什么材料屈服强度随形变速率的增大而增大？

第二章　无机材料的断裂强度

【教学要求】 认识脆性断裂现象，包括裂纹的起源与快速扩展，学习格里菲斯(Griffith)微裂纹理论基本内容，从理论上能够解释、描述断裂行为，进而在工程实际中能够采取适当措施以防止材料断裂；掌握断裂强度的基本概念；掌握Griffith微裂纹理论基本内容，掌握裂纹扩展的动力与阻力，理解理论断裂强度模型与推导过程，理解裂纹的起源与扩展；了解无机材料断裂强度的测试方法；了解断裂强度的统计性质与处理方法；了解显微结构对断裂强度的影响。

【教学重点】 理论断裂强度、Griffith微裂纹理论、裂纹扩展的动力与阻力、裂纹的起源与快速扩展。

【教学难点】 表达理论断裂强度的物理模型与推导过程、Griffith微裂纹理论、裂纹扩展的动力与阻力。

一、课后习题解答

2-1　求融熔石英的结合强度，已知估计的表面能力为1.75 J/m^2，Si—O键的平衡原子间距为1.6×10^{-8} cm，弹性模量为75 GPa。

【参考答案】 根据理论结合强度关系式有

$$\sigma_{th}=\sqrt{\frac{E\gamma}{a}}=\sqrt{\frac{75\times10^{9}\times1.75}{1.6\times10^{-10}}}=28.64(\text{GPa})$$

2-2　表2-6为不同承载条件下一种Si_3N_4陶瓷的弯曲强度测试结果。试对这些测试结果进行比较，说明导致其数值不同的原因。

提示

此题中的表2-6指的是教材《无机材料物理性能》中的表，但在《无机材料物理性能》第1版和第2版的第二章中都找不到题意所指的表2-6，第2版的教材中表2-5(对应第1版的表2-6)为热压Al_2O_3在不同断裂强度下的断裂概率，而本题考查的对象

为 Si_3N_4 陶瓷，表 2-5 中的数据也不是"不同承载条件下"的数据，因此该题有误。但从题意来看，作者出该题的目的是希望同学们理解同一种材料在不同承载条件下测得不同弯曲强度的机制。

因为无机材料的脆性大，无机材料的断裂强度通常采用弯曲法测定。采用弯曲法测试断裂强度时，影响测试结果的因素主要有加载构型、承载点、试样形状。对于同一种材料，载荷大小不同、加载速率不同（如 0.5 mm/min、1.0 mm/min）以及环境温度和湿度不同时，测试的结果往往不同，这和应力的积累与弛豫、原子扩散以及裂纹尖端产生的新鲜表面的表面侵蚀等因素有关。断裂强度的测试值具有统计性，断裂强度测试值的统计性本质上是由裂纹的随机分布和应力的随机分布来决定的，还与试样尺寸和受力方式有关。

2-3　对一种无机材料进行弯曲强度测试，得到的数据为 782 MPa、784 MPa、866 MPa、876 MPa、884 MPa、890 MPa、915 MPa、922 MPa、922 MPa、927 MPa、942 MPa、944 MPa、1012 MPa 及 1023 MPa。试采用最小二乘法计算其两参数韦伯模数和三参数韦伯模数。

【参考答案】　根据最小二乘法原理，当 $x=\frac{1}{n}\sum_{i}^{n}x_i$，即 $x=\bar{x}$ 时，$y=\sum_{i}^{n}(x-x_i)^2$，据此算得

$$\sigma=\frac{1}{n}\sum_{i}^{14}\sigma_i$$

$$=\frac{1}{14}(782+784+866+876+884+890+915+922+922+927+942+944+1012+1023)$$

$$=906.35(\text{MPa})$$

假设试样体积 $V=5\ \text{cm}^3$、断裂概率 $S=5\%$、$\sigma_0=1000$ MPa。

对于两参数韦伯模数，$\sigma_u=0$，把有关参数带入关系式 $S=1-\exp\left[-V\left(\frac{\sigma}{\sigma_0}\right)^m\right]$，得到 $0.05=1-\exp\left[-5\times\left(\frac{906.35}{1000}\right)^m\right]\Rightarrow\exp\left[-5\times\left(\frac{906.35}{1000}\right)^m\right]=0.95\Rightarrow-5(0.9035)^m=\ln 0.95$，计算得到 $m=45.67$。

对于三参数韦伯模数，选取 $\sigma_u=850$ MPa，假设试样体积 $V=5\ \text{cm}^3$、断裂概率 $S=5\%$、$\sigma_0=1000$ MPa 保持不变，把有关参数带入关系式 $S=1-\exp\left[-V\frac{(\sigma-\sigma_u)^m}{\sigma_0^m}\right]$，得到 $0.05=1-\exp\left[-5\times\left(\frac{906.35-850}{1000}\right)^m\right]\Rightarrow\exp\left[-5\times\left(\frac{56.35}{1000}\right)^m\right]=0.95\Rightarrow-5(0.05635)^m=\ln 0.95$，计算得到 $m=1.59$。

提示

韦伯统计中 σ_u 可以选取不同的值，当 σ_u 选取的值不同时计算得到的结果也不一样。如果结果合理，通过 $\lg\lg\frac{N+1}{N+1-n}$ 对 $\lg(\sigma-\sigma_u)$ 作图，应该能够获得一条近似直线关系；但若 σ_u 选取不当，通过 $\lg\lg\frac{N+1}{N+1-n}$ 对 $\lg(\sigma-\sigma_u)$ 作图则得不到近似直线关系。为了说明这一点，下面从正反两方面进行说明。

由题干中给出的测试次数可知 $n=14$，选取 $\sigma_u=850$ MPa，计算参数见表 2－1 所列。

表 2－1　计算参数

顺序号 n	断裂概率 $S=n/(N+1)$	断裂强度 / 100 MPa	$\frac{N+1}{N+1-n}$	$\lg\lg\frac{N+1}{N+1-n}$	$\sigma-\sigma_u$/ 100 MPa	$\lg(\sigma-\sigma_u)$
1	0.067	7.82	1.071	−1.523	32	—
2	0.133	7.84	1.154	−1.207	34	—
3	0.2	8.66	1.25	−1.014	116	−0.796
4	0.267	8.76	1.364	−0.871	126	−0.585
5	0.333	8.84	1.5	−0.754	134	−0.469
6	0.4	8.90	1.667	−0.654	140	−0.398
7	0.467	9.15	1.875	−0.564	165	−0.187
8	0.533	9.22	2.143	−0.480	172	−0.143
9	0.6	9.22	2.5	−0.400	172	−0.143
10	0.667	9.27	3	−0.321	177	−0.114
11	0.733	9.42	3.75	−0.241	192	−0.036
12	0.8	9.44	5	−0.156	194	−0.027
13	0.867	10.12	7.5	−0.058	262	0.210
14	0.933	10.23	15	0.07044	273	0.238

注：选取 $n=14$，$\sigma_u=850$ MPa。

利用表 2－1 中数据，通过 $\lg\lg\frac{N+1}{N+1-n}$ 对 $\lg(\sigma-\sigma_u)$ 作图，所得关系图如图 2－1 所示。

图 2－1 中获得近似直线关系，说明选取 $\sigma_u=850$ MPa 数据合理。

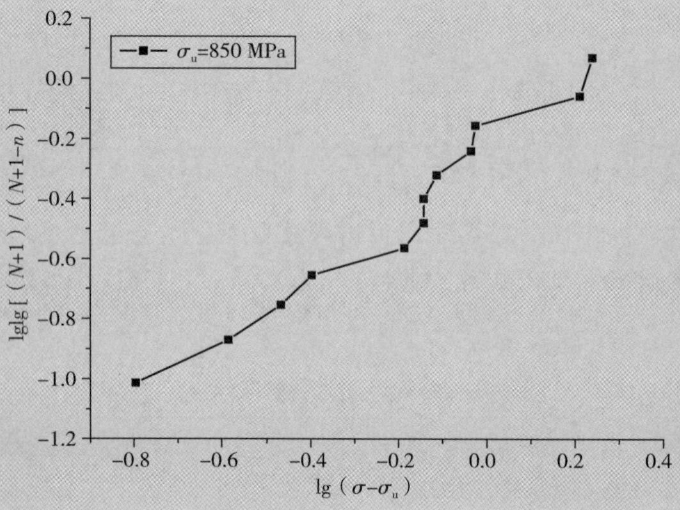

图 2-1　关系图

为了便于从反面理解，特意选取 $\sigma_u = 780$ MPa，计算参数见表 2-2 所列。

表 2-2　计算参数

顺序号 n	断裂几率 $S=n/(N+1)$	断裂强度 / 100 MPa	$\frac{N+1}{N+1-n}$	$\lg\lg\frac{N+1}{N+1-n}$	$\sigma-\sigma_u$/ 100 MPa	$\lg(\sigma-\sigma_u)$
1	0.067	7.82	1.071	−1.523	32	−1.699
2	0.133	7.84	1.154	−1.207	34	−1.398
3	0.2	8.66	1.25	−1.014	116	−0.066
4	0.267	8.76	1.364	−0.871	126	−0.018
5	0.333	8.84	1.5	−0.754	134	0.017
6	0.4	8.90	1.667	−0.654	140	0.041
7	0.467	9.15	1.875	−0.564	165	0.130
8	0.533	9.22	2.143	−0.480	172	0.152
9	0.6	9.22	2.5	−0.400	172	0.152
10	0.667	9.27	3	−0.321	177	0.167
11	0.733	9.42	3.75	−0.241	192	0.210
12	0.8	9.44	5	−0.156	194	0.215
13	0.867	10.12	7.5	−0.058	262	0.365
14	0.933	10.23	15	0.070	273	0.386

注：选取 $n=14$，$\sigma_u = 780$ MPa。

利用表 2-2 中数据作图可以发现，从图 2-2 中得不到 $\lg\lg\dfrac{N+1}{N+1-n}$ 与 $\lg(\sigma-\sigma_u)$ 的近似线性关系，这说明 $\sigma_u=780$ MPa 数据选择不合理。

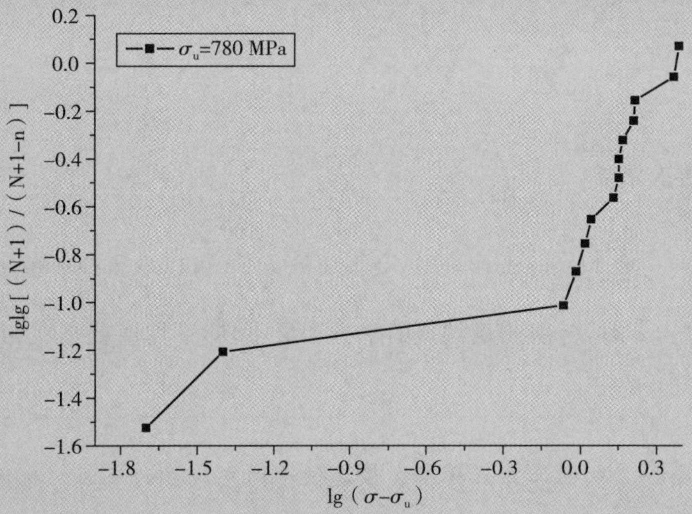

图 2-2　关系图

延伸阅读

最小二乘法

1. 曲线拟合与最小二乘法基本原理

通过实验或调查获得测量数据后，可假定一个函数关系，通过一定的方法确定其各项系数，即求取有关数量之间关系的经验公式。从几何上看，最小二乘法是要选择一条曲线，使之与所获得的数据更好地吻合。因此，求取经验公式的过程也就是曲线拟合的过程。

怎样才能正确地获得与实验数据吻合的最佳曲线呢？常用的方法有散点图估计法和最小二乘法。最小二乘法以严格的统计学理论为基础，是一种科学而可靠的曲线拟合方法。此外，最小二乘法还是方差分析、变量筛选、数字滤波、回归分析的数学基础，其思想如下：设在实验中获得了自变量 x_i 与因变量 y_i 的若干组对应数据 (x_i, y_i)，当使偏差平方和 $\sum[y_i-f(x_i)]^2$ 取最小值时，找出一个已知类型的函数 $y=f(x)$，即确定关系式中的参数。这种求解 $f(x)$ 的方法称为最小二乘法。

2. 用导数方法理解最小二乘法基本原理

根据最小二乘法的基本原理，设某数量的最佳估计值为 x，且 $g(x)=\sum\limits_{i=1}^{n}(x-x_i)^2$。

由此可以得到各次测量偏差的平方和 $g(x)$ 是最佳估计值 x 的函数。如何确定合适的变量 x，下面用导数的方法研究 $g(x)$ 的最小值。

对 $g(x)$ 求导，得 $g'(x)|_x=\sum_{i=1}^{n}2(x-x_i)=2\left(nx-\sum_{i=1}^{n}x_i\right)$，令 $g(x)=0$，解得 $x=\frac{1}{n}\sum_{i=1}^{n}x_i$。

对 $g(x)$ 再次求导，得到 $\frac{d^2}{dx^2}\sum_{i=1}^{n}(x-x_i)^2=\sum_{i=1}^{n}(2)=2n>0$（二阶导数理论）。

说明当 $x=\frac{1}{n}\sum_{i=1}^{n}x_i$，即 $x=\bar{x}$ 时，$\sum_{i=1}^{n}(x-x_i)^2$ 可以取得最小值。

可见，当 $x=\bar{x}$ 时，各次测量偏差的平方和最小，即平均值就是在相同条件下多次测量结果的最佳值。

2-4　说明图 2-3 中机加工试样断裂强度低于抛光试样的原因。为什么随着晶粒尺寸的减小，两类试样强度之间偏差减小？

【参考答案】 (1) 机加工试样断裂强度低于抛光试样的原因是机加工试样的裂纹比抛光试样的裂纹大。

(2) 随着晶粒尺寸的减小，两类试样强度之间偏差减小是因为两类试样微裂纹尺寸的差异减小。与机加工相比，抛光产生的裂纹尺寸更小。根据 Griffith 微裂纹理论，材料断裂强度不是取决于微裂纹的数量，而是取决于材料中微裂纹的最大尺寸。机加工微裂纹的最小尺寸往往为晶粒尺寸，而抛光加工被磨削掉的可能是单个或多个原子，由此产生的微裂纹尺寸远比晶粒尺寸小。所以，在图 2-3 中可以看到，总体上抛光加工试样的断裂强度比机加工

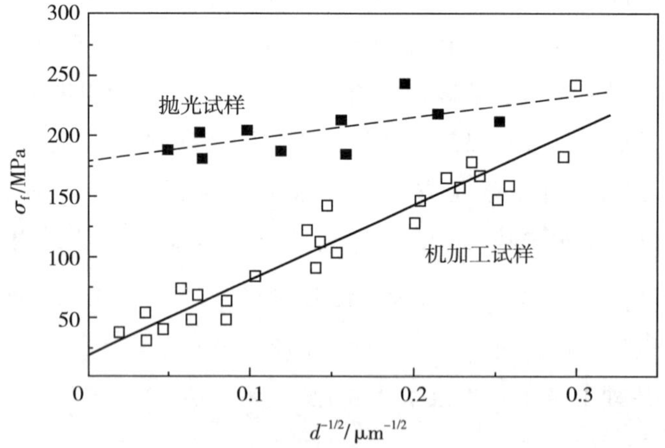

图 2-3　晶粒尺寸与试样强度关系图

试样的断裂强度高。随着晶粒尺寸的减小，两种加工方式产生微裂纹最大尺寸的差异减小，所以两种加工方式的差异减小。

二、典型错题分析

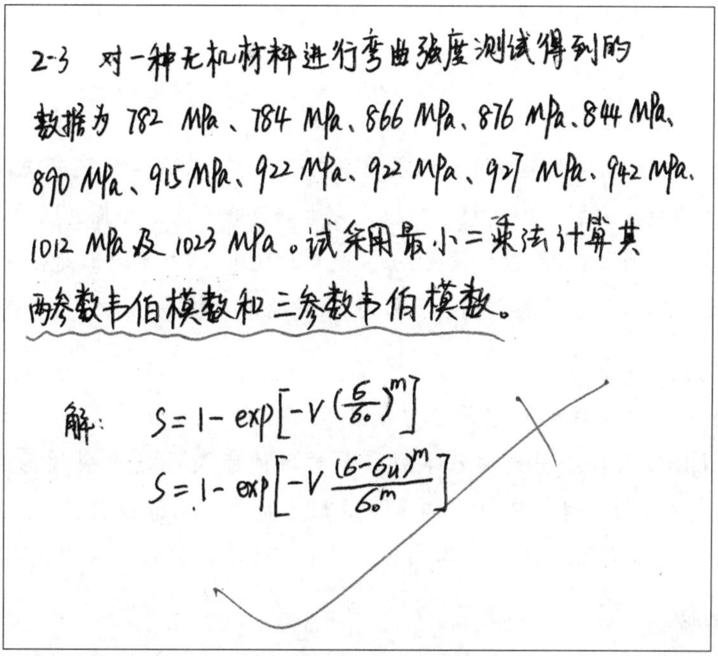

2-3 对一种无机材料进行弯曲强度测试得到的数据为 782 MPa、784 MPa、866 MPa、876 MPa、844 MPa、890 MPa、915 MPa、922 MPa、922 MPa、927 MPa、942 MPa、1012 MPa及1023 MPa。试采用最小二乘法计算其两参数韦伯模数和三参数韦伯模数。

解：$S=1-\exp\left[-V\left(\frac{\sigma}{\sigma_0}\right)^m\right]$

$S=1-\exp\left[-V\frac{(\sigma-\sigma_u)^m}{\sigma_0^m}\right]$

【点评】　虽然写出了两参数韦伯模数和三参数韦伯模数函数，但没有采用最小二乘法进一步往下计算。

三、辅导练习题

（一）名词解释

1. 脆性断裂：

【参考答案】　脆性断裂是指构件未经明显的变形而发生的断裂。

2. 韧性断裂：

【参考答案】　韧性断裂是指构件经过大量变形后发生的断裂。

3. 瞬时断裂：

【参考答案】　以较快的加载速率持续增大应力，当材料应力超过一定临界值时瞬间发生断裂，这种断裂称为瞬时断裂。

4. 疲劳断裂（延时断裂）：

【参考答案】　在缓慢的加载速率作用下持续增大应力发生的断裂，承受恒定应力作用一段时间之后发生的断裂，以及材料在交变载荷作用一段时间之后发生的断裂，这些与时间滞后效应有关的断裂称为疲劳断裂或延时断裂。针对上述第二、三种情况发生的断裂分别称为静态疲劳断裂和动态疲劳断裂。

5. 理论断裂强度：

【参考答案】 理论断裂强度是指固体材料断裂强度在理论上可能达到的最高值，又称为理论结合强度。

6. 格里菲斯微裂纹理论：

【参考答案】 格里菲斯微裂纹理论主要有两方面观点：从力学角度来说，格里菲斯微裂纹理论认为材料脆性断裂是由裂纹尖端集中的应力大于材料的理论结合强度所致的，裂纹尖端集中应力的大小与裂纹尺寸有关，与裂纹数量无关；从能量角度来说，材料内部储存的弹性应变能的降低大于由于开裂形成两个新表面所需的表面能时，裂纹将发生扩展，反之，裂纹将不会发生扩展。

7. 裂纹尖端应力集中：

【参考答案】 裂纹尖端处积累的应力比裂纹其他部位的应力大，这种现象称为裂纹尖端应力集中。Griffith 微裂纹理论的基本观点是材料的断裂不是由裂纹的数量决定的而是由裂纹的尺寸决定的，尺寸越大裂纹尖端集中的应力越大。对于椭圆形孔，应力集中的程度取决于椭圆孔的长度和椭圆孔端部曲率半径的比值，而与孔洞的形状无关。

8. 弹性应变能：

【参考答案】 在外力作用下因发生弹性形变而储存在物体内部的能量称为弹性应变能或变形能。

提示

由于发生了原子位移或其他不可逆畸变而耗费了部分能量，因此储存在材料内部的能量往往比外界作用的能量小。

9. 裂纹扩展的动力：

【参考答案】 裂纹扩展的动力是弹性应变能的释放率。在平面应力状态下，对于尺寸为 $2c$ 的圆孔，裂纹扩展单位尺寸弹性应变能的释放率为 $G=\frac{\mathrm{d}W_E}{2\mathrm{d}c}=\frac{\pi c\sigma^2}{E}$，其中 σ 为应力，E 为弹性模量，c 为圆形裂纹长度的一半，可以理解为裂纹扩散尺寸释放出能量的大小。

10. 裂纹扩展的阻力：

【参考答案】 对于脆性材料，裂纹扩展的阻力是裂纹稳态扩展单位面积所消耗的能量，即形成两个新鲜表面所需的表面能，$G_c=2\gamma$。而对于塑性材料，除了材料开裂形成两个新鲜表面所需的表面能是裂纹扩展的阻力之外，材料发生塑性变形所消耗的能量也是裂纹扩展的阻力，塑性是阻止裂纹扩展的一个重要因素，$G_c=2(\gamma+\gamma_p)$，其中 γ_p 是产生单位面积的塑性裂纹所消耗的能量。

11. 断裂强度：

【参考答案】 当外加应力超过某一临界值时，材料将发生瞬时断裂，该值称为材料的断裂强度。对于裂纹长度为 $2c$ 的脆性材料，采用应力集中与Griffith能量变化观点推导出来的断裂强度分别为 $\sigma_c=\sqrt{\frac{E\gamma}{4C}}$ 和 $\sigma_c=\sqrt{\frac{2E\gamma}{\pi C}}$。

（二）填空

1. 按照恢复能力、运动形式，以及形变对温度与时间的依赖性进行分类，材料的形变行为分为______、______、______、______、______、______、______（写出4种即得全分）。

【参考答案】 弹性形变　滞弹性形变　塑性形变　黏性流动　蠕变　脆性断裂　疲劳断裂

2. 推导材料理论断裂强度采用奥罗万（Orowan）提出的近似模型，其是以______曲线近似______关系的曲线。

【参考答案】 正弦　原子间约束力随原子间距离变化

3. 材料理论结合强度的表达式 $\sigma_{th}=\sqrt{\frac{E\gamma}{a}}$ 表明，理论结合强度与本征物理参数______、______有关，此外与晶体的______参数也有关。

【参考答案】 弹性模量　表面能　晶胞

4. 按照Griffith微裂纹理论，材料的断裂强度不是取决于裂纹的______，而是取决于裂纹的______，即是由______。

【参考答案】 数量　大小　最危险的裂纹尺寸或临界裂纹尺寸决定材料的断裂强度

5. 英格里斯（Inglis）研究了具有孔洞的板的应力集中问题，得到结论：孔洞两个端部的应力几乎取决于______，而与______无关。

【参考答案】 孔洞的长度（$2c$）和端部的曲率半径（r）　孔洞的形状

6. 对于如图2-4所示的Ⅰ型裂纹系统，外加作用应力为 σ，若裂纹尺寸为 c，裂纹尖端的曲率为 ρ，曲率半径最小值为 a，则裂纹尖端的应力______。

【参考答案】 $\sigma_A=2\sigma\sqrt{\frac{c}{a}}$

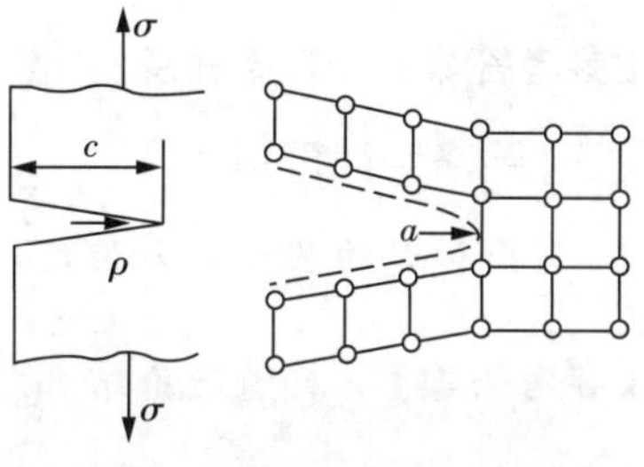

图2-4　Ⅰ型裂纹系统

7. 从裂纹尖端应力集中角度推导出来的材料断

裂强度表达式为 $\sigma_c=\sqrt{\frac{E\gamma}{4c}}$；从能量变化角度推导出来的材料断裂强度表达式为 $\sigma_c=\sqrt{\frac{2E\gamma}{\pi c}}$，其中参数 E 为________、γ 为________、c 为________，这两个关系式皆表明：断裂强度与裂纹的________________有关。(用词可以不同，只要意思答对，即得分)

【参考答案】 弹性模量　表面张力　裂纹长度　尺寸、大小、长度

8. Griffith 从能量角度研究裂纹扩展的条件：物体内储存的弹性应变能的降低大于等于由开裂形成两个新表面所需的表面能，即________________是裂纹扩展的动力，________________是裂纹扩展的阻力。

【参考答案】 物体内储存的弹性应变能的降低(或释放)　材料开裂形成两个新表面所需的表面能

9. 裂纹的存在及其扩展行为决定了材料________的能力。

【参考答案】 抵抗断裂

10. 举例说明材料中应力集中的部位可能是________________。(至少写出 3 条)

【参考答案】 原子空位、晶界、裂纹、划痕

11. 无机材料断裂强度常用的测试方法有________和________。

【参考答案】 三点弯曲　四点弯曲

12. 影响无机材料断裂强度测试误差的因素有________、________、________。(写出 3 个即得全分)

【参考答案】 加载构型　承载点　试样形状

13. 显著影响无机材料断裂强度的显微结构因素有________、________、________、________、________、________。(写出 3 个即得全分)

【参考答案】 气孔　晶粒尺寸　晶界　玻璃相　微裂纹　夹杂物

14. 陶瓷材料按照强度下限值大致分为________、________、________、________、________。

【参考答案】 超高强度　高强度　中等强度　低强度　极低强度

(三) 简答与计算题

1. 写出材料的理论结合强度，并解释各参数的意义。

【参考答案】 材料理论结合强度 σ_{th} 的表达式为 $\sigma_{th}=\sqrt{\frac{E\gamma}{a}}$，其中 E 为弹性模量，γ 为表面能，a 为晶格常数。

2. 对于如图2-5所示的应力作用系统，薄板中心有一长度为$2c$的裂纹，设原子的尺寸为a，在外力F作用下产生的应力为σ，写出裂纹尖端集中的应力σ_A的表达式。

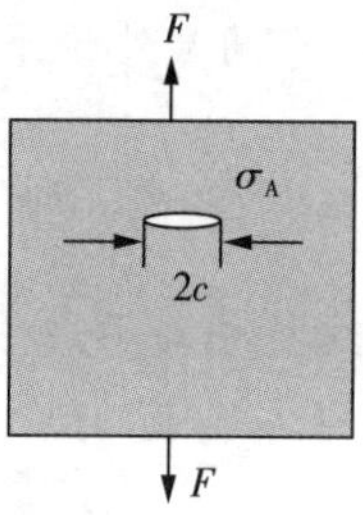

图2-5　应力作用系统

【参考答案】 $\frac{\sigma_A}{\sigma}=1+\frac{c}{a}$，令曲率$\rho=\frac{a^2}{c}$，则$\sigma_A=\sigma\left[1+2\sqrt{\frac{c}{\rho}}\right]$。

3. 请问无机材料中微裂纹的起源有哪些？

【参考答案】 无机材料中微裂纹的起源分为本征起源和非本征起源。本征起源微裂纹指的是在材料制作过程中引入的缺陷，包括气孔、夹杂、偏析、分层、微裂纹、晶粒异常长大等，以及材料在后加工过程中引入的表面损伤、划痕等。非本征起源微裂纹指的是在材料运输、装备和使用过程中由于外力、环境的作用而产生的裂纹，如环境介质中存在的微颗粒与材料之间发生的碰撞产生的表面裂纹，环境介质在材料表面产生的腐蚀、氧化，环境温度作用产生的冷热冲击、相变、蠕变等。

4. 为什么三点弯曲测试的材料断裂强度往往比四点弯曲测试的结果大？

【参考答案】 这是由于三点弯曲测试的不均匀性比四点弯曲测试大。更进一步地说，四点弯曲承受最大拉应力作用的区域比三点弯曲宽，试样由最危险裂纹导致断裂的概率相对较大，所以四点弯曲测试的值相对较小。

5. 画出三点弯曲测试和四点弯曲测试无机材料断裂强度的示意图。了解关于“工程陶瓷弯曲强度试验方法”的国家标准。

【参考答案】 如教材第40页图2.10。

6. 为什么会产生裂纹的亚临界生长？

【参考答案】 (1) 应力腐蚀理论。材料暴露在环境气氛中，环境气氛对裂纹尖端的应力腐蚀，导致裂纹尖端抵抗裂纹扩展的阻力降低。

(2) 高温下裂纹尖端的应力空腔作用。多晶多相陶瓷在高温下长期受力的作用时，晶界玻璃相的结构黏度下降，由于该处的应力集中，晶界处于甚高的局部拉应力状态，玻璃相则会发生蠕变或黏性流动，形变发生在气孔、夹层、晶界层，甚至结构缺陷中，形成空腔。这些空腔沿晶界方向长大，连通形成次裂纹，与主要裂纹汇合就形成裂纹的缓慢扩展。

(四) 综合知识应用与能力考查

1. 根据Orowan正弦曲线模型，推导固体材料的理论结合强度。进而简要说明，如何提高无机材料的断裂强度？

【参考答案】

(1) Orowan提出了以正弦曲线来近似原子间约束力随原子间的距离x的变化曲线。如图

2-6所示，空间某处位于x位置的应力可以表示为

$$\sigma=\sigma_{th}\times\sin\frac{2\pi x}{\lambda}$$

式中，σ_{th}为理论结合强度；λ为正弦曲线的波长。

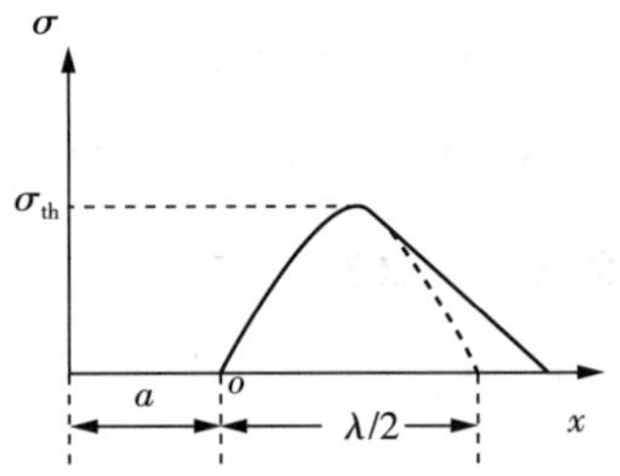

图2-6　原子间约束力和距离的关系

设分开单位面积原子平面所做的功为V，则有

$$V=\int_0^{\frac{\lambda}{2}}\sigma_{th}\times\sin\frac{2\pi x}{\lambda}dx$$

$$=\frac{\lambda\sigma_{th}}{2\pi}\left[-\cos\frac{2\pi x}{\lambda}\right]_0^{\frac{\lambda}{2}}$$

$$=\frac{\lambda\sigma_{th}}{\pi}$$

设材料形成新表面的表面能为γ(这里是断裂表面能，不是自由表面能)，则$V=2\gamma$，即

$$\frac{\lambda\sigma_{th}}{\pi}=2\gamma$$

$$\sigma_{th}=\frac{2\pi\gamma}{\lambda}$$

在接近平衡位置o的区域，曲线可以用直线代替，服从虎克定律：

$$\sigma=E\varepsilon=\frac{x}{a}E$$

式中，a为原子间距。

当x很小时$(x\rightarrow 0)$，$\sin\frac{2\pi x}{\lambda}\approx\frac{2\pi x}{\lambda}$，因此，可得$\sigma_{th}=\sqrt{\frac{E\gamma}{a}}$。

(2) 根据理论结合强度表达式，提高无机材料的断裂强度的方法：提高弹性模量、提高表面能、减小原子间距。

2. 简述防止裂纹扩展的措施。

【参考答案】(1) 使作用应力不超过临界应力，裂纹就不会失稳扩展。

(2) 在材料中设置吸收能量的机构阻止裂纹扩展。① 在陶瓷材料中加入塑性粒子或纤维；② 人为地造成大量极微细的裂纹(小于临界尺寸)，能吸收能量，阻止裂纹扩展；③ 可以利用材料随温度变化产生的相变引入止裂机构，如加入氧化锆，利用氧化锆的相变产生体积变，形成大量微裂纹或挤压内应力。

(3) 设法提高材料的韧性。

3. Griffith微裂纹理论能说明脆性断裂的本质——微裂纹扩展。Griffith微裂纹理论用于解释脆性材料的断裂较为成功，但对于金属和有机物之类的延性材料，Griffith方程不再适用，因为塑性材料在微裂纹扩展过程中裂纹尖端的局部区域要发生不可忽略的塑性形变，

需要不断消耗能量，如果不能供给所需要的足够的外部能量，裂纹扩展将会停止。根据自己所学的知识，谈一谈学术领域是如何解决该难题的？相应地，写出塑性材料断裂强度。

【参考答案】 材料一旦产生塑性形变就会消耗大量的功。Orowan 在 Griffith 微裂纹能量变化观点的基础上，在 Griffith 方程中引入塑性材料裂纹扩展单位面积所需的塑性功 γ_p 来表述延性材料的断裂，断裂强度写为 $\sigma_c=\sqrt{\frac{2E(\gamma+\gamma_p)}{\pi C}}$。

4. 解释图 2-7 所示裂纹亚临界生长的过程。

【参考答案】 裂纹亚临界生长包含三个过程：

(1) 第 Ⅰ 区：随应力场强度因子增加，断裂激活能将因环境影响而下降（因应力腐蚀），$\ln v$ 增加与应力场强度因子成直线关系。

(2) 第 Ⅱ 区：原子及空位的扩散速度等于腐蚀介质的扩散速度，使得新开裂的裂纹端部没有腐蚀介质，断裂激活能提高，抵消了应力场强度因子增加对 $\ln v$ 的影响，表现为 $\ln v$ 不随应力场强度因子变化。

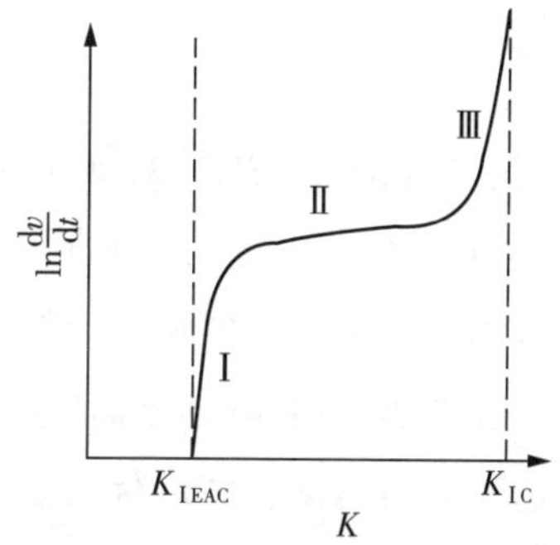

图 2-7　裂纹亚临界生长

(3) 第 Ⅲ 区：断裂激活能增加到一定值时不再增加，这样，应力场强度因子与断裂激活能的差值将越来越大，$\ln v$ 又迅速增加。

（五）开放试题

1. 无机材料断裂强度测试，为什么采用弯曲法而不采用拉伸法？有没有办法改进该试验？

提示

(1) 无机材料强度大，找不到相应的夹具确保拉伸的过程中夹具与材料之间不发生磨损、碎裂或脆断，而且弯曲法是国际、国内通用的标准实验方法。

(2) 可以设法改进试验。

2. 当我们观测脆性断裂时经常会发现，在主裂纹区域会伴生很多细小的裂纹，请问这些裂纹对于提高材料的强度和阻止裂纹的断裂到底是有益处还是有害处？Griffith 微裂纹理论仅考虑了裂纹的尺寸而没有考虑裂纹的数量，结合该现象分析 Griffith 微裂纹理论的成功与不足之处。

提示

辩证地分析，有好处亦有坏处，有坏处亦有好处。

第三章　无机材料的断裂及裂纹扩展

【教学要求】 认识无机材料在使用应力低于临界应力状态下的裂纹亚临界生长现象，学习平面应变断裂韧性基本概念、测试方法与影响因素，从理论上能够解释影响断裂韧性的物理机制，进而在工程实际中能够采取适当措施提高材料的韧性，防止材料断裂；掌握应力场强度因子K和平面应变断裂韧性K_{IC}，理解裂纹的静态疲劳、蠕变断裂；了解无机材料断裂韧性的测试方法；了解几何形状因子的柔度标定技术；了解显微结构对断裂韧性的影响；理解无机非金属材料的增韧、增强途径及其机理；了解复合材料的强度、韧性；了解无机材料的硬度测试方法；了解无机材料压痕裂纹及其应用。

【教学重点】 应力场强度因子K、平面应变断裂韧性、裂纹的亚临界生长、材料的止裂与增韧。

【教学难点】 应力场强度、断裂韧性、裂纹缓慢扩展的机理、材料的止裂与增韧。

一、课后习题解答

1. 熔融石英玻璃的性能参数为$E=73$ GPa，$\gamma=1.56$ J/m^2，理论强度$\sigma_{th}=28$ GPa，如材料中存在最大长度为2 μm的内裂，且此内裂垂直于作用力的方向，计算由此而导致的强度折减系数。

【参考答案】 $2c=2$ μm，即$c=1.0\times10^{-6}$ m。

第一种情况，根据Inglis和Orowan提出裂纹尖端应力集中理论有

$$\sigma_c=\sqrt{\frac{E\gamma}{4c}}=\sqrt{\frac{73\times10^9\times1.56}{4\times1\times10^{-6}}}=16.87\times10^7(\mathrm{Pa})\approx0.17(\mathrm{GPa})$$

故强度折减系数为

$$k=1-\frac{\sigma_c}{\sigma_{th}}=1-\frac{0.17}{28}=93.97\%$$

第二种情况，根据Griffith微裂纹理论的裂纹尖端应变能的储存与释放有

$$\sigma_c=\sqrt{\frac{E\gamma}{\pi c}}=\sqrt{\frac{73\times10^9\times1.56}{3.14\times1\times10^{-6}}}=19.04\times10^7(\text{Pa})$$

故强度折减系数为

$$k=1-\frac{\sigma_c}{\sigma_{th}}=1-\frac{0.19}{28}=99.32\%$$

提示

本题是新书第三章作业，但需要利用第二章 Griffith 微裂纹理论。通过两种方法计算对比，一方面可以发现裂纹应力集中造成的断裂强度显著下降，另一方面可以发现两种理论模型处理结果的些微差异。为了精确区分计算结果，且满足小数点的科学计数规则，上述断裂强度采用了 10^7 Pa 量级以及折减系数采用了“%”作为计数单位。

2. 陶瓷三点弯曲试件如图 3-1 所示，在受拉面上的跨度中间有一竖向切口。如果 $E=380$ GPa，$\mu=0.24$，设极限荷载达 50 kg，求 K_{IC} 值，并计算此材料的断裂表面能。

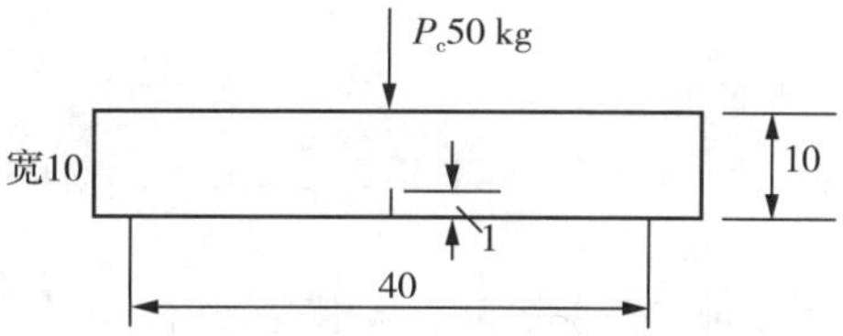

图 3-1　陶瓷三点弯曲试件示意图

【参考答案】　方法一：

(1) 由题意可知，Ⅰ 型裂纹尺寸 $c=1$，宽度 $W=10$，$c/W=0.1$，厚度 $B=10$，跨距三点弯曲 $S=40$，极限荷载 $P=50\times9.8$ N。

对于直通切口梁，$K_{IC}=\frac{P}{B}\frac{S}{W^{3/2}}f\left(\frac{c}{W}\right)$，几何形状因子 $f\left(\frac{c}{W}\right)$ 由下式给出：

$$f\left(\frac{c}{W}\right)=[2.9(c/W)^{1/2}-4.6(c/W)^{3/2}+21.8(c/W)^{5/2}-37.6(c/W)^{7/2}+38.7(c/W)^{9/2}]$$

$$K_{IC}=\frac{PS}{BW^{3/2}}[2.9(c/W)^{1/2}-4.6(c/W)^{3/2}+21.8(c/W)^{5/2}-37.6(c/W)^{7/2}+38.7(c/W)^{9/2}]$$

$$=\frac{50\times9.8\times40\times10^{-3}}{10\times10^{-3}\times(10\times10^{-3})^{3/2}}$$

$$\times(2.9\times0.1^{1/2}-4.6\times0.1^{3/2}+21.8\times0.1^{5/2}-37.6\times0.1^{7/2}+38.7\times0.1^{9/2})$$

$$=1.96\times10^6\times(0.917-0.145+0.069-0.012+0.0012)$$

$$=1.63(\text{MPa}\cdot\text{m}^{1/2})$$

(2) 在平面应变条件下，$K_{IC}^2=\frac{EG_c}{1-\mu^2}$。对于脆性材料，$G_c=2\gamma$，所以 $K_{IC}^2=\frac{2E\gamma}{1-\mu^2}$，$\gamma=\frac{K_{IC}^2(1-\mu^2)}{2E}=\frac{(1.63\times10^6)^2\times(1-0.24^2)}{2\times380\times10^9}=3.29(\text{J/m}^2)$，其中 E 为弹性模量，G_c 为临界应

变能的释放率，γ 为表面能，μ 为泊松比。

方法二：

图 3-1 所示为 Ⅰ 型裂纹，对于大而薄的板，边缘穿透裂纹，其形状因子 $Y=1.12\sqrt{\pi}$，应力场强度因子 $K_{\mathrm{IC}}=Y\sigma\sqrt{c}$，当施加载荷达到最大时，发生断裂的断裂韧性为 $K_{\mathrm{IC}}=Y\sigma_{\mathrm{c}}\sqrt{c}$，代入形状因子，则 $K_{\mathrm{IC}}=1.12\sqrt{\pi}\sigma_{\mathrm{c}}\sqrt{c}$，即

$$
\begin{aligned}
K_{\mathrm{IC}} &= 1.12\sigma_{\mathrm{c}}\sqrt{\pi c} \\
&= 1.12\,\frac{50\times 9.8}{10\times 10^{-3}\times 10\times 10^{-3}}\sqrt{3.14\times 1\times 10^{-3}} \\
&= 1.12\,\frac{F}{A}\sqrt{\pi c} \\
&= 1.12\,\frac{F}{B\times W}\sqrt{\pi c} \\
&= 0.31\times 10^{6}\,(\mathrm{Pa}\cdot\mathrm{m}^{1/2}) \\
&= 0.31\,(\mathrm{MPa}\cdot\mathrm{m}^{1/2})
\end{aligned}
$$

类似地，在平面应变条件下，$K_{\mathrm{IC}}^{2}=\dfrac{EG_{\mathrm{c}}}{1-\mu^{2}}$。

对于脆性材料，$G_{\mathrm{c}}=2\gamma$，所以 $K_{\mathrm{IC}}^{2}=\dfrac{2E\gamma}{1-\mu^{2}}$，$\gamma=\dfrac{K_{\mathrm{IC}}^{2}(1-\mu^{2})}{2E}=\dfrac{(0.31\times 10^{6})^{2}\times(1-0.24^{2})}{2\times 380\times 10^{9}}=0.12(\mathrm{J/m^{2}})$，其中 E 为弹性模量，G_{c} 为临界应变能的释放率，γ 为表面能，μ 为泊松比。

提示

由题意知，研究对象为陶瓷，采用三点弯曲，裂纹为 Ⅰ 型裂纹，裂纹尺寸 $c=1$，三点弯曲的跨度尺寸 $S=40$，样品厚度 $B=10$，宽度 $W=10$，当极限荷载达 50 kg 时 $P=50\times 9.8$ N，三点弯曲受力下，K_{IC} 值的计算公式可以沿用美国 ASTME399-74 中所列的公式，$K_{\mathrm{IC}}=\dfrac{P}{B}\cdot\dfrac{S}{W^{3/2}}f\left(\dfrac{c}{W}\right)$，其中 $f\left(\dfrac{c}{W}\right)=[2.9(c/W)^{1/2}-4.6(c/W)^{3/2}+21.8(c/W)^{5/2}-37.6(c/W)^{7/2}+38.7(c/W)^{9/2}]$。

由三点弯曲试验的极限载荷，可以求出断裂强度 σ_{c}，由 σ_{c} 求 K_{IC} 的关键在于几何形状因子。

若采用第二种方法，由极限载荷作用下的断裂强度直接计算断裂韧性，计算结果远远小于第一种方法所得的数值。

3. 根据$\sigma=\dfrac{K_{IC}}{\sqrt{\pi c}}$，测得 Si_3N_4 瓷的K_{IC}为 5.0 MPa·$m^{1/2}$。用这种材料测得其强度分别为 1000 MPa、800 MPa、500 MPa 时，其相应的最大裂纹尺寸是多少？加入 Si_3N_4 瓷的K_{IC}提高到 6.0 MPa·$m^{1/2}$，其 1000 MPa 强度的相应裂纹尺寸为多少？由此分析增韧的意义是什么？

【参考答案】 (1) 由$\sigma=\dfrac{K_{IC}}{\sqrt{\pi c}}$，导出$c=\dfrac{K_{IC}^2}{\pi\sigma^2}$。当$\sigma_1=1000$ MPa 时，$c_1=7.96\times10^{-6}$ m；当$\sigma_2=800$ MPa 时，$c_2=1.24\times10^{-5}$ m；当$\sigma_3=500$ MPa 时，$c_3=3.18\times10^{-5}$ m。

(2) 假如 Si_3N_4 瓷的K_{IC}提高到 6.0 MPa·$m^{1/2}$，其 1000 MPa 强度的相应裂纹尺寸为

$$c_4=1.15\times10^{-5}\ \text{m}$$

(3) 增韧的突出意义：降低材料的脆性，提高材料的抗冲击性能。Si_3N_4 是典型的无机非金属材料，其强度高、硬度大、抗冲击性能不佳、缺乏延展性。此类材料产生脆性断裂主要是由于裂纹尖端的应力集中，裂纹尺寸越大，裂纹尖端的应力往往越大。从上述对比中也可以发现，把断裂韧性K_{IC}从 5.0 MPa 提高至 6.0 MPa，在相同载荷 1000 MPa 作用下，材料内部所能经受的裂纹尺寸从$c_1=7.96\times10^{-6}$ m 变为$c_4=1.15\times10^{-5}$ m，提高了 44%。

提示

对于大而薄的板，其中心含有穿透裂纹的模型，裂纹尺寸用$2c$表示，因为薄板是中心对称的；而对于大而薄的板，其边缘穿透裂纹的模型，裂纹尺寸用c表示。此处计算考虑$2c$是不必要的。此外，应注意对应上述两种模型的应力场强度因子，前者用$Y=\sqrt{\pi}$表示，而后者用$Y=1.12\sqrt{\pi}$表示。

4. 一钢板受长向拉应力 350 MPa，如在材料中有一垂直于拉应力方向的中心穿透缺陷，长 8 mm($=2c$)。此钢材的屈服强度为 1400 MPa，计算塑性区尺寸r_0及其与裂缝半长c的比值。讨论用此试件来求K_{IC}值的可能性。

【参考答案】 由题意得知，$2c=8$ mm，$\sigma_{ys}=1400$ MPa。

对于中心穿透裂纹，其形状因子$Y=\sqrt{\pi}$，$K_{IC}=Y\sigma_c\sqrt{c}$，导出$K_{IC}=\sigma_c\sqrt{\pi c}$

对于 Ⅰ 型裂纹，拉应力垂直于裂纹方向，所以有

$$\sigma_y=\sigma_c=\sigma_{ys}$$

$$K_{IC}=\sigma_c\sqrt{\pi c}=1400\times\sqrt{3.14\times0.004}=156.90(\text{MPa}\cdot\text{m}^{1/2})$$

(1) 在平面应力状态下，$r=r_0$ 时，$\sigma_y=\sigma_{ys}$。

塑性区尺寸为

$$r_0=\frac{1}{2\pi}\left(\frac{K_{IC}}{\sigma_y}\right)^2=\frac{1}{2\pi}\left(\frac{\sigma_{ys}\sqrt{\pi c}}{\sigma_y}\right)^2=\frac{\pi c}{2\pi}=\frac{4}{2}=2(\text{mm})$$

塑性区尺寸与裂缝半长的比值为

$$r_0/c=0.5$$

(2) 在平面应变状态下，塑性区尺寸为

$$r_0'=\frac{1}{4\sqrt{2}\pi}\left(\frac{K_{IC}^2}{\sigma_{ys}}\right)^2=\frac{1}{4\sqrt{2}\pi}\left(\frac{\sigma_{ys}\sqrt{\pi c}}{\sigma_{ys}}\right)^2=\frac{\pi c}{4\sqrt{2}\pi}=\frac{4}{4\sqrt{2}}\approx 0.71(\text{mm})$$

塑性区尺寸与裂缝半长的比值为

$$r_0'/c=\frac{1}{4\sqrt{2}}=\frac{\sqrt{2}}{8}=0.18$$

(3) 上述两种情况中，无论是在平面应力状态下还是在平面应变状态下，皆有 r_0(或 r_0')$/c>1/15$，所以不能用此试件求K_{IC} 的值。

$c\geqslant 15r_0$(或 r_0') 作为是否会出现弹性断裂的判据，满足这个区域的称为小范围塑性形变。

5. 一陶瓷零件上有一垂直于拉应力的边裂，如边裂长度：(1)2 mm；(2)0.049 mm；(3)2 μm，分别求上述三种情况下的临界应力。设此材料的断裂韧性为 1.62 MPa·m$^{1/2}$，讨论诸结果。

【参考答案】 Ⅰ型裂纹的应力场强度因子$K_{IC}=Y\sigma\sqrt{c}$，对于大而薄的板，边缘穿透裂纹，其形状因子$K_{IC}=1.12\sigma_c\sqrt{\pi c}\,Y=1.12\sqrt{\pi}$。当施加载荷达到最大值时，发生断裂的断裂韧性为$K_{IC}=Y\sigma_c\sqrt{c}$，代入形状因子，则$K_{IC}=1.12\sqrt{\pi}\sigma_c\sqrt{c}$，导出 $\sigma_c=\dfrac{K_{IC}}{1.12\sqrt{\pi C}}=\dfrac{K_{IC}}{1.98\sqrt{c}}$。已知断裂韧性为$K_{IC}=1.62$ MPa·m$^{1/2}$，所以当 $c=2$ mm 时，$\sigma_c=0.818\times(2\times10^{-3})^{-\frac{1}{2}}=18.29$(MPa)；当 $c=0.049$ mm 时，$\sigma_c=0.818\times(0.049\times10^{-3})^{-\frac{1}{2}}=272.67$(MPa)；当 $c=2$ μm 时，$\sigma_c=0.818\times(2\times10^{-6})^{-\frac{1}{2}}=578.50$(MPa)。

6. 画出作用应力与预期寿命之间的关系曲线。材料为氧化锆增韧氧化铝(ZTA) 陶瓷零件，温度在 900 ℃，$K_{IC}=10$ MPa·m$^{1/2}$，慢裂纹扩展指数 $n=40$，常数 $A=10^{-40}$，$Y=\pi^{1/2}$。设实验应力为作用应力的两倍。

【参考答案】 方法一：

对于裂纹的亚临界生长，裂纹尺寸 c 与应力场强度因子 K_I 的关系为

$$dc=\frac{2K_{\mathrm{I}}}{Y^2\sigma_a^2}dK_{\mathrm{I}} \tag{3-1}$$

式中，Y 为形状因子；σ_a 为推动裂纹亚临界生长的作用应力。

在裂纹缓慢扩展区，裂纹扩展速率 V 与 K_{I} 的关系为

$$V=AK_{\mathrm{I}}^n \tag{3-2}$$

其中，已知常数 $A=10^{-40}$，慢裂纹扩展指数 $n=40$，把式(3-1)代入式(3-2)，则有

$$V=\frac{dc}{dt}=AK_{\mathrm{I}}^n=\frac{\frac{2K_{\mathrm{I}}}{Y^2\sigma_a^2}dK_{\mathrm{I}}}{dt} \tag{3-3}$$

该关系式进一步转换为

$$dt=\frac{2K_{\mathrm{I}}^{1-n}}{AY^2\sigma_a^2}dK_{\mathrm{I}} \tag{3-4}$$

对上式积分得

$$t_f=\frac{2K_{\mathrm{I}}^{1-n}}{(n-2)AY^2\sigma_a^2}(K_{\mathrm{Ii}}^{2-n}-K_{\mathrm{IC}}^{2-n}) \tag{3-5}$$

式中，t_f 为试样在恒定应力作用下发生破坏所需的时间；K_{Ii} 为材料中最危险固有裂纹尖端处应力场强度的初始值，$K_{\mathrm{Ii}}=Y\sigma_c\sqrt{c_0}$；$K_{\mathrm{IC}}$ 为材料的断裂韧性，$K_{\mathrm{IC}}=Y\sigma_c\sqrt{c_c}$。

由于 $K_{\mathrm{Ii}}^{2-n}\gg K_{\mathrm{IC}}^{2-n}$，上式可简化为

$$t_f=\frac{2}{(n-2)AY^2\sigma_a^2K_{\mathrm{Ii}}^{2-n}} \tag{3-6}$$

考虑到

$$K_{\mathrm{Ii}}=Y\sigma_c\sqrt{c_0}=\sigma_c\left(\frac{K_{\mathrm{IC}}}{\sigma_{f0}}\right) \tag{3-7}$$

式中，σ_{f0} 为不发生裂纹缓慢扩展条件下测得的材料断裂强度。

把式(3-7)带入式(3-6)，得到

$$t_f=\frac{2}{(n-2)AY^2\sigma_a^2\left(\sigma_a\frac{K_{\mathrm{IC}}}{\sigma_{f0}}\right)^{n-2}} \tag{3-8}$$

令

$$B'=\frac{2}{(n-2)AY^2\left[\left(\frac{K_{\mathrm{IC}}}{\sigma_{f0}}\right)\right]^{n-2}} \tag{3-9}$$

则有

$$t_f = B'\sigma_a^{-n} \tag{3-10}$$

两边取对数得

$$\ln t_f = -n\ln\sigma_a + \ln B'$$

方法二：

利用教材第 77 页关系式(3.57) 有

$$t_f = B'\sigma_a^{-n} \tag{3-11}$$

两边取对数得

$$\ln t_f = -n\ln\sigma_a + \ln B' \tag{3-12}$$

针对上述两种解法，可以画出图 3－2。

方法三：

题目给出“设实验应力为作用应力的两倍”，按照题意应采用“保证试验法”预测材料寿命。

试验检验应力为 σ_p，作用应力为 σ_a，断裂临界应力为 σ_c，则有

$$t_f = \frac{2K_{IC}^{2-n}\left(\frac{\sigma_a}{\sigma_p}\right)^{2-n}}{(n-2)AY^2\sigma_a^2} \tag{3-13}$$

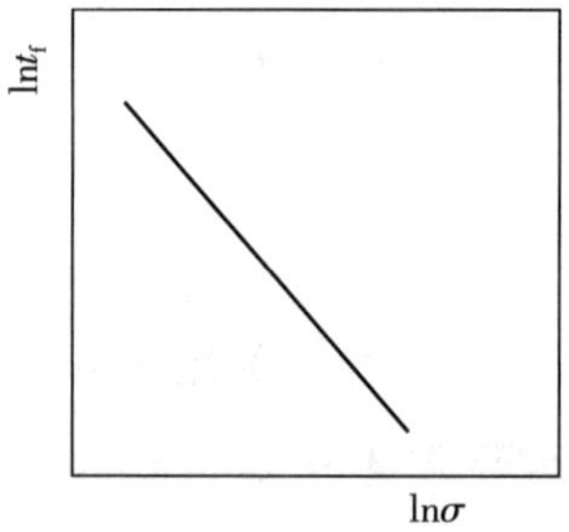

图 3－2　关系曲线

已知实验应力取作用应力的两倍，即 $\sigma_p = 2\sigma_a$，则有

$$t_f = \frac{2K_{IC}^{2-n}\left(\frac{\sigma_a}{\sigma_p}\right)^{2-n}}{(n-2)AY^2\sigma_a^2} = \frac{2K_{IC}^{2-n}2^{n-2}}{(n-2)AY^2\sigma_a^2} = \frac{2^{n-1}K_{IC}^{2-n}}{(n-2)AY^2\sigma_a^2} \tag{3-14}$$

由于 n、K_{IC}、A、Y 皆为已知量，令 $t_f = B\sigma_a^{-2}$，则上式可以写为

$$t_f = B\sigma_a^{-2} \tag{3-15}$$

符合 $y = x^{-2}$ 双曲线。

所以，作用应力与预期寿命之间的关系曲线如图 3－3 所示。

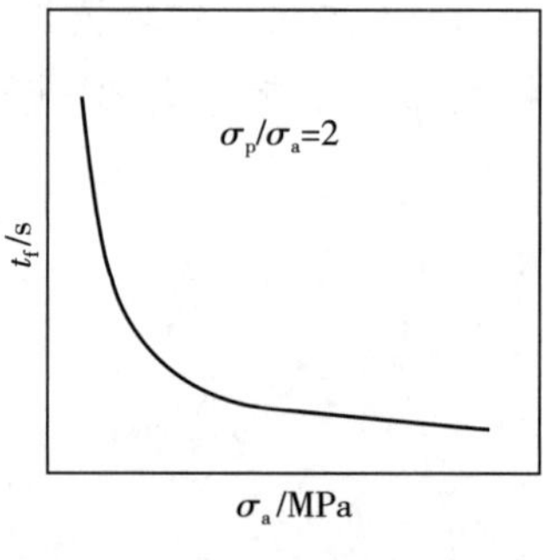

图 3－3　裂纹断裂所需时间 t_f 与作用应力 σ_a 的关系曲线

提示

本题前两种解法见《无机材料物理性能》第 2 版第 75 ～ 77 页，第三种解法见《无机材料物理性能》第 2 版第 79 页。此外应注意，作用应力 σ_a、断裂临界 σ_c 和检验应力 σ_p 是不同参数。理解此题，核心是裂纹的亚临界生长。在恒定应力作用下，在材料发生蠕变的过程中，以及在高温下原子发生弛豫的过程中，因为原子之间的相对位置随时间的变化而发生动态变化，所以弹性模量 E 和断裂韧性 K_{IC} 是变量。

二、典型错题分析

典型错题 1：

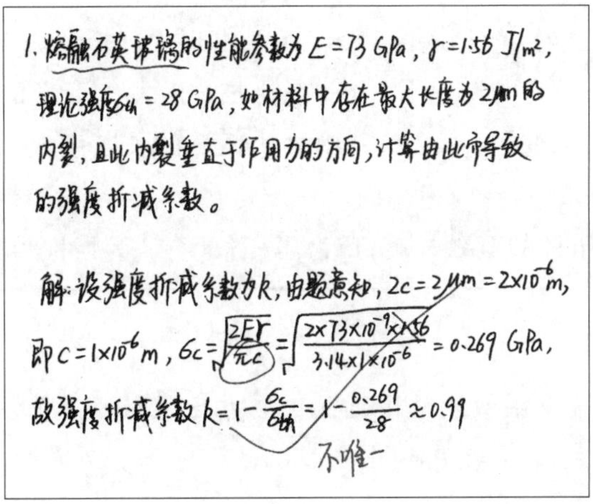

1. 熔融石英玻璃的性能参数为 $E=73\ GPa$，$\gamma=1.56\ J/m^2$，理论强度 $\sigma_{th}=28\ GPa$，如材料中存在最大长度为 $2\mu m$ 的内裂，且此内裂垂直于作用力的方向，计算由此而导致的强度折减系数。

解：设强度折减系数为 k，由题意知，$2c=2\mu m=2\times10^{-6}m$，

即 $c=1\times10^{-6}m$，$\sigma_c=\sqrt{\frac{2E\gamma}{\pi c}}=\sqrt{\frac{2\times73\times10^9\times1.56}{3.14\times1\times10^{-6}}}=0.269\ GPa$，

故强度折减系数 $k=1-\frac{\sigma_c}{\sigma_{th}}=1-\frac{0.269}{28}\approx0.99$

不唯一

【点评】　玻璃是脆性材料，使用应力集中模型比能量模型更好。使用应力集中模型，应选择关系式 $\sigma_c=\sqrt{\frac{E\gamma}{4c}}$。

典型错题 2：

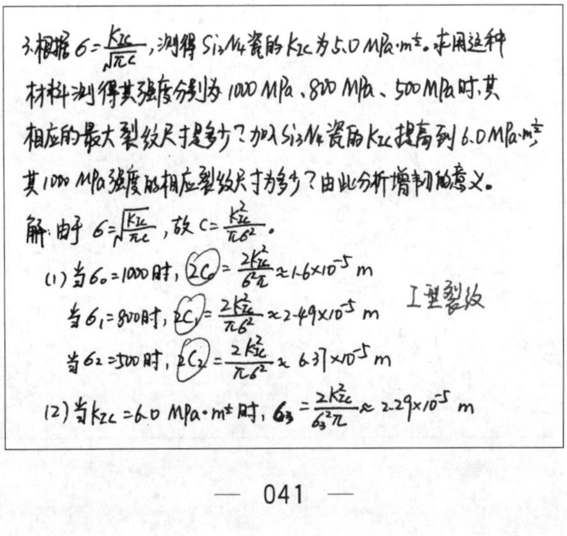

3. 根据 $\sigma=\frac{K_{IC}}{\sqrt{\pi c}}$，测得 Si_3N_4 瓷的 K_{IC} 为 $5.0\ MPa\cdot m^{\frac{1}{2}}$。求用这种材料测得其强度分别为 1000 MPa、800 MPa、500 MPa 时其相应的最大裂纹尺寸是多少？如果 Si_3N_4 瓷的 K_{IC} 提高到 $6.0\ MPa\cdot m^{\frac{1}{2}}$，其 1000 MPa 强度的相应裂纹尺寸为多少？由此分析增韧的意义。

解：由于 $\sigma=\frac{K_{IC}}{\sqrt{\pi c}}$，故 $c=\frac{K_{IC}^2}{\pi\sigma^2}$。

(1) 当 $\sigma_0=1000$ 时，$2c=\frac{2K_{IC}^2}{\sigma^2\pi}\approx1.6\times10^{-5}\ m$　　Ⅰ型裂纹

当 $\sigma_1=800$ 时，$2c_1=\frac{2K_{IC}^2}{\pi\sigma^2}\approx2.49\times10^{-5}\ m$

当 $\sigma_2=500$ 时，$2c_2=\frac{2K_{IC}^2}{\pi\sigma^2}\approx6.37\times10^{-5}\ m$

(2) 当 $K_{IC}=6.0\ MPa\cdot m^{\frac{1}{2}}$ 时，$\sigma_3=\frac{2K_{IC}^2}{\sigma_3^2\pi}\approx2.29\times10^{-5}\ m$

【点评】 K_{IC} 对应的是薄板边缘的 Ⅰ 型裂纹，计算的结果是 Ⅰ 型裂纹的长度 c，不是薄板中心裂纹长度 $2c$。

三、辅导练习题

(一) 名词解释

1. 柔度：

【参考答案】 柔度又称为长细比，常记为 λ，是指构件在轴向受力的情况下，沿垂直轴向方向发生形变的大小。

提示

《无机材料物理性能》第 2 版第 50 ～ 51 页出现柔度概念。柔度又称长细比，常记为 λ，是指构件在轴向受力的情况下，沿垂直轴向方向发生形变的大小，用于计算压杆稳定性问题。常用表达式 $\lambda=\mu L/R$，其中 μ 为压杆的长度系数，它与压杆的约束条件有关。例如，两端铰支的 $\mu=1$，一端固定一端自由的 $\mu=2$，一端固定一端铰支的 $\mu=0.7$，实际上 μL 是指压杆的有效长度；L 为压杆长度；R 为惯性半径（又称回转半径）。

2. 应力场强度因子：

【参考答案】 用于度量裂纹尖端附近区域应力场强弱程度的一个物理参量，它和裂纹种类、裂纹尺寸、受力有关，单位为 $Pa\cdot m^{1/2}$。

提示

研究总结表明，裂纹长度与断裂应力存在如下关系：$\sigma_c=\dfrac{K}{\sqrt{C}}$，其中 K 是与材料、试件尺寸、形状、受力状态等有关的系数。欧文(lrwin) 应用弹性力学的应力场理论对裂纹尖端附近的应力场进行了分析，关于 Ⅰ 型裂纹得到如下结果：

$$\sigma_{xy}=\frac{K_I}{\sqrt{2\pi r}}\cos\frac{\theta}{2}\left[1-\sin\frac{\theta}{2}\sin\frac{3\theta}{2}\right]$$

$$\sigma_{yy}=\frac{K_I}{\sqrt{2\pi r}}\cos\frac{\theta}{2}\left[1+\sin\frac{\theta}{2}\sin\frac{3\theta}{2}\right]$$

$$\tau_{xy}=\frac{K_I}{\sqrt{2\pi r}}\cos\frac{\theta}{2}\sin\frac{\theta}{2}\cos\frac{3\theta}{2}$$

其中，K_I 称为 Ⅰ 型裂纹的应力场强度因子，K_I 与外加应力、裂纹长度、裂纹种类和受力状态有关。

3. 裂纹扩展的机械能释放率：

【参考答案】 裂纹扩展的机械能释放率是指裂纹扩展单位长度系统所释放的机械能大小。若载荷功为 W_P，弹性应变能为 W_E，则机械能释放率定义为 $G=-\frac{d(W_E-W_P)}{2dc}$。更一般的情况下，机械能释放率 G 定义为裂纹扩展过程中系统释放的机械能对开裂面积 A($A=2c\times$ 厚度，厚度为 1) 的导数，即 $G=-\frac{d(W_E-W_P)}{dA}$，单位为 N/m 或 MPa·m。

4. 弹性应变能释放率：

【参考答案】 弹性应变能释放率是指裂纹扩展单位面积时系统所释放的弹性应变能，$G=-\frac{dW_E}{dA}$，其中 W_E 为外力作用下系统储存的弹性应变能，A 为裂纹面积。

5. 几何形状因子：

【参考答案】 裂纹尖端的应力场强度与构件的式样和裂纹的类型有关，由此引入几何形状因子 Y。对于 Ⅰ 型裂纹，应力场强度因子 K_I 与裂纹尺寸 c 和外加应力 σ 之间存在如下关系：$K_I=Y\sigma\sqrt{c}$，其中 Y 为几何形状因子，它和裂纹类型、试件几何形状有关，Y 值可以通过查表获得。

提示

求材料应力场强度因子的关键在于求几何形状，几何形状因子通常采用试验获得。

6. 裂纹亚临界生长：

【参考答案】 在临界应力之下，裂纹尺寸随时间推移缓慢增大，这种现象称为裂纹亚临界生长。

7. 断裂韧性：

【参考答案】 当裂纹尖端的应力场强度 K_I 达到或超过了某一临界水平 K_{IC} 时，构件将发生断裂，K_{IC} 称为断裂韧性。断裂韧性是材料力学性能的本征参数，它反映了含有裂纹的材料对外界作用的一种抵抗能力，是材料阻止裂纹扩展的能力，是材料的固有性质。

8. 蠕变断裂：

【参考答案】 一般在高温环境中和恒定应力作用下，多晶材料由于形变不断增加而产生的断裂称为蠕变断裂。

9. 延时断裂：

【参考答案】 断裂发生于作用力之后，这种滞后于外力作用的断裂称为延时断裂。

10. 穿晶断裂：

【参考答案】 裂纹以穿过晶粒的形式发生的材料断裂行为称为穿晶断裂。

11. 沿晶断裂：

【参考答案】 裂纹以沿着晶粒扩展的形式发生的材料断裂行为称为沿晶断裂。

12. 裂纹偏转增韧：

【参考答案】 裂纹偏转增韧是指裂纹在扩展过程中发生偏转使材料的韧性得到提升。

13. 裂纹桥接增韧：

【参考答案】 裂纹桥接增韧是指微裂纹的桥接使得材料的韧性得到提升。

14. 裂纹扩展阻力曲线：

【参考答案】 裂纹扩展阻力曲线是指用于描述裂纹扩展的阻力随裂纹尺寸增大而增大的关系曲线。

15. 静态疲劳：

【参考答案】 静态疲劳亦即裂纹的亚临界生长，是指在临界应力作用之下，裂纹尺寸随时间推移缓慢增大的现象。

16. 动态疲劳：

【参考答案】 动态疲劳是指材料在循环应力或者渐进增大应力作用下产生的裂纹逐渐增大直至断裂破坏的过程。

17. 裂纹扩展的 $v-K_{\mathrm{I}}$ 曲线特征参数：

【参考答案】 用于描述裂纹扩展速率与应力场强度 K_{I} 关系的参数称为 $v-K_{\mathrm{I}}$ 曲线特征参数，如 K_{th}、K_{Id}、K_{If}、K_{IC}。

提示

裂纹缓慢扩展近似划为四个区：$K_{\mathrm{I}} < K_{th}$ 称为 O 区；$K_{th} < K_{\mathrm{I}} < K_{\mathrm{Id}}$ 称为 Ⅰ 区；$K_{\mathrm{Id}} < K_{\mathrm{I}} < K_{\mathrm{If}}$ 称为 Ⅱ 区；$K_{\mathrm{If}} < K_{\mathrm{I}} < K_{\mathrm{IC}}$ 称为 Ⅲ 区。

18. 裂纹缓慢扩展指数：

【参考答案】 在裂纹缓慢扩展 Ⅰ 区，裂纹扩展速率 v 与应力场强度因子 K_{I} 的关系式可以写为 $V=AK_{\mathrm{I}}^{n}$，其中 n 为裂纹缓慢扩展指数，A 与 n 在给定条件下均为常数。

19. 裂纹扩展的激活能：

【参考答案】 裂纹扩展速率 v 与起始速率 v_0、环境温度、应力场强度 K_{I} 的关系可以写为 $v=v_0\exp\left[-\left(\dfrac{\Delta E^*-bK_{\mathrm{I}}}{RT}\right)\right]$，其中 b 为常数，R 为气体普适常数，ΔE^* 为裂纹扩展的激活能。

20. 断裂寿命：

【参考答案】 裂纹从初始尺寸，经亚裂纹扩展发育，到达临界尺寸，最终导致构件制品断裂所需的时间称为构件制品的断裂寿命。

21. 压痕裂纹：

【参考答案】 在硬度实验中由挤压留下的痕迹所引入的裂纹称为压痕裂纹。

22. 应力诱导化学反应：

【参考答案】 由外力作用诱发的化学反应称为应力诱导化学反应。

23. 应力腐蚀裂纹扩展：

【参考答案】 由外力作用诱发化学反应导致的裂纹缓慢扩展称为力腐蚀裂纹扩展。

24.（断裂寿命预测的）SPT 图：

【参考答案】 外加应力（Stress）、断裂概率（Probability）、断裂寿命（Time）三者之间的关系曲线称为 SPT 图。

（二）填空题

1. 按照材料断裂的不同形式，裂纹的基本类型分为____________型、____________型、____________型。

【参考答案】 掰开、错开、撕开

2. 裂纹缓慢扩展的结果说明材料在短时间内可以承受给定的____________，但负荷时间足够长，最后就会在____________下被破坏。

【参考答案】 低应力 / 低使用应力　低应力

3. 无机材料断裂韧性的测试方法有____________、____________、____________。（写出 3 个即得全分）

【参考答案】 直通切口梁测试技术　双扭法　山形切口（单边切口梁）法

4. 测试无机材料裂纹扩展参数 n 的方法主要有____________和____________，其中____________法包括静态疲劳法和动态疲劳法。

【参考答案】 直接法　间接法　间接法

5. 断裂强度增大，断裂韧性将____________；反之，断裂韧性提高，断裂强度将____________。（增大、减小、保持不变、视情况而无法确定）

【参考答案】 增大　视情况而无法确定

6. 裂纹偏转增韧的效果与第二相粒子的____________、____________、____________有关。

【参考答案】 形状　含量　材质

7. 蠕变断裂一般分为________和________两个阶段，本质上是裂纹的________扩展。

【参考答案】 蠕变裂纹的形成　裂纹的缓慢生长　亚临界

8. 采用压痕裂纹测试无机材料断裂韧性主要有两类方法：一类是________法，另一类是________法。

【参考答案】 直接压痕　压痕弯曲梁

9. 硬度的测试方法有________、________、________。

【参考答案】 划痕法　压痕法　动力法

10. 划痕法测试的硬度有________；压痕法测试的硬度有________、________、________硬度；动力法测试的硬度有________硬度。

【参考答案】 莫氏硬度　布氏　洛氏　维氏　里氏

（三）简答与计算题

1. 裂纹稳态扩展与裂纹亚临界生长有何异同？

【参考答案】 相同点是两者都是裂纹在外力作用的扩展，不同点是两者扩展形式不一样以及经历的扩展过程不一样。

裂纹扩展指材料在外界应力作用下产生裂纹、成核、生长的动态过程。裂纹扩展有三个阶段：成核、稳态扩展和失稳扩展。裂纹稳态扩展，可以理解为裂纹在外力作用下以线性速率扩展，也可以理解为裂纹在达到临界裂纹之前，材料依然可以保持稳定使用状态，但是外加应力导致裂纹尖端集中的应力大于材料的断裂强度。稳态扩展相对于失稳扩展而言，失稳扩展指的是裂纹快速扩展，导致材料迅速断裂破坏。

裂纹亚临界生长是裂纹在外加应力作用下的缓慢生长过程，表面应力腐蚀、原子扩散、玻璃体滑移、位错缺陷与空位聚集进而形成腔体等作用，导致材料实际所能承受的强度降低。虽然外界施加应力小于临界断裂强度，但裂纹尺寸在外界应力作用下会缓慢增大。

2. 应力场强度因子有什么特性？为什么引入应力场强度因子？

【参考答案】 (1) 应力场强度因子有如下特性：① 应力场强度因子仅与荷载和裂纹几何尺寸有关，而与坐标无关；② 裂纹顶端附近的应力和位移分布，完全由应力场强度因子来确定；③ 应力场强度因子是裂纹顶端应力场大小的比例因子，因为应力分量正比于应力强度因子。

(2) 引入应力场强度因子可以使描述应力的方程简化，便于表达应力场前端区域的应力。

3. 对于含有长度为 $2c$ 裂纹的薄板，写出裂纹系统的临界应变能释放率与材料断裂韧性的关系式。

【参考答案】 由应变能释放率的定义有

$$G=\frac{\mathrm{d}W_E}{2\mathrm{d}c}=\frac{\pi c\sigma^2}{E}$$

在临界条件下有

$$G=\frac{\pi c\sigma^2}{E}$$

应力场强度与裂纹尺寸的关系为

$$K_{IC}=\sqrt{\pi}\,\sigma_c\sqrt{c}$$

所以，$G=\frac{K_{IC}^2}{E}$ 或者$K_{IC}=\sqrt{EG_c}$

（四）综合知识应用与能力考查

1. 针对单边切口Ⅰ型裂纹，大量试验表明，裂纹长度 c 与断裂应力 σ_c 存在如下关系：$\sigma_c=\frac{K}{\sqrt{c}}$，其中 K 为比例系数。(1) 根据应力集中与Griffith能量变化导致裂纹扩展的理论结果，分别写出对应系数 K 值的大小；(2) 对于脆性材料，假设裂纹临界系统的临界应变能的释放率 $G_c=2\gamma$，进一步讨论 K 值与断裂韧性K_{IC} 的关系；(3) 从理论角度解释系数 K 的意义。

【参考答案】 (1) 从裂纹尖端应力集中角度，由$\sigma_c=\sqrt{\frac{E\gamma}{4c}}$，得出 $K_1=\frac{\sqrt{E\gamma}}{2}$；从能量变化角度，由 $\sigma_c=\sqrt{\frac{2E\gamma}{\pi c}}$，得出 $K_2=\sqrt{\frac{2E\gamma}{\pi}}$。

(2) 裂纹扩展的阻力 $Gc=2\gamma$，则$K_{IC}=\sqrt{2E\gamma}$，相应地，$K_1=\frac{K_{IC}}{2\sqrt{2}}$，$K_2=\frac{K_{IC}}{\sqrt{\pi}}$。

(3)K 值的意义在于使断裂强度与裂纹尺寸建立起等式，上述两个问题中情况皆表明，K 的大小取决于弹性模量、表面能和断裂韧性的本征物理参数，实际上 K 与材料、试件尺寸、形状、受力状态有关。

2. 无机材料裂纹缓慢扩展指数 n 如何测定？

【参考答案】 无机材料裂纹缓慢扩展指数 n 的测定主要有两大类：一类是直接法，另一类是间接法。直接法是直接测试出裂纹扩展速率与应力场强度因子 K_I 的变化关系曲线，由曲线拟合得出 n。间接法包括静态疲劳法和动态疲劳法。

（五）开放试题

1. 谈一谈提高无机材料强度与改进材料韧性有哪些措施？

提示

（1）材料强度的本质是内部质点间的结合力，从对材料的形变及断裂的分析可知，在晶体结构稳定的情况下，控制强度的主要参数有三个，即弹性模量 E、断裂功（断裂表面能）γ 和裂纹尺寸 c，其中 E 是非结构敏感的，γ 与微观结构有关，但影响不大。唯一可以控制的是材料中的微裂纹，因此提高无机材料强度、改进材料韧性应从消除缺陷和阻止裂纹的扩展着手。

（2）提高晶体的完整性，细、密、匀、纯是重要方面，采用微晶、高密度与高纯度材料。

（3）通过改变温度，在材料表面施加预加应力提高抗裂能力。

（4）采用化学强化（离子交换）方法，在材料表面施加残余压应力。

（5）相变增韧。

（6）弥散增韧。

第四章　无机材料的热学性能

【教学要求】 认识热容、热膨胀、热传导和热损伤的现象和机理，能够利用有关热学知识正确选择和使用材料，如节能保温材料和抗热冲击断裂材料。掌握热膨胀的概念和固体材料热膨胀机理、热膨胀系数，理解热膨胀和其他性能的关系。了解多晶体和复合材料的热膨胀特性。掌握固体材料热传导的宏观规律，理解其微观机理。了解影响热传导的因素及常用无机材料的热导率。掌握无机材料抗热震性的概念及其损伤机理、抗热震断裂和损伤性，提高抗热冲击断裂性能的措施。

【教学重点】 晶格热振动模型、热容、热膨胀与热膨胀系数、热传导与热传导系数、抗热冲击断裂、热损伤、热应力。

【教学难点】 晶格热振动模型、热容产生的机理、热膨胀机理、热传导机制、热冲击断裂、热损伤、热应力。

一、课后习题解答

1. 计算室温(298 K)及1273 K高温下莫来石陶瓷的摩尔热容值，并与利用杜隆-珀蒂规律计算的结果比较。

【参考答案】 材料热容经验公式为 $C_p = a + bT + cT^{-2}$，其中 a、b、c 数据见教材第94～95页，即 $a = 87.55$、$b = 14.96 \times 10^3$、$c = -26.68 \times 10^{-5}$。

在 $T = 298$ K 时，材料热容为

$$\begin{aligned} C_p &= a + bT + cT^{-2} \\ &= 87.55 + 14.96 \times 10^3 \times 298 - 26.68 \times 10^{-5} \times 298^2 \\ &= 259.0\ [\text{J/(mol} \cdot \text{K)}] \end{aligned}$$

在 $T = 1273$ K 时，材料热容为

$$\begin{aligned} C_p &= a + bT + cT^{-2} \\ &= 87.55 + 14.96 \times 10^3 \times 1273 - 26.68 \times 10^{-5} \times 1273^2 \\ &= 438.9\ [\text{J/(mol} \cdot \text{K)}] \end{aligned}$$

根据杜隆-珀蒂定律：$3Al_2O_3 \cdot 2SiO_2$ 含有 21 个原子，则材料热容的理论值为

$$C_p = 21 \times 25 = 525\ [J/(mol \cdot K)]$$

对比上述公式计算值可得，随着温度的升高，材料的 C_p 趋近于杜隆-珀蒂定律计算的理论值。

提示

选择材料热容经验公式时要注意温度范围，注意控制变量。书中莫来石的经验方程式系数适用温度为 298 ~ 1100 K，题目中 1273 K 虽然超出了适用范围，但考虑到要在相同条件下进行对比，依然选用此经验方程系数。

2. 请证明固体材料的热膨胀系数不因内含均匀分散的气孔而改变。

【参考答案】 由于在固体材料中均匀分布的气孔可以看作复合材料的一个相。因此，对于复合材料，有

$$\bar{\alpha}_v = \frac{\sum \dfrac{\alpha_i K_i x_i}{\rho_i}}{\sum \dfrac{K_i x_i}{\rho_i}}$$

但由于空气的体积模数很小，即 $x \approx 0$，因此气孔的存在不影响材料的热膨胀系数。

3. 掺杂固溶体瓷与两相陶瓷的热导率随成分体积分数的变化而变化的规律有何异同。

【参考答案】 (1) 相同点：

当添加溶质的成分体积分数很小时，杂质效应显著，在纯物质处，热导率较大，杂质稍有增加，热导率便迅速降低。

(2) 不同点：

如图 4-1 所示，对于固溶体瓷 MgO-NiO，当杂质浓度很低时，杂质效应显著。在接近纯组元处，随着杂质含量的增加，λ 值迅速下降，但随着杂质含量的增加，杂质效应减弱。在添加组元成分占主要含量时，掺杂固溶体的热导率回升。因此，固溶体瓷的热导率 λ 随成分的体积分数变化而变化的曲线呈 U 型。此外，对比 473 K 和 1273 K 的热导率 λ 曲线还会发现，随着温度的降低，杂质效应会增强。若低于室温，杂质效应会更强烈。

如图 4-2 所示，对于两相陶瓷 $MgO-Mg_2SiO_4$，由于陶瓷材料的微观结构中存在连续相和分散相，连续相的热导率和分散相的热导率不同。因此，在 MgO 含量高于 80%，或 Mg_2SiO_4 含量高于 60% 时，两相陶瓷为连续相，而在中间组成时，连续相和分散相两相同时

存在。这种结构上的过渡状态使得两相陶瓷的热导率 λ 随组成成分的体积分数变化而变化的曲线呈S型。

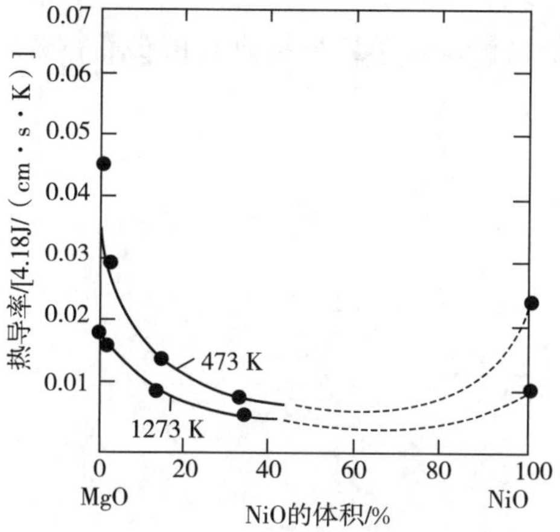

图 4-1 MgO-NiO 固溶体的热导率

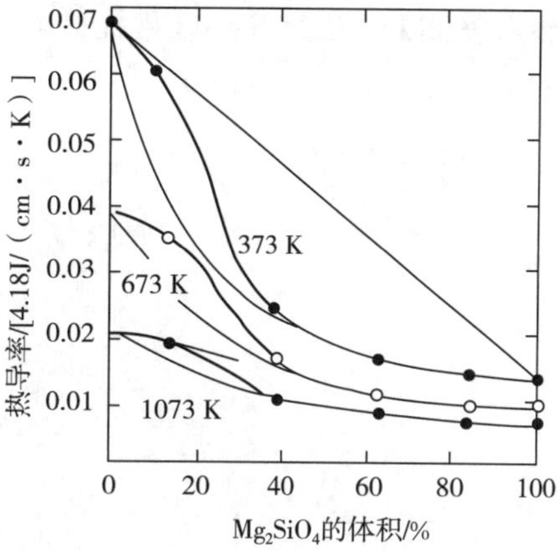

图 4-2 $MgO-Mg_2SiO_4$ 的热导率

提示

根据导热机理分析:掺杂第二相粒子会破坏原有晶格模型,使得晶体内部杂质和缺陷增多;两相陶瓷因为存在连续相和分散相,所以在两相交界处存在相界。缺陷、杂质和相界都会导致声子散射,降低声子自由程,使材料热导率降低。

4. 康宁1723玻璃(硅酸铝玻璃)具有下列性能参数:$\lambda=0.021$ J/(cm·s·℃),$\alpha=4.6\times10^{-6}$/℃,$\sigma_f=70$ MPa,$E=67$ GPa,$\mu=0.25$。求第一热应力因子和第二热应力因子。

【参考答案】 第一热应力因子为

$$R=\frac{\sigma_f(1-\mu)}{\alpha E}$$

$$=\frac{70\times10^6(1-0.25)}{4.6\times10^{-6}\times67\times10^9}$$

$$=170.34(℃)$$

第二热应力因子为

$$R'=\frac{\lambda\sigma_f(1-\mu)}{\alpha E}$$

$$=0.021\times R$$

$$\approx3.58\ [J/(cm\cdot s)]$$

5. 一热机部件由反应烧结氮化硅制成，其热导率 $\lambda=0.184$ J/(cm·s·℃)，最大厚度为 120 mm。如果表面热传递系数 $h=0.05$ J/(cm^2·s·℃)，估算这一部件在应用过程中可以承受的最大允许热冲击温差(设 $S=1$)。

【参考答案】 已知 $S=1$，热机部件可视为平板制品。反应烧结的氮化硅第一热应力因子 $R=547$ ℃。

根据毕奥模数定义有

$$\beta=h\cdot\frac{r_m}{\lambda}=\frac{0.05\times 6}{0.184}=1.63<5$$

提示

r_m 是材料的半厚，即 60 mm；h 为表面热传递系数；λ 为热导率。

取 $\beta<5$ 时，$\frac{1}{(\sigma^*)_{max}}=1.5+\frac{3.25}{\beta}$ $(\sigma^*)_{max}=\frac{\beta}{1.5\beta+3.25}$，则有

$$\Delta T_{max}=\frac{\frac{\sigma_f}{E\cdot\alpha}}{S\cdot(1-\mu)\cdot(\sigma^*)_{max}}=\frac{R'S}{(\sigma^*)_{max}}=\frac{547\times 1}{\frac{1.63}{1.5\times 1.63+3.25}}=1911.14(℃)$$

提示

在高压下，Si_3N_4 的熔点为 1900 ℃。取 $\beta<5$ 时，计算得 $\Delta T_{max}=1911.14$ ℃，超过了从室温开始氮化硅可以承受的最大温度变化范围，意味着 Si_3N_4 在熔点范围内无论承受多大的热冲击，几乎不会断裂，这与事实情况不符，不能作为理论结果，还需要求解出其他情况下氮化硅的允许热冲击温差 ΔT_{max}。

取 $5<\beta<20$ 时，$\frac{1}{(\sigma^*)_{max}}=1.0+\frac{3.25}{\beta^{\frac{2}{3}}}$，则有

$$\Delta T_{max}=\frac{\sigma_f}{\dfrac{E\cdot\alpha}{S\cdot(1-\mu)\cdot(\sigma^*)_{max}}}$$

$$=\frac{R'S}{(\sigma^*)_{max}}$$

$$=547\times1\times\left(1.0+\frac{3.25}{1.63^{\frac{2}{3}}}\right)$$

$$=1830.55(℃)$$

在 $5<\beta<20$ 时，计算结果 ΔT_{max} 接近熔点，意味着 Si_3N_4 在熔点范围内无论承受多大的热冲击，几乎不会断裂，这与事实情况不符。

取 $\beta\ll1$ 时，$\frac{1}{(\sigma^*)_{max}}=\frac{3.25}{\beta}$，即 $(\sigma^*)_{max}=0.31\beta$，则有

$$\Delta T_{max}=R'\cdot S\cdot\frac{1}{0.31r_mh}=\frac{\lambda\sigma_f(1-\mu)}{\alpha E}\times\frac{1}{0.31r_mh}$$

$$=547\times0.184\times\frac{1}{0.31\times6\times0.05}$$

$$=1082.24(℃)$$

该计算结果与实际情况相比较为合理。

6. Hassleman 定义的热应力裂纹安定性因子 R_{st} 的单位是什么？

【参考答案】 已知 Hassleman 定义的公式为

$$R_{st}=\left(\frac{\lambda^2G}{\alpha^2E_0}\right)^{\frac{1}{2}}$$

式中，E_0 为材料无断裂时的弹性模量，其量纲为 N/m^2；λ 为热导率，其量纲为 $J/(m\cdot s\cdot K)$；G 为断裂力学参数（弹性应变能释放率），$G=-\left(\frac{dW_E}{dA}\right)$，其量纲为 N/m；$\alpha$ 为热膨胀系数，其量纲为 K^{-1}。

由上式可推出：$R_{st}=\left(\frac{\lambda^2G}{\alpha^2E_0}\right)^{\frac{1}{2}}=\frac{\lambda}{\alpha}\times\sqrt{\frac{G}{E}}$，所以 R_{st} 的量纲为 $J/(m^{1/2}\cdot s)$ 或 $W/m^{1/2}$。

提示

系统的弹性应变能释放率是裂纹扩展单位面积时系统所释放的弹性应变能。量纲为 J/m^2 或 N/m。

二、典型错题分析

典型错题 1：

1. 计算室温（298 K）及 1273 K 高温下莫来石陶瓷的摩尔热容值，并与利用杜隆－珀蒂规律计算的结果进行比较.

解：当 $T=298$ K 时，则 $C_p=87.55+14.96\times10^{-3}\times298+26.68\times10^{5}\times(298)^{-2}$

$=122.05\ J/(mol\cdot K)\times4.18$

$C=510.169\ J/(mol\cdot K)$

当 $T=1273$ K 时，则 $C=\sum n_iC_i=25\times21=525\ J/(mol\cdot K)$ 在同一条件下比较

根据杜隆－珀蒂规律可知，热容与温度无关，则莫来石 $3Al_2O_3\cdot2SiO_2$，

所以热容为 $C=(3\times5+2\times3)\times25=525\ J/(mol\cdot K)$

比较计算实验与杜隆－珀蒂规律结果可知，热容是随着温度的升高而升高. 当温度大于 1273 K 时，热容稳定在 $25\ J/(mol\cdot K)$.

而并不是如杜隆－珀蒂规律所说与温度无关.

【点评】 两种计算方案采用的标准不一致。计算 298 K 的情况时采用的是经验公式，而计算 1273 K 的情况时采用的是柯普定律的结论，使用的公式与 298 K 时使用的公式不一致。

典型错题 2：

1. 计算室温（298 K）及 1273 K 高温下莫来石陶瓷的摩尔热容值，并与利用杜隆－珀蒂规律计算的结果比较。

解：$T=298$ K 时，$C_p=a+bT+cT^{-2}=87.55+14.96\times10^{-3}\times298-26.68\times10^{5}\times298^{-2}$

$=61.97\times4.18\ J/(mol\cdot K)=259.03\ J/(mol\cdot K)$

$T=1273$ K 时，$C_p=a+bT+cT^{-2}=87.55+14.96\times10^{-3}\times1273-26.68\times10^{5}\times1273^{-2}$

$=104.94\times4.18\ J/(mol\cdot K)=438.65\ J/(mol\cdot K)$

杜隆－珀蒂规律 $C_p=21\times25=525\ J/(mol\cdot K)$

结论呢？

【点评】 未比较计算出的结果，缺少结论。

典型错题 3：

1.计算室温（298K）及 1273 K 高温下莫来石陶瓷的摩尔热容值，并与利用杜隆－珀蒂规律计算的结果比较。

解：$T=298K$ 时，$C_p=a+bT+cT^{-2}$

$=87.55+14.96\times10^{-3}\times298+26.68\times10^{5}\times298^{-2}$

$=122.05\ J/(mol\cdot K)$

$T=1273K$ 时，$C_p=87.55+14.96\times10^{-3}\times1273+26.68\times10^{5}\times1273^{-2}$

$=108.24\ J/(mol\cdot K)$

且据杜隆－珀蒂规律，莫来石 $3Al_2O_3\cdot2SiO_2$，温度高于 θ_D 时，$C_p=25\times21=525\ J/(mol\cdot K)$

温度越高，计算所得的 C_p 值越来越接近于杜隆－珀蒂规律得出的数值。

【点评】 经验公式单位错误。

典型错题 4：

4.康宁 1723 玻璃（硅酸铝玻璃）具有下列性能参数：$\lambda=0.021\ J/(cm\cdot s\cdot{}^{\circ}C)$，$\alpha=4.6\times10^{-6}/{}^{\circ}C$，$\sigma_f=70\ MPa$，$E=67\ GPa$，$\mu=0.25$。求第一热应力因子和第二热应力因子。

解：$R=\dfrac{\sigma_f(1-\mu)}{\alpha E}=\dfrac{70\times10^{6}(1-0.25)}{4.6\times10^{-6}\times67\times10^{9}}=170^{\circ}C$

小数点

$R'=\dfrac{\lambda\sigma_f(1-\mu)}{\alpha E}=0.021\times170=3.57\ J/(cm\cdot s)$

【点评】 无小数点，计算结果小数点位置错误。

典型错题 5：

5.一热机部件由反应烧结氮化硅制成，其热导率 $\lambda=0.184\ J/(cm\cdot s\cdot{}^{\circ}C)$，最大厚度为 120mm。如果表面热传递系数 $h=0.05\ J/(cm^2\cdot s\cdot{}^{\circ}C)$，估算这一部件在应用过程中可以承受的最大允许热冲击温差（设 $S=1$）。

解：由表 4.6 可知，反应烧结氮化硅的经验值

$\sigma_f=310\ MPa$　$\mu=0.24$　$\alpha=2.5\times10^{-6}\ K^{-1}$　$E=172\ GPa$　$R=547/{}^{\circ}C$

$\therefore \Delta T_{max}=\dfrac{\lambda\sigma_f(1-\mu)}{\alpha E}S\dfrac{1}{0.31r_m h}=1082.1\ K$

说明数据来源。

【点评】 计算时数据未代入公式。

典型错题 6：

5. 一热机部件由反应烧结氮化硅制成，其热导率 $\lambda = 0.184\ J/(cm \cdot s \cdot ℃)$，最大厚度为 120 mm。如果表面热传递系数 $h = 0.05\ J/(cm^2 \cdot s \cdot ℃)$，估算这一部件在应用过程中可以承受的最大允许热冲击温差（设 $S=1$）。

解：$\Delta T_{max} = R'S \times \frac{1}{0.31 r_m h}$　又∵ $R' = \lambda R$　r_m 为半厚．$r_m = 60\ mm = 6\ cm$．

由表 3.5，R 经验值 SiC 为 226℃，所以可取 SiN 也为 226℃．

则 $\Delta T_{max} = 0.184 \times 226 \times \frac{1}{0.31 \times 6 \times 0.05} = 447℃$

【点评】 氮化硅看成碳化硅。

典型错题 7：

5. 一热机部件由反应烧结氮化硅制成，其热导率 $\lambda = 0.184\ J/(cm \cdot s \cdot ℃)$，最大厚度为 120 mm。如果表面热传递系数 $h = 0.05\ J/(cm^2 \cdot s \cdot ℃)$，估算这一部件在应用过程中可以承受的最大允许热冲击温差（设 $S=1$）。

解：$\Delta T_{max} = R'S \times \frac{1}{0.31 r_m h}$

$= 100.648 \times 1 \times \frac{1}{0.31 \times 12 \times 0.05}$

$= 541.1℃$

$R' = \lambda \frac{\sigma_f (1-\mu)}{\alpha E}$

$= \lambda R = 0.184 \times 547$

$= 100.648$

【点评】 半高宽 h 计算错误，未说明 R 来源。

典型错题 8：

5. 一热机部件由反应烧结氮化硅制成，其热导率 $\lambda = 0.184\ J/(cm \cdot s \cdot ℃)$，最大厚度为 120 mm。如果表面热传递系数 $h = 0.05\ J/(cm^2 \cdot s \cdot ℃)$，估算这一部件在应用过程中可以承受的最大允许热冲击温差（设 $S=1$）。

解：由题目可知，$r_m = \frac{1}{2} \times 120 = 60\ mm = 6\ cm$

故 $\beta = \frac{h \cdot r_m}{\lambda} = \frac{0.05 \times 6}{0.184} = 1.63 < 5$

故 $\frac{1}{(\sigma^*)_{max}} = 1.5 + \frac{3.25}{\beta}$，即 $(\sigma^*)_{max} = \frac{\beta}{1.5\beta + 3.25}$

且满足 $(\sigma^*)_{max} = \frac{\sigma_f}{\frac{E\alpha}{S(1-\mu)} \cdot \Delta T_{max}} = \frac{\beta}{1.5\beta + 3.25}$

故 $\Delta T_{max} = \frac{\sigma_f}{\frac{E\alpha}{S(1-\mu)} \cdot \frac{\beta}{1.5\beta + 3.25}} = \frac{\sigma_f S(1-\mu)(1.5\beta + 3.25)}{E\alpha\beta} = RS \times \frac{1.5\beta + 3.25}{\beta}$

查表可知，反应烧结氮化硅的 $R = 547℃$

故 $\Delta T_{max} = R \cdot S \cdot \frac{1.5\beta + 3.25}{\beta} = 547 \times 1 \times \frac{1.5 \times 1.63 + 3.25}{1.63} = 1911.14℃$ ×

Si_3N_4 高压下熔点 1900℃.

【点评】　对详细区分比奥模数 β 的情况进行计算，应予以鼓励，但应进一步讨论计算结果。若按照教材 β 的公式计算，得出的结论是 Si_3N_4 所能承受的最大温差 ΔT_{max} 大于 Si_3N_4 的熔点，意味着 Si_3N_4 不会发生热冲击断裂，说明采用这个公式计算的结果不合理。

典型错题 9：

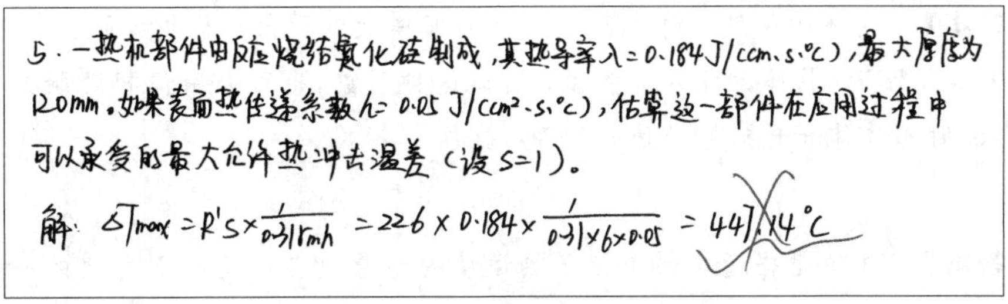
5. 一热机部件由反应烧结氮化硅制成，其热导率λ=0.184 J/(cm·s·℃)，最大厚度为120mm。如果表面热传递系数h=0.05 J/(cm²·s·℃)，估算这一部件在应用过程中可以承受的最大允许热冲击温差（设S=1）。

解　$\Delta T_{max}=R'S\times\frac{1}{0.31r_mh}=226\times0.184\times\frac{1}{0.31\times6\times0.05}=447.14\ ^\circ C$

【点评】　未说明 R 来源，R 代入错误，计算结果数值错误。

三、辅导练习题

（一）名词解释

1. 晶格热振动：

【参考答案】　组成材料的原子都在自身位置附近不停地做无规则热运动，所有原子震动动能之和即材料的热量，每个原子在自身位置不停地做无规则热运动并受到周围其他原子势场的作用，利用这种模型可以很好地解释各种热学现象(包括热容、热膨胀和热传导)。我们就把原子都在自身位置附近不停地做微小无规则热运动称为晶格热振动。

2. 格波：

【参考答案】　晶体中所有原子都以平衡位置为中心不停地振动，这种振动也称为晶格热震动。晶格热振动具有弹性波的形式，遵循量子力学规律。为了描述晶格热振动的能量，通常用 $E=\hbar\omega$ 表示，其中 $\hbar$ 为普朗克常数，$\hbar=\frac{h}{2\pi}$，ω 为圆频。我们把晶格原子在自身平衡位置附近做微小热振传递能量所产生的类似弹性平面波形式的运动称为格波。

3. 光频支振动：

【参考答案】　格波中频率甚高的部分，质点间的位相差很大，邻近质点的运动几乎相反时，频率往往在红外光区，故称为光频支振动。

4. 声频支振动：

【参考答案】　格波中包含的频率甚低的部分，质点彼此之间的位相差不大，此时格波类似弹性体中的应变波，故称为声频支振动。

5. 杜隆-珀蒂定律：

【参考答案】　杜隆-珀蒂定律是指恒压下元素的原子热容为 25 J/(mol·K)。

6. 柯普定律：

【参考答案】 柯普定律是指化合物分子热容等于构成比化合物各元素原子的热容之和。

7. 热膨胀系数：

【参考答案】 物体的长度或体积随温度升高而增大的现象叫作热膨胀。可以用线膨胀系数(温度升高1 K时,物体的相对伸长量)描述这种现象,也可以用体积膨胀系数(相当于温度升高1 K时物体体积相对增长值)来表示。

8. 热容：

【参考答案】 热容是描述材料中分子热运动的能量随温度变化而变化的一个物理量,定义为使物体温度升高1 K所需要外界提供的能量。

9. 导热系数：

【参考答案】 导热系数的物理意义为单位温度梯度下,单位时间内通过单位垂直面积的热量,单位为J/(m·S·k)。

10. 能流密度：

【参考答案】 能流密度是指单位时间通过单位垂直界面热量的大小,$J=\frac{\Delta Q}{\Delta S\cdot\Delta t}=-\lambda\cdot\frac{\mathrm{d}T}{\mathrm{d}x}$,其中$\frac{\mathrm{d}T}{\mathrm{d}x}$为$x$方向上的温度梯度,$\lambda$为导热系数。

11. 导温系数：

【参考答案】 导温系数又被称为热扩散系数或热扩散率。导温系数相当于单位密度(ρ)和单位热容(C_p)的热导率,用公式表示为$\alpha=\lambda/(\rho C_p)$,可以用来表征材料在温度变化时,内部温度趋于均匀一致的能力。

12. C_V与T^3规律：

【参考答案】 当低于德拜温度时热容(C_V)与T^3成正比。

13. 热容的爱因斯坦模型：

【参考答案】 对于热容的量子理论,爱因斯坦模型的假设条件:每个原子都是一个独立的振子,原子之间彼此无关,并且都以相同的角频ω振动。在高温时,爱因斯坦的简化模型与杜隆-珀蒂公式相一致;但在低温时,爱因斯坦模型与实验中按T^3变化规律得出的结果不一致。这是因为爱因斯坦模型忽略了原子间的振动耦合。

14. 热容的德拜模型：

【参考答案】 热容的德拜模型认为晶格中对热容的主要贡献来自弹性波的振动,也就是波长较长的声频支在低温下的振动占主导地位,而声频支的波长远大于晶体的晶格常数,因此可以把晶体近似地看作连续介质，而声频支的振动也可以近似地看作是连续的，具有从 0 到ω_{max}的谱带。ω_{max}由分子密度和声速决定。振动频率高于ω_{max}时，不在声频支范围内，而在光频支范围内，此时对热容的贡献很小，可以忽略不计。在这些假设的基础上，德拜提出了如下热容的表达式：

$$C_V = 3Nkf_D\left(\frac{\theta_D}{T}\right)$$

15. 爱因斯坦温度：

【参考答案】　在爱因斯坦比热模型中，令$\theta_e = \frac{\omega}{k}$，则称$\theta_e$为爱因斯坦温度，其中$\omega$为晶格热振动的圆频率。

16. 德拜温度：

【参考答案】　在德拜的比热模型中，令$\theta_D = \frac{\omega_{max}}{k}$，则称$\theta_D$为德拜温度，其中$\omega_{max}$为德拜模型假定的晶格做频率连续的振动所能达到的最大值。

17. 热应力：

【参考答案】　热应力是指材料在未改变外力作用时，因热冲击导致材料的膨胀或收缩，在材料内部产生的内应力。如果该应力过大，就可以在复合体中引起微裂纹。根据 Griffith 断裂理论，裂纹尺寸大到一定程度，将引起断裂。

18. 热稳定性(抗热震性)：

【参考答案】　材料的热稳定性或抗热震性是指材料承受温度的急剧变化而不致破坏的能力。

> **提示**
>
> 此“震”非“振”。

19. 抗热冲击损伤(指出表征办法)：

【参考答案】　在热冲击循环作用下，材料表面开裂、剥落，并不断发展最终碎裂或变质，抵抗这类破坏的性能称为抗热冲击损伤。用第四热应力因子$R''' = E/\sigma^2(1-\mu)$和第五热应力因子$R'''' = E\times 2r_{eff}/\sigma^2(1-\mu)$表征材料的抗热击损伤性能，其中$E$为弹性模量，$\sigma$为应力，$\mu$为泊松比，$r_{eff}$为表面能。

20. 抗热冲击断裂：

【参考答案】　抗热冲击断裂是指在热冲击作用下材料发生瞬时断裂，抵抗这类破坏的性能称为抗热冲击断裂性。

21. 第一热应力因子、第二热应力因子、第三热应力因子及其物理意义：

【参考答案】 第一热应力因子：$R=\frac{\sigma_f(1-\mu)}{\alpha E}$，此因子考虑到只要材料中的最大热应力值不超过材料的强度极限，材料就不会被损坏；

第二热应力因子：$R'=\frac{\lambda\sigma_f(1-\mu)}{\alpha E}$，这是考虑到材料的散热问题后的因子；

第三热应力因子：$R''=\frac{\lambda\sigma_f(1-\mu)}{\rho C_p\alpha E}$，这是考虑到冷却速率引起材料中的温度呈现梯度分布从而提出的因子。

22. 表面热传递系数：

【参考答案】 表面热传递系数是指材料表面比周围环境温度高出1 K(1 ℃)时，在单位表面积上，单位时间内散失的热量。

23. 无因次表面应力：

【参考答案】 在热传导与散热等机制作用下，材料内部积累的热应力最大值 σ_{max} 与时间有关，往往滞后出现，把实测应力 σ 与 σ_{max} 的比值称为无因次表面应力，其大小与作用力、循环次数以及材料的导热能力和强度有关。

24. 热传导的傅里叶定律：

【参考答案】 傅里叶定律(稳态传热)：$\Delta Q=-\lambda\cdot\frac{\mathrm{d}T}{\mathrm{d}x}\cdot\Delta S\cdot\Delta t$，通过单位截面的热量 ΔQ 与温度梯度$\frac{\mathrm{d}T}{\mathrm{d}x}$、截面积 ΔS 和时间 Δt 成正比，且比例系数为热导率 λ。

25. 热流密度：

【参考答案】 热流密度是指单位时间通过单位垂直截面的热量。

26. 热膨胀机理：

【参考答案】 热膨胀的机理：由原子非简谐热振动(所受力与原子偏离平衡位置的距离为非线性关系)造成的。

27. 热容的本质 / 产生热容的物理机理：

【参考答案】 在环境温度下原子不停地做无规则晶格热振动，振动频率增加需要克服周围其他原子施加的作用力。热容的本质是构成材料的原子每升高单位温度需要克服周围其他原子施加作用力的能量，反映了晶格热振动的难易程度或者因晶格热振动产生的储热能力的大小。

28. 材料热传导的机理：

【参考答案】 固体中的导热主要是由晶格振动的格波和自由电子的运动来实现的，由于质点之间存在相互作用，振动较弱的质点在振动较强的质点的影响下，振动加剧、热运动能量增加，使得热量得以转移和传递，产生热传导现象；在高温下，有可能通过光子辐射导热。

29. 声子：

【参考答案】 把晶格振动当作简谐振动弹性波来处理，这种量子化了的弹性波的最小单位就叫作声子。声子是一种元激发，是一种非真实的准粒子，是用来描述晶体原子热振动——晶格振动规律的一种能量量子。它的能量等于 $\hbar\omega$，其中 $\hbar\omega$ 为普朗克常数，$\hbar=\dfrac{h}{2\pi}$，ω 为圆频率。

（二）填空题

1. 材料的导热机理主要有________、________、________。

【参考答案】 声子导热　光子导热　电子导热

2. 材料的热膨胀机理主要是________________。

【参考答案】 点阵结构中质点间平均位置随温度升高而增大

3. 晶态材料热容的量子理论认为，在一物体内即使温度 T 相同，不同质点热振动（简谐振动）的________也不尽相同，因此谐振子的能量具有________性。

【参考答案】 频率　统计

4. 研究晶态固体热容量子理论的主要模型有________模型和________模型，其主要结论：前者认为____________变化，后者认为____________变化。

【参考答案】 爱因斯坦　德拜　热容 C_V 与温度按指数规律或者 $C_V \propto \exp\left(\dfrac{-E}{kT}\right)$ 热容 C_V 与温度按三次方或者 $C_V \propto T^3$

5. 热容爱因斯坦模型的假设：________________。

【参考答案】 原子彼此孤立，没有相互作用；每个原子都以相同频率 ω 振动

6. 关于热容理论，德拜模型假设的条件是____________。根据德拜模型，低温下热容与____________成正比。

【参考答案】 把晶格近似看作连续介质、晶格振动的频率在 $0\sim\omega_{\text{Max}}$ 连续分布　温度的三次方（T^3）

7. 关于热容理论，爱因斯坦模型假设的条件是____________，不足是____________，原因是____________。

【参考答案】 晶体中所有原子都以相同的频率振动，且各个振动相互独立　低温与实验不符合　忽略了各格波的频率差别，其假设过于简化

8. 一般情况下，金属比非金属材料的热导率大，其原因是金属的内部有大量的________，而且________的质量很轻，而在非金属晶体中________是它们的主

要导热机制。

【参考答案】 自由电子　电子　晶格振动

9. 固体材料热膨胀的本质是____________；热膨胀系数的大小与____________、____________、____________等因素有关。

【参考答案】 晶格点阵的非简谐热振动　质点结合能　密排结构　晶态与非晶态复合结构

10. 热容的本质是____________。无机非金属材料的热容基本与____________模型热容理论相符合，发生相变时，热容值____________。

【参考答案】 晶格点阵的简谐热振动　德拜　突变

11. 材料的热学性能主要包括____________、____________、____________、____________等，解释这些材料的热学性能可以共同采用____________模型。

【参考答案】 热容　热膨胀　热传导　热稳定性　晶格热振动

12. 关于材料热传导的微观机理，无机固体材料的热传导主要是通过____________，高温时还可能由____________热传导，而金属材料主要是由____________传热。

【参考答案】 声子　光子　电子

13. 热容的本质：________________________。

【参考答案】 在环境温度下原子不停地做无规则晶格热振动，振动频率增加需要克服周围其他原子施加的作用力，热容的本质是构成材料的原子每升高单位温度需要克服周围其他原子施加作用力的能量，反映了晶格热振动的难易程度或者因晶格热振动产生的储热能力的大小。

14. 热导率λ的物理意义是____________，它的单位为____________。

【参考答案】 单位温度梯度下，单位时间内通过单位垂直面积的热量　W/m·K(J/m·S·K)

15. 提高轻质隔热砖的温度所需要的热量远低于致密的耐火砖，其原因是单位体积的热容与____________有关，多孔材料的热容____________。

【参考答案】 气孔率　小

16. 热稳定性主要是由材料的____________和导热两方面决定的。影响热导率的因素有：____________、____________、____________、____________、____________。

【参考答案】 热膨胀　温度　晶格结构　化学组成　气孔　复合相

（三）简答与计算题

1. 在2007年末至2008年初，我国南方大部分地区遭受罕见的雪灾，给国民收入带来巨大的损失，特别是输电线路的倒塌，给灾区人民的生活带来了极大的不便。

(1) 试分析热应力产生的原因；

(2) 结合实际谈一谈如何提高材料的抗热冲击断裂性能。

【参考答案】 (1) 热应力产生的原因：热冲击循环作用；在复合体中，由于两种材料的热膨胀系数之间或结晶学方向有大的差别；温度梯度。热应力产生的本质是温度和原子间结合力的不同，致使原子做晶格热震动的幅度不同，产生了应力集中。一旦热应力超过断裂强度，将引起微裂纹。

高压输电线路在持续的雨雪作用下发生断裂，这种断裂主要是由电线杆的倒塌所致的。输电线的材料主要为铝(铝合金)，这种材料具有良好的导热能力，在一定温差范围内所产生的热应力致使铝(铝合金)发生断裂的可能性很低，但脆断的风险也存在，特别是输电线路自身结上了一层厚厚的冰之后，很容易发生脆断。而主要组成成分为无机材料和钢材的电线杆，在急剧的温度变化作用下，因两种材料热膨胀系数不同，就有可能在瞬间发生断裂，或者在雨雪的持续作用下发生裂纹的亚临界生长，裂纹逐渐扩展达到一定程度后发生断裂。电线杆一旦倒塌，将大面积拉断输电线。

(2) 由第一热应力因子、第二热应力因子、第三热应力因子R(公式略)知，提高材料抗热冲击的措施：提高材料的强度σ_f、减小弹性模量E、提高材料的热导率χ、减小材料的热膨胀系数α、减小表面热传递系数h、减小产品的有效厚度r。

2. 何为热容？产生热容的本质物理机制是什么？长期以来描述固体材料热容的大小有哪些经验定律？这些经验定律有哪些不足？影响材料实际热容的因素有哪些以及有何具体影响？

【参考答案】 (1) 热容是指物体温度升高1 K所需要增加的能量。

(2) 产生热容的本质物理机制是晶格热振动。

(3) 描述物体材料热容的大小的经验定律有杜隆-珀蒂定律[恒压下元素的原子热容为25 J/(K・mol)]和柯普定律(化合物分子热容等于构成该化合物各元素原子热容之和)。

(4) 这些定律与实际测得热容在低温下与温度的三次方成正比不相符合。

(5) 影响热容的因素：

① 温度对热容的影响：高于德拜温度时，热容趋于常数；低于德拜温度时，热容与$\left(\frac{T}{\theta D}\right)^3$成正比。

② 键强、弹性模量、熔点的影响：德拜温度为熔点的20%～50%。

③ 无机材料的热容对材料的结构不敏感：混合物与同组成单一化合物的热容基本相同。

④ 相变时，由于热量不连续变化，热容出现突变。

⑤ 高温下，化合物的摩尔热容等于构成该化合物的各元素原子热容的总和，即 $c=$

$\sum n_i C_i$，其中 n_i 为化合物中 i 元素原子数，C_i 为 i 元素的摩尔热容。计算大多数氧化物和硅酸盐化合物在 573 ℃ 以上热容有较好的结果。

⑥ 多相复合材料的热容：$c = \sum g_i C_i$，其中 g_i 为材料中第 i 种组成的重量百分比，C_i 为材料中第 i 种组成的比热容。

3. 关于固体热容，爱因斯坦模型和德拜模型理论提出的假设条件、局限性和成功之处分别是什么？

【参考答案】 (1) 爱因斯坦模型的假设条件：每个原子都是一个独立的振子，原子之间彼此无关，并且都以相同的角频 ω 振动。

(2) 在高温时，爱因斯坦的简化模型与杜隆-珀蒂公式一致。但在低温时，爱因斯坦模型得出的结论是 C_V 值按指数规律随温度 T 而变化，而不是从实验中得出的按 T^3 变化的规律。这样在低温区域，爱因斯坦模型与实验值相差较大，这是原子振动间有耦合作用的结果。

(3) 爱因斯坦模型的成功之处：选取合适的 θ_E（爱因斯坦温度）值，使得在热容显著改变的温度范围内，理论曲线和实验数据较好地符合。

(4) 德拜模型的假设条件：把晶格近似为连续介质，晶格振动的频率在 $0 \sim \omega_{max}$ 连续分布。

(5) 在高温时，德拜模型与杜隆-珀蒂公式一致；在低温时，德拜模型得出的结论是 C_V 与 T^3 成正比并趋于0，这就是德拜 T^3 定律，它与实验结果十分吻合，温度越低，近似越好。

(6) 德拜模型虽然很好地解释了 C_V 与 T^3 成正比，但是低温时并不完全符合实际，因为晶体并不是连续介质。

4. 请从原子受力角度解释固体热膨胀的机理，并阐述固体材料热膨胀系数与熔点、热容和材料结构之间的关系。

【参考答案】 (1) 热膨胀是由原子非线性振动造成的，即原子热振动时受到周围原子势场的作用力与原子热震动离开平衡位置的间距不是线性关系，$F \neq Kx$，此时点阵能曲线为三次抛物线或更高阶关系。如果点阵能曲线与原子震动离开平衡位置的间距呈二次抛物线，可以推导出来膨胀系数为零。

(2) 热膨胀系数和结合能、熔点的关系：质点间结合力愈强，热膨胀系数愈小。热膨胀与温度、热容的关系：热膨胀系数与热容密切相关，并有着相似的规律。热膨胀与材料结构的关系：结构紧密的固体，膨胀系数大，反之，膨胀系数小。

对于具有氧离子紧密堆积结构的氧化物，相互热振动导致膨胀系数较大，为 $6 \times 10^{-6} \sim 8 \times 10^{-6}$/℃，当温度升高到德拜特征温度时，膨胀系数增加到 $10 \times 10^{-6} \sim 15 \times 10^{-6}$/℃，如 MgO、BeO、Al_2O_3、$MgAl_2O_4$、$BeAl_2O_4$ 都具有相当大的膨胀系数。

固体结构疏松，内部空隙较多，当温度升高，原子振幅加大，原子间距离增加时，部分的膨胀被结构内部空隙所容纳，宏观膨胀就小。

5. 图 4-3 是晶体与非晶体固体无机材料热导率曲线典型示意图。

(1) 请从微观角度分析固体材料热传导的机理有哪些？

(2) 晶体与非晶体固体无机材料热导率曲线的差别有哪些？

(3) 解释形成图中晶体与非晶体固体无机材料热导率曲线差异的物理机制。

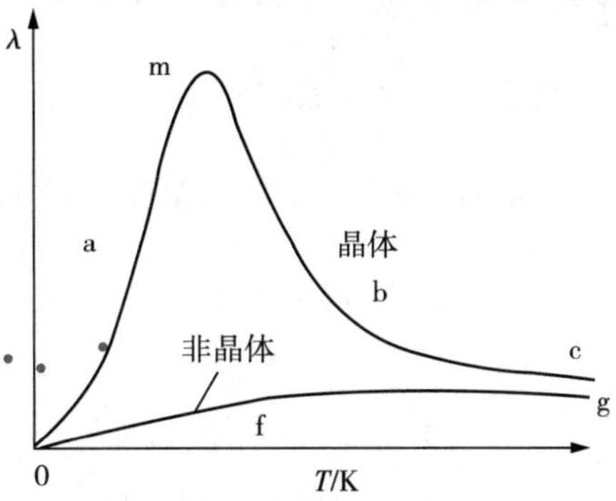

图 4-3 晶体和非晶体固体无机材料热导率曲线典型示意图

【参考答案】 (1) 固体材料热传导的机理有声子传导、电子传导(在金属中)、光子导热(高温时)。

(2) 晶体与非晶体导热系数曲线的差别：

① 非晶体的导热系数(不考虑光子导热的贡献)在所有温度下都比晶体的小，主要原因是非晶体的声子平均自由程在绝大多数情况下都比晶体的小得多。

② 在高温下，二者比较接近，因为声子热容在高温下都接近 $3R$。

③ 非晶体与晶体导热系数曲线的重大区别是前者没有导热系数峰值点 m，这也说明非晶体物质的声子平均自由程在所有温度范围内均接近为一常数。

(3) 物理机制：

① 产生上述差异的根本原因在于晶体结构的差异，主要机理如下：图 4-3 中晶体材料的热导率在低温下随温度升高而增大，达到峰值后再随温度而降低，这是因为声子的热导率受热容与平均自由程的共同作用，低温下热容 C 与温度的三次方成正比，热容随温度的升高而增大，但是平均自由程 l 随温度的上升而减小，低温下 l 值的上限为晶粒的线度，高温下 l 值的下限为晶格间距。在这两种物理机制的共同作用下，在某个温度点热导率达到峰值。

② 非晶体材料没有周期性结构，低温下其热导率随温度升高而上升，温度升高至一定程度时，热容趋近于某一常数(杜隆-珀蒂定律)；做晶格热振动的原子其平均自由程随温度的升高而减小。非晶体材料的热容随温度升高而增加，起主要作用的机制是原子振动加剧导致原子做晶格热振动携带自身能量的增加。总体上来看，非晶体材料的热导率随温度的升高逐渐增大，直至接近某一常数。

6. 热膨胀的机理是什么？为什么热膨胀不是原子的线性简谐振动？从原子振动微小位移与其能量的关系进行证明，要得出热膨胀系数是一个随温度变化的量，请问至少要考虑几阶变量关系？

【参考答案】 (1) 热膨胀的机理是点阵结构中质点间平均距离随温度的升高而增加。

(2) 如果将热膨胀的原子考虑为线性简谐振动，根据公式 $V(r)=V(r_0)+\frac{1}{2}\beta\delta^2$，$F=$

$-\dfrac{\partial V}{\partial r}=-\beta\delta$ 可以得出所有固体物质均无热膨胀。因此，还需要考虑第三项，将点阵能曲线近似地处理为三次函数，即

$$V(r)=V(r_0)+\frac{1}{2}\beta\delta^2-\frac{1}{3}\beta'\delta^3$$

用玻尔兹曼统计方法可算出晶格振动的平均位移为

$$\bar{\delta}=\frac{\beta' kT}{\beta^2}$$

(3) 质点间结合力越强，热膨胀系数越小，则有

$$\alpha=\frac{\mathrm{d}L}{L\mathrm{d}T}=\frac{1}{r}\tan\theta$$

因此，温度 T 越低，$\tan\theta$ 小越，则 α 越小；反之，温度 T 越高，α 越大。热膨胀系数显然与热容密切相关并有着相似的规律；结构紧密的固体，膨胀系数大，固体结构疏松，内部空隙较多，当温度升高，原子振幅加大，原子间距离增加时，一部分被结构内部的空隙所容纳，宏观膨胀就小。由于$\dfrac{\mathrm{d}F}{\mathrm{d}T}=\dfrac{\mathrm{d}}{\mathrm{d}T}\left(\dfrac{\beta' kT}{\beta^2}\right)=\dfrac{\beta' k}{\beta^2}$，$\dfrac{\beta' k}{\beta^2}$ 为常数，所以要得出热膨胀系数是一个随温度变化的量，至少要考虑 4 阶变量关系。

7. 固体材料热传导的微观机制有哪些？请定性讨论各种因素对热导率的影响。

【参考答案】 (1) 温度的影响：在温度不太高的范围内，主要是声子传导$\lambda=\dfrac{1}{3}C\bar{v}l$；热容 C 在低温下与 T^3 成正比，所以 λ 也近似与 T^3 成正比；声子平均自由程 l 随温度的升高而降低。实验表明，低温下 l 值的上限为晶粒的线度，高温下 l 值的下限为晶格间距。

(2) 显微结构的影响：

① 晶体结构的影响：声子传导与晶格振动的非谐性有关，晶体结构越复杂，晶格振动的非谐性程度越大，格波受到的散射越大，因此声子平均自由程越小，热导率越低。

② 各向异性晶体的热导率：非等轴晶系的晶体热导率呈各向异性。温度升高，晶体结构总是趋于更好地对称。因此，不同方向的 λ 差异变小。

③ 多晶体和单晶体的热导率：由于多晶体中晶粒尺寸小、晶界多、缺陷多、杂质多，声子更易受到散射，它的 l 小得多，因此对于同一种物质，多晶体的热导率总是比单晶小。

④ 非晶体的热导率：在所有温度下非晶体都比晶体的热导率小。

(3) 化学组成的影响：质点的原子量越小，密度越小，杨氏模量越大，德拜温度越高，则热导率 λ 越大。晶体中存在的各种缺陷和杂质会导致声子的散射，降低声子的平均自由程，使热导率变小。

8. 写出线膨胀系数的定义式，并从应力与应变角度解释热膨胀系数的意义，说明热膨胀

产生的原因。

【参考答案】 线膨胀系数的定义式为$\frac{\Delta l}{l_0}=\alpha_1\Delta T$，所以，$\alpha_1\Delta T=\varepsilon=\frac{\sigma}{E}$，则有

$$\alpha_1=\frac{\varepsilon}{\Delta T}=\frac{\sigma}{\Delta T\cdot E}$$

式中，ε为应变；σ为应力；E为弹性模量。

上式表明，热膨胀系数表示单位温度下产生的应变。

进一步从温度与应力的关系可以看出，温度起到应力的作用，根本上是因为原子受热导致原子间作用力加大，使原子位置移动。

9. 已知爱因斯坦比热函数为$f\left(\frac{\theta_E}{T}\right)=f\left(\frac{\omega}{kT}\right)=\left(\frac{\omega}{kT}\right)^2\frac{\exp\left(\frac{\omega}{kT}\right)}{\left[\exp\left(\frac{\omega}{kT}-1\right)\right]^2}$，式中爱因斯坦温度为$\theta_E=\frac{\omega}{k}$，据此，分别写出德拜温度与德拜比热函数，并说明两者的差异。

【参考答案】 德拜温度为

$$\theta_D=\frac{\omega_{\max}}{k}=0.76\times10^{-11}\omega_{\max}$$

德拜比热函数为

$$f_D\left(\frac{\theta_D}{T}\right)=3\left(\frac{T}{\theta_D}\right)^3\int_0^{\frac{\theta_D}{T}}\frac{e^x x^4}{(e^x-1)^2}dx$$

爱因斯坦温度对应于某一频率ω的晶格振动，而德拜温度则假定为晶格振动频率最大时的情形。

爱因斯坦比热函数为分立式，而德拜比热函数为连续积分式。

10. 对于声子导热机制，写出导热系数的表达式，并说明各参数的意义。

【参考答案】 导热系数的表达式为$\lambda=\frac{1}{3}C\bar{v}l$，其中$C$为声子体积热容，$l$为声子平均自由程，$\bar{v}$为声子平均速度。

11. 对于稳定传热，写出热流密度的表达式，并解释各参数表示的意义。

【参考答案】 热流密度的表达式为$J=\frac{\Delta Q}{\Delta S\cdot\Delta t}=-\lambda\cdot\frac{dT}{dx}$，其中$\lambda$为导热系数，物理意义是单位温度梯度下，单位时间内通过单位垂直面积的热量，单位为J/(m・S・k)；$\frac{dT}{dx}$为x方向上的温度梯度。

12. 如图4-4所示是化合物$CaSiO_3$、CaO、SiO_2及CaO与SiO_2的混合物($CaO+SiO_2$)

的热容随温度变化而变化的曲线图。首先用文字表述图中所反映的物理现象，进而用所学的物理知识解释图中热容随温度变化的机理及几种化合物热容之间的差异。

【参考答案】

(1) 从图4-4中可以观察到如下现象：

① 所有物质的热容都随着温度的升高而增大，在低温下热容随温度的增加而增大更加明显，在极低温度下(通常在100 K以下)，随温度的升高，热容 C 与绝对温度 T 呈 $C\propto T^3$ 规律，随着温度的继续升高，热容随温度增加而增大的现象不明显，逐渐趋近于常数；

② 化合物中所含的元素越多，该物质的热容越大，如 SiO_2 中含有3个原子，CaO含有2个原子，SiO_2 的热容比CaO大；

③ 化合物 $CaSiO_3$ 的热容近似等于 SiO_2 和CaO两种混合物热容的叠加；

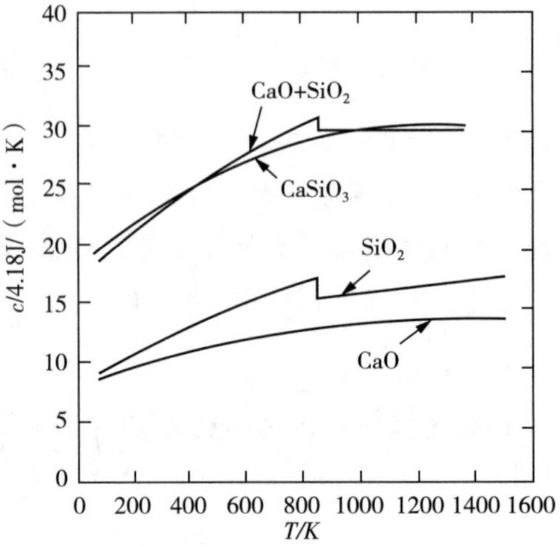

图4-4　几种化合物的热容随温度变化的曲线图

④ 对于 SiO_2，大约在800 ℃热容发生了突变，随温度的升高热容突然降低，降低至一定程度后不再下降，然后依然呈现热容随温度的升高略微增加的趋势。

(2) 关于上述现象发生的机理：

① 对于热容随温度升高而增加的现象的机理：热容的产生本质上是由于原子在平衡位置附近做晶格热振动需要相应的能量，随着温度的升高，原子振动加剧。晶格中的原子做热振动必须克服周围原子的束缚力，热容的大小反映了该物质做晶格热振动的难易程度。在极低温度下 $C\propto T^3$，可以用德拜热容模型进行解释，$C_V=3Nkf_D\left(\frac{\theta_D}{T}\right)$，而 $f_D\left(\frac{\theta_D}{T}\right)=3\left(\frac{T}{\theta_D}\right)^3\int_0^{\frac{\theta_D}{T}}\frac{e^x x^4}{(e^x-1)^2}dx$。这说明每升高单位原子振动加剧所需要克服的能量随温度的升高不是线性关系。随温度的升高热容逐渐降低主要是由于温度升高发生热膨胀，原子之间的间距增大，原子之间的束缚力减弱，原子热振动加剧所需要克服的能量随温度的增加而相对降低。随着温度进一步升高，在物质熔融变为液态之前，呈现热容基本接近于常数，这是由于原子之间的相对间距基本保持平衡，原子振动加剧所需要克服的能量随温度升高而基本保持不变。对于元素，其热容近似为 $C_P=25$ J/(k·mol)，这是著名的杜隆-珀蒂定律。可以采用经典理论证明，恒压摩尔热容 C_P 与气体普适常数 R 之间满足 $C_P=3R$ 关系。

② 化合物中所含的元素越多热容越大，这是著名的柯普定律，因为构成物质的每种原子在特定温度下都有其自身的振动频率，每个原子做晶格热振动时都受到周围原子的束缚

力，每种原子的振动频率主要取决于这种原子与周围原子的化学键。但是每个原子的振动不是孤立的，而是所有原子的振动交织在一起、彼此制约。所以，当一种化合物中含有的原子越多时，振动模式越多，原子做晶格热振动需要克服的能量越多，热容越大。

③ 化合物 $CaSiO_3$ 的热容近似等于 SiO_2 和 CaO 两种混合物热容的叠加，这是因为化合物 $CaSiO_3$ 中原子主要受到 Ca—O 和 Si—O 作用，而 SiO_2 和 CaO 两种物质中也主要是由 Ca—O 和 Si—O 约束在一起，所以看到化合物 $CaSiO_3$ 的热容近似等于 SiO_2 和 CaO 两种混合物热容的叠加。

④ 对于 SiO_2 热容的突变，这是由于在该温度下发生了相变，导致 Si—O 键长及对应的 Si—O 束缚键能发生了变化。

13. 晶体材料热容的量子理论的主要思想是什么？如何利用数学工具表达该思想？

【参考答案】 (1) 晶体材料热容的量子理论认为，热容是由原子在平衡位置附近做微小热振动而产生的，单个原子的振动可以用简谐振子进行处理，大量原子在平衡位置附近的振动可以用平面波进行描述。在一物体内即使温度 T 相同，不同质点热振动(简谐振动)的频率也不尽相同，因此谐振子的能量具有统计性。可以用虚拟的粒子“声子”描述原子的振动，原子在平衡位置附近做一个周期性的振动，对应释放或吸收一个声子，其对应的能量变化可以用 $E=\left(n+\frac{1}{2}\right)h\nu=nh\cdot\frac{\omega}{2\pi}=\frac{n}{2\pi}\omega=n\hbar\omega$ 表示。

(2) 对于由大量原子构成的振动，可以用统计定律对其能量进行研究。根据麦克斯韦-波尔兹曼分配定律可推导出，在温度为 T 时，一个振子的平均能量为

$$\bar{E}=\frac{\sum_{n=0}^{\infty}n\omega\,\mathrm{e}^{-\frac{\hbar\omega}{kT}}}{\sum_{n=0}^{\infty}\mathrm{e}^{-\frac{\hbar\omega}{kT}}}$$

将上式中多项式展开各取前几项，化简得

$$\bar{E}=\frac{\hbar\omega}{\mathrm{e}^{\frac{\hbar\omega}{kT}}-1}$$

14. 请写出傅里叶定律表达的内容，并导出热流密度与热导率的关系式，并解释各参数表示的意义。

【参考答案】 (1) 傅里叶定律表达式为

$$\Delta Q=-\lambda\cdot\frac{\mathrm{d}T}{\mathrm{d}x}\cdot\Delta S\cdot\Delta t$$

(2) 热流密度与热导率的关系式为

$$J=\frac{\Delta Q}{\Delta S\cdot\Delta t}=-\lambda\cdot\frac{\mathrm{d}T}{\mathrm{d}x}$$

(3) ΔQ 为单位时间通过单位截面的热量，ΔS 为截面积，Δt 为温度变化量，$\frac{\mathrm{d}T}{\mathrm{d}x}$ 为温度梯

度，λ 为大热率，J 为热流密度。

15. 热传导的机制有哪些？金刚石的热导率是铜的 5 倍，两者的导热机制有何差异？如何解释图 4－5 中多晶体与单晶体、不同尺寸单晶体材料以及晶体不同方向热传导系数的差异？

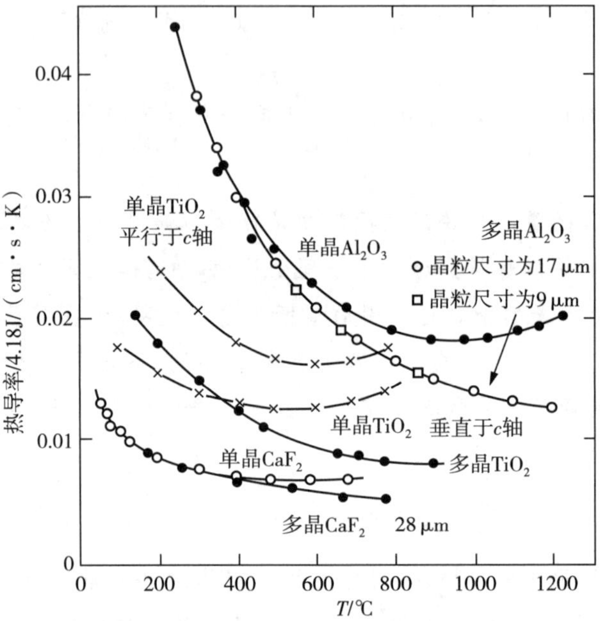

图 4－5　单晶体与多晶体热容的对比

【参考答案】 (1) 热传导的机制有声子导热(晶格热振动)、光子导热和电子导热。

(2) 金刚石主要是通过晶格热振动导热的，而铜主要是通过电子热运动导热的。

(3) 多晶体与单晶体：由于多晶体中晶粒尺寸小、晶界多、缺陷多、杂质也多，声子更易受到散射，它的 l 比单晶小得多，由于 l 小，故对于同一种物质，多晶体的热导率总是比单晶小。

不同尺寸单晶体材料：不同尺寸的单晶材料本身的热导率没有差异。

晶体不同方向：对于各向同性材料，其各个方向热导率相同；而对于各向异性材料，其热导率不同，通常致密面的热导率比较大，如图 4－5 单晶 TiO_2 平行于 c 轴导热系数较大，而垂直于 c 轴导热系数较小。

16. 图 4－6 是单晶氧化铝热导率随温度的变化。

(1) 请解释图 4－6 中氧化铝热导率随温度变化而变化的机理。

(2) 单晶体、多晶体与非晶体材料的热导率有何异同？造成这种差异的物理机制是什么？

(3) 如果要开发一种在某温度下热导率最高的新型导热材料，请问应从哪些方面调控材料的组成和结构?

提示

从晶格热振动与声子散射的角度,思考热导率与其他性能参数的关系,分析如何调节导热系数峰值。

【参考答案】

(1) 在较低温度下,声子的平均自由程 l 随温度的升高增大到了晶粒的大小,达到了上限的大小,因此 l 值基本上没有太大变化。热容 C_R 在低温下与温度的三次方成正比,因此 λ 也近似与 T^3 成正比例关系。随着温度的升高,λ 迅速增大。但当温度继续升高,C_V 随温度 T 的变化也不再与 T^3 成比例,在升高到德拜温度以后,逐渐趋于一恒定值,从而 l 随温度的升高而减少,成为主要影响因素,因此 λ 值随温度升高而迅速减小。在 -40 K,λ 值出现极大值。在 1600 K 后,λ 值又有所回升,这是因为高温时辐射传热带来了影响。

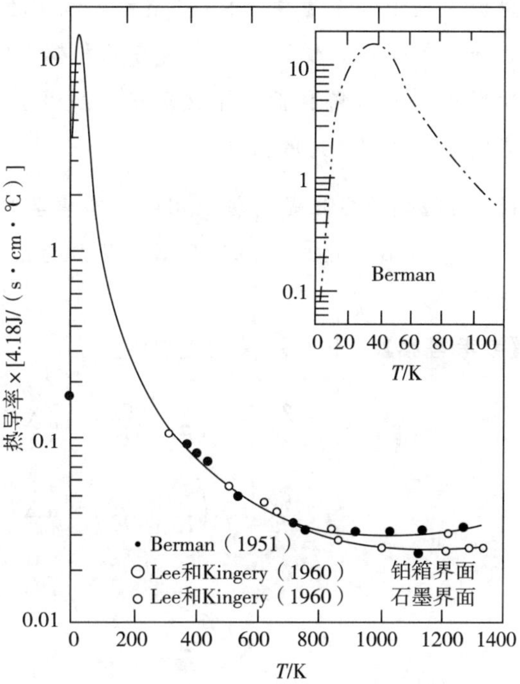

图 4-6　氧化铝单晶的热导率随温度的变化

(2) 由导热公式可知,$\lambda=\frac{1}{3}C\bar{v}l$。

多晶体和单晶体材料的热导率:由于多晶体中晶粒尺寸小、晶界多、缺陷多、杂质也多,声子更易受到散射,它的 l 比单晶体小得多。由于多晶体的 l 比单晶体小,故对于同一种物质,多晶体的热导率总是比单晶小。

非晶体材料的热导率:在所有温度下都比晶体的热导率小,因为非晶体的 l 在所有温度下都很小。

(3) 要想使材料在某一温度下有最高的热导率,需要选用单晶体材料,且晶体结构要简单,对格波影响小;化学成分选择质点的原子质量小、结合能大的轻元素。

17. 利用热容的爱因斯坦模型,热容可以写为 $C_V=3Nkf_e\left(\frac{\omega}{kT}\right)$,式中 $f_e\left(\frac{\omega}{kT}\right)=f_e\left(\frac{\theta_E}{T}\right)$ 称为爱因斯坦比热函数,$\theta_E=\frac{\omega}{k}$ 定义为爱因斯坦温度。

(1) 根据德拜模型写出德拜特征温度;

(2) 仿照爱因斯坦比热函数的表达式，利用德拜比热函数写出热容的表达式；

(3) 说明爱因斯坦模型与德拜模型两者的差异。

【参考答案】 (1)$\theta_D=\frac{\omega_{max}}{k}$，其中 ω_{max} 对应晶格热振动的最大频率。

(2) 热容的表达式为 $C_V=3Nkf_D\left(\frac{\theta_D}{kT}\right)$

(3) 爱因斯坦模型认为所有振子具有相同频率，把所有振子用简单的加和方法求解；德拜模型认为振子频率连续变化，并把最大频率设为 ω_{max}，其振动能量可以在 $0\sim\omega_{max}$ 范围用连续积分进行处理。爱因斯坦模型与德拜模型都可以推导出经典热容理论，$C=3NR$；但是，爱因斯坦模型无法解释低温下热容随温度变化的变化规律，而德拜模型可以解释低温下热容随温度变化的 T^3 变化规律。

18. 材料热稳定性是材料应用的一个重要性能参数。试用一个无限大薄板作为模型(见图 4-7)，推导第一热应力因子和第二热应力因子，并说明第一热应力因子和第二热应力因子表示的意义。

【参考答案】 根据广义胡克定律有

$$\varepsilon_x=\frac{\sigma_x}{E}-\mu\left(\frac{\sigma_y}{E}+\frac{\sigma_z}{E}\right)-\alpha\Delta T=0\text{(不允许 }x\text{ 方向涨缩)}$$

$$\varepsilon_y=\frac{\sigma_y}{E}-\mu\left(\frac{\sigma_x}{E}+\frac{\sigma_z}{E}\right)-\alpha\Delta T=0\text{(不允许 }y\text{ 方向涨缩)}$$

$$\varepsilon_z=\frac{\sigma_z}{E}-\mu\left(\frac{\sigma_x}{E}+\frac{\sigma_z}{E}\right)-\alpha\Delta T$$

解得

$$\sigma_x=\sigma_z=\frac{\alpha E}{1-\mu}\Delta T$$

如果 σ_{max} 在数值上达到或超过了材料的极限抗拉强度 σ_f，则前后二表面将开裂破坏，将 σ_f 代入上式得临界的最大温差为

$$\Delta T_{max}=\frac{\sigma_f(1-\mu)}{\alpha E}$$

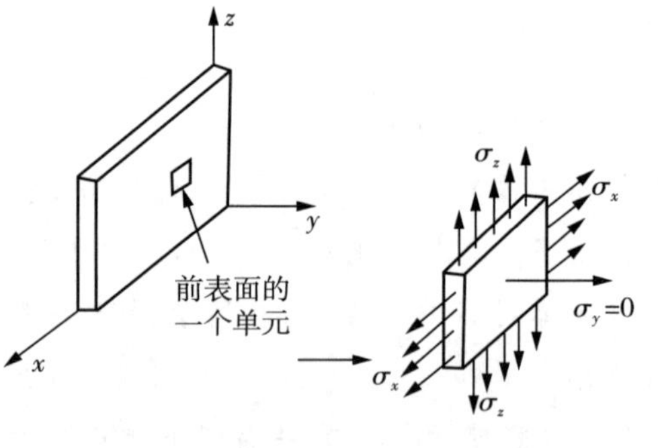

图 4-7 模型

即第一热应力因子：

$$R=\frac{\sigma_f(1-\mu)}{E\alpha}$$

材料是否出现热应力断裂还涉及材料的散热问题。

已知 $\beta=h\cdot\frac{r_m}{\lambda}$，由毕奥模数热积累出现的最大应力 σ^* 关系式如下：

当 $5<\beta<20$ 时，$\dfrac{1}{(\sigma^*)_{\max}}=1.0+\dfrac{3.25}{\beta^{\frac{2}{3}}}$；

当 $\beta<5$ 时，$\dfrac{1}{(\sigma^*)_{\max}}=1.5+\dfrac{3.25}{\beta}$；

当 $\beta\ll 1$ 时，$(\sigma^*)_{\max}=0.31\beta$。

由于

$$(\sigma^*)_{\max}=\frac{\sigma_f}{\dfrac{\alpha E}{(1-\mu)}\cdot\Delta T_{\max}}=\frac{0.31r_m h}{\lambda}$$

则有

$$\Delta T_{\max}=\frac{\lambda\sigma_f(1-\mu)}{\alpha E}\times\frac{1}{0.31r_m h}$$

令 $R'=\dfrac{\lambda\sigma_f(1-\mu)}{E\alpha}$，则 R' 即第二热应力因子。

第一热应力因子只考虑到材料中的最大热应力值不超过材料的强度极限，则材料就不会损坏；第二热应力因子是考虑到材料的散热问题后的因子。

19. 目前高端智能手机采用超薄玻璃，已知其性能参数：导热系数约为25 W/(m·K)，热膨胀系数为 $5.6\times10^{-6}\,K^{-1}$，断裂强度为200 MPa，弹性模量为300 GPa，泊松比为0.28。求第一热应力因子和第二热应力因子；如果表面热传递系数 $h=65\ J/(m^2\cdot S\cdot K)$，形状因子 $S=0.8$，试估算手机在使用过程中能够承受的最大温差。

【参考答案】 第一热应力因子

$$R=\frac{\sigma_f(1-\mu)}{\alpha E}=\frac{200\times10^6(1-0.28)}{5.6\times10^{-6}\times300\times10^9}=85.71(K)$$

第二热应力因子

$$R'=\frac{\lambda\sigma_f(1-\mu)}{\alpha E}=\lambda R=2142.755(W/m)$$

则有

$$\Delta T_{\max}=R'S\times\frac{1}{0.31r_m h}=2142.75\times0.8/(0.31\times65\times0.25\times10^{-2})=34012.90(K)$$

20. 对于由氮化硅烧制而成的热机部件，已知其热导率为18.4 W/(m·K)，最大厚度为130 mm，表面热传递系数为50 J/(m² ·K)，形状因子近似为1。试估算这一部件在使用过程中能够承受的最大温差。

【参考答案】 h 为表面热传递系数，λ 为热导率，r_m 为材料的半厚，则有

$$130/2=65(mm)$$

$$\beta = h \cdot \frac{r_m}{\lambda} = \frac{50 \times 65 \times 10^{-3}}{18.4} = 0.177 < 5$$

取 $\beta < 5$ 时，$\frac{1}{(\sigma^*)_{max}} = 1.5 + \frac{3.25}{\beta}$，$(\sigma^*)_{max} = \frac{\beta}{1.5\beta + 3.25}$，则有

$$\Delta T_{max} = \frac{\sigma_f}{\frac{E \cdot \alpha}{S \cdot (1-\mu)} \cdot (\sigma^*)_{max}} = \frac{R'S}{(\sigma^*)_{max}} = \frac{547 \times 1}{\frac{0.177}{1.5 \times 0.177 + 3.25}} = 10864.29(℃)$$

取 $5 < \beta < 20$ 时，$\frac{1}{(\sigma^*)_{max}} = 1.0 + \frac{3.25}{\beta^{\frac{2}{3}}}$，则有

$$\Delta T_{max} = \frac{\sigma_f}{\frac{E \cdot \alpha}{S \cdot (1-\mu)} \cdot (\sigma^*)_{max}} = \frac{R'S}{(\sigma^*)_{max}} = 547 \times 1 \times \left(1.0 + \frac{3.25}{1.63^{\frac{2}{3}}}\right) = 6186.26(℃)$$

取 $\beta \ll 1$ 时，$(\sigma^*)_{max} = 0.31\beta$，则有

$$\Delta T_{max} = R' \cdot S \times (1-\mu) \cdot \frac{1}{0.31 r_m h} = \frac{\lambda \sigma_f (1-\mu)}{\alpha E} \times \frac{1}{0.31 r_m h}$$

$$= 547 \times 18.4 \times \frac{1}{0.31 \times \frac{130}{2} \times 10^{-3} \times 50} = 9989.88(℃)$$

提示

$\beta = 0.177$，究竟采用 $\beta < 5$ 还是采用 $\beta \ll 1$ 的公式计算，其实两者计算结果差别不大，关键是应具有辩证思维或分类鉴别的能力。

21. 实验室使用的管式炉通常采用刚玉（氧化铝）材质的炉管，快速升温和降温易导致炉管断裂。

(1) 写出线膨胀系数的定义式，并解释式中各参数的意义。

(2) 已知氧化铝的弹性模量为 400 GPa，其热膨胀系数 α 为 9×10^{-6} K，对于一个完全受限的刚玉部件，试估算从 0 ℃ 升温至 1000 ℃ 时刚玉陶瓷内部积累的应力大小。

(3) 已知铝离子的半径大小为 0.06 nm，估算 1 m 长的刚玉炉管从 0 ℃ 升温至 1000 ℃，其膨胀尺寸相当于移动了多少个 Al 离子半径？

(4) 解释炉管断裂的原因。

【参考答案】 (1) $\frac{\Delta l}{l_0} = \alpha_1 \cdot \Delta T$，其中 l_0 为物体线性尺寸；Δl 分别表示物体 ΔT 温度变化范围内其线性尺寸的相对变化量；α_1 为线膨胀系数，即温度升高 1 K 时，物体相对伸长量。

(2) 温度从 0 ℃ 升温至 1000 ℃ 产生的应变量为

$$\varepsilon = \alpha_1 \cdot \Delta T = 9 \times 10^{-6} \times 1000 = 9 \times 10^{-3}$$

完全刚性约束产生的应力为

$$\sigma=\varepsilon\cdot E=\varepsilon\times\alpha_1\cdot\Delta T=400\times10^9\times9\times10^{-3}=3.6\times10^9$$

(3)1 m 长的刚玉炉管从 0 ℃ 升温至 1000 ℃ 的膨胀尺寸为

$$\Delta l=\alpha_1\cdot\Delta T\times l_0=9\times10^{-3}\times1=9\times10^{-3}$$

对应移动的铝离子半径数目为

$$N=\frac{\Delta l}{r}=\frac{9\times10^{-3}}{0.06\times10^{-9}}=1.5\times10^8$$

(4) 炉管断裂的原因：温度突变，原子需要移动 1.5×10^8 步，当原子来不及移动扩散，积累的应力释放不掉，积累的巨大应力导致炉管断裂。

提示

本题使用的是Al离子半径，不是Al离子直径，可以理解为一旦离子跨越能量障碍中心向另外一侧运动时不再需要克服能量。

22. 透明陶瓷耐磨、耐用、热导率高，综合性能好。采用氧化铝透明陶瓷制作手机屏，其尺寸如图 4－8 所示。已知多晶氧化铝的弹性模量为 379 GPa，热膨胀系数为 $8.8\times10^{-6}\ K^{-1}$。

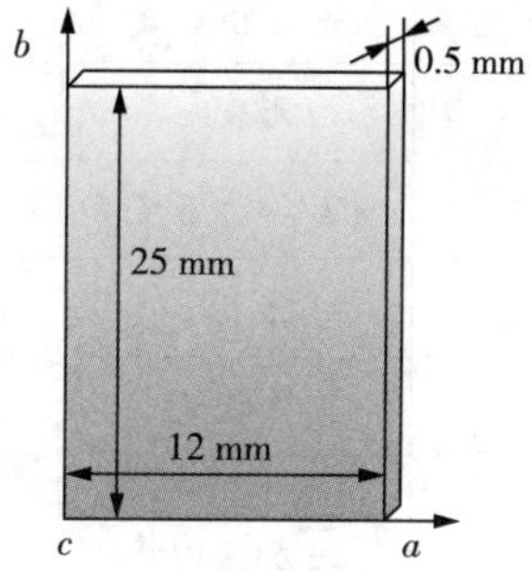

图 4－8　透明陶瓷尺寸

(1) 试估算该手机屏从 100 ℃ 沸水调入 0 ℃ 的冰水混合物中所积累的最大热应力是多少？

(2) 若氧化铝的热导率为 29.3 J/(m・S・K)，断裂强度为 345 MPa，泊松比为 0.22，请计算该手机屏的第一热应力因子和第二热应力因子。

(3) 如果表面热传递系数 $h=0.06\ \mathrm{J/(cm^2\cdot S\cdot ℃)}$，形状因子 $S=1$，试估算该手机屏在使用过程中能够承受的最大温差是多少？

【参考答案】 (1)$\sigma=E(a\cdot\Delta T)=379\times10^9\times8.8\times10^{-6}\times100=3.352\times10^6(\mathrm{N/m^2})$。

(2) 第一热应力因子为 $R=\!=\frac{\sigma_f(1-\mu)}{\alpha E}=\frac{200\times10^6(1-0.28)}{5.6\times10^{-6}\times300\times10^9}=85.71(\mathrm{K})$；第二热应力因子为 $R'=\frac{\lambda\sigma_f(1-\mu)}{\alpha E}=\!=\lambda R=2142.755(\mathrm{W/m})$。

(3) 最大温差为 $\Delta T_{\max}=R'S\times\frac{1}{0.31r_m h}=2142.75\times0.8/(0.31\times65\times0.25\times10^{-2})=34012.90(\mathrm{K})$。

（四）综合知识应用与能力考查

什么是材料的性能本质？至少举 4 个例子说明，在温差或温度梯度作用下引起的感应物理量，写出相应的关系式，并说明反映该感应物理量与作用物理量之间的材料本征性能参数以及材料内部的变化。

提示

最好采用列表方式予以对比。

【参考答案】（1）材料性能的本质是反映感应物理量与作用物理量之间的关系。外界因素（作用物理量）作用于某一物体（如外力、温度梯度、外加电场磁场、光照等），引起原子、分子或离子及电子的微观运动，在宏观上表现为感应物理量，感应物理量与作用物理量呈一定的关系，其中有一与材料本质有关的常数 —— 材料的性能。该本征参数不仅可以使感应物理量与作用物理量建立起关系，还反映了材料性能的本质。

（2）总结见表 4 - 1 所列。

表 4 - 1　材料性能

作用物理量	感应物理量	公式	材料内部的变化	材料性能	性能的种类
应力 σ	形变 ε	$\varepsilon = S\sigma$	原子发生相对位移	柔性系数	力学性能
	表面电荷密度 D	$D = C\sigma$	原子发生相对位移引起偶极矩的变化	压电常数	压电性能
温差 Δt	形变 ε	$\varepsilon = \alpha\Delta t$	原子发生位移	热膨胀系数	热学性能
	热量 Q	$Q = C\Delta t$	原子振动加强	热容	热学性能
	温差电动势	$\Delta V = \alpha\Delta t$	载流子的定向运动	温差电动势系数	导电性能
温度梯度 $\mathrm{d}t/\mathrm{d}x$	热流密度 q	$q = k\mathrm{d}t/\mathrm{d}x$	原子热振动的相互作用	热导率	热学性能
电场 E	电流密度 J	$J = \sigma E$	荷电离子远距离的移动	电导率	导电性能
	极化强度 P	$P = \chi\varepsilon_0 E$ 宏观电场	荷电离子短距离的移动	介质电极化率	介电性能
	离子的偶极矩 μ	$\mu = \alpha E$ 局部电场	原子核与周围电子发生短距离的移动	离子的极化率	介电性能
	材料的形变 ε	$\varepsilon = \mathrm{d}E$	偶极矩的变化	压电常数	压电性能

（五）开放试题

1. 如果没有晶格热振动，材料的哪些现象将会观测不到？

提示

材料的热容、热膨胀、黑体辐射、折射率等现象将会观测不到。

2. 结合本课程所学知识，举例说明材料物理学中包含的辩证唯物主义思想（不少于3例），据此谈谈对材料物理课程的认识与体会。

提示

物理学中或者生活中很多物理现象都是在一定条件下出现的，超越一定条件之后将从一种现象变成另一种现象，物理学中充满了这种辩证唯物主义思想。例如：

① 热学部分晶格热振动、简谐振动内容可以解释导热与热容，但是无法解释热膨胀，要解释热膨胀必须考虑非线性作用；

② 电极化强度与电场强度成正比，但是铁电材料的电极化强度与外电场强度呈非线性；

③ 材料的磁化强度与外磁场强度成正比，但是铁磁材料的磁化强度与外磁场强度之间呈非线性。

关于对材料物理课程的认识与体会，每个人的认识都不同，但要求有更深层次的认识与思考，把自己的认识体会写出来。

上述 ② 和 ③ 需要在第六章（无机材料的电导性能）与第七章（无机材料的介电性能）这两章内容学完以后才能更好地理解其含义。

第五章　无机材料的光学性能

【教学要求】 认识一束光照射到物体上后发生的行为，了解产生不同颜色和光泽的物理机理，掌握如何采取适当方法和措施获得理想的光泽和颜色；掌握折射、色散、反射现象及基本概念，了解常用玻璃和晶体的折射率，掌握介质对光吸收和散射的一般规律、影响材料透光性的因素和提高材料透光性的措施，掌握镜反射和漫反射的基本规律、理解光泽的定义，掌握不透明性和半透明性，以及改善乳浊性能的工艺措施；掌握无机材料的颜色及其控制因素，了解其他光学性能的应用，包括全反射、声光、电光、固体发光、荧光、激光。

【教学重点】 折射、折射率、色散、散射系数、吸收、吸收系数、反射、反射系数、透光性、透光率、光泽、乳浊性、朗伯特定律。

【教学难点】 折射率产生的原因，极化电场、交变电磁场与光速变慢原理，折射、色散与吸收行为的物理机制，获取理想的光泽和颜色的方法，乳浊性的含义及影响因素。

一、课后习题解答

1. 一入射光以较小的入射角 i 和折射角 r 穿过一透明玻璃板。假设玻璃对光的衰减不计，证明透过后的光强系数为 $(1-m)^2$。

【参考答案】 已知，光线以较小角度入射，则可以使用菲涅尔定律推导出

$$n_{21}=\frac{\sin i}{\sin r}$$

若 W、W'、W'' 分别为单位时间通过单位面积的入射光、反射光和折射光的能量流，则根据能量守恒和菲涅尔关系式推导出垂直 ⊥ 和平行 // 方向反射的能量与入射光的变化：

$$\left(\frac{W'}{W}\right)_{\perp}=\frac{\sin^2(i-r)}{\sin^2(i+r)}$$

$$\left(\frac{W'}{W}\right)_{/\!/}=\frac{\tan^2(i-r)}{\tan^2(i+r)}$$

因为自然光在各方向振动的机会均等，所以有

$$\frac{W'}{W}=\frac{1}{2}\left[\frac{\sin^2(i-r)}{\sin^2(i+r)}+\frac{\tan^2(i-r)}{\tan^2(i+r)}\right]$$

当角度很小时，有

$$\frac{\sin^2(i-r)}{\sin^2(i+r)}=\frac{\tan^2(i-r)}{\tan^2(i+r)}=\left(\frac{i-r}{i+r}\right)^2=\left(\frac{i/r-1}{i/r+1}\right)^2$$

因为介质 2 对于介质 1 的相对折射率为

$$n_{21}=\frac{\sin i}{\sin r}\approx\frac{i}{r}$$

所以

$$\frac{W'}{W}=\left(\frac{n_{21}-1}{n_{21}+1}\right)^2=m$$

又因为 $W=W'+W''$，$\frac{W'}{W}=\left(\frac{n_{21}-1}{n_{21}+1}\right)^2=m$，所以有

$$\frac{W''}{W}=1-\frac{W'}{W}=1-m$$

因其折射光要从玻璃与空气的另一界面射入空气，所以有

$$\frac{W'''}{W''}=1-m$$

因为总共要穿过两个界面，所以有

$$\frac{W''''}{W}=(1-m)^2$$

2. 一透明 Al_2O_3 板厚度为 1 mm，用以测定光的吸收系数。如果光通过板后，其强度降低了 15%，计算吸收及散射系数的总和。

【参考答案】 方法一：若 α 为物质对光的吸收系数、S 为物质对光的散射系数，根据光的吸收和散射定律有

$$I=I_0 e^{-(\alpha+S)x}$$

所以

$$\frac{I}{I_0}=e^{-(\alpha+S)x}$$

$$0.85=e^{-(\alpha+S)\times 0.1}$$

整理得

$$\alpha+S=-10\ln 0.85$$

$$=1.625\ (\text{cm}^{-1})$$

方法二：

查阅资料得知，Al_2O_3 的折射率为 $n=1.76$，反射系数为 $m=\left(\frac{n_{21}-1}{n_{21}+1}\right)^2=\left(\frac{1.76-1}{1.76+1}\right)^2=0.0758$。

光通过板厚之后强度降低了15%，即透光率为 $1-15\%=0.85$。

根据透光率的表达式可得 $\frac{I'}{I_0}=\frac{I_0(1-m)^2e^{-(\alpha+S)x}}{I_0}=(1-m)^2e^{-(\alpha+S)x}=0.85$。

因为 $(1-m)^2=0.85$，所以 $e^{-(\alpha+S)x}=1$。再由 $e^{-(\alpha+S)x}=1$ 即可导出 $\alpha+S=0$。

提示

题意给出"透明 Al_2O_3"，但没给出折射率，也没说明是不是单晶蓝宝石，也没更进一步指出是否需要考虑双折射现象，所以本题采用方法一算对。若能进一步考虑复杂情况，同时给出方法二，则应予以鼓励。若进一步考虑双折射现象，更加鼓励探讨。

二、典型错题分析

典型错题1：

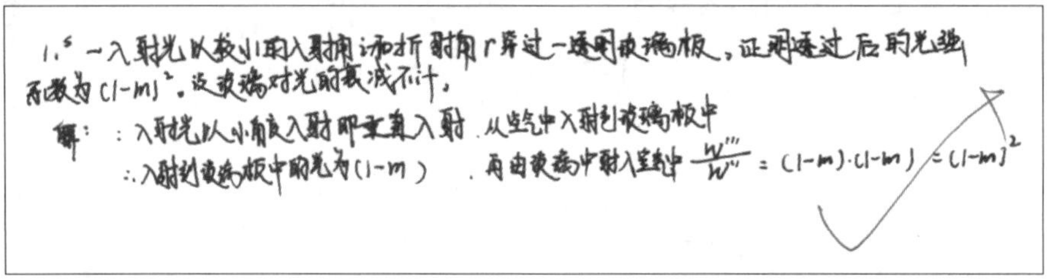

1.⁵ 一入射光以较小的入射角 i 和折射角 r 穿过一透明玻璃板，证明透过后的光强系数为 $(1-m)^2$。设玻璃对光的衰减不计。

解：∵入射光以小角度入射即垂直入射，从空气中入射到玻璃板中

∴入射到玻璃板中的光为 $(1-m)$，再由玻璃中射入空气中 $\frac{W'''}{W''}=(1-m)\cdot(1-m)=(1-m)^2$

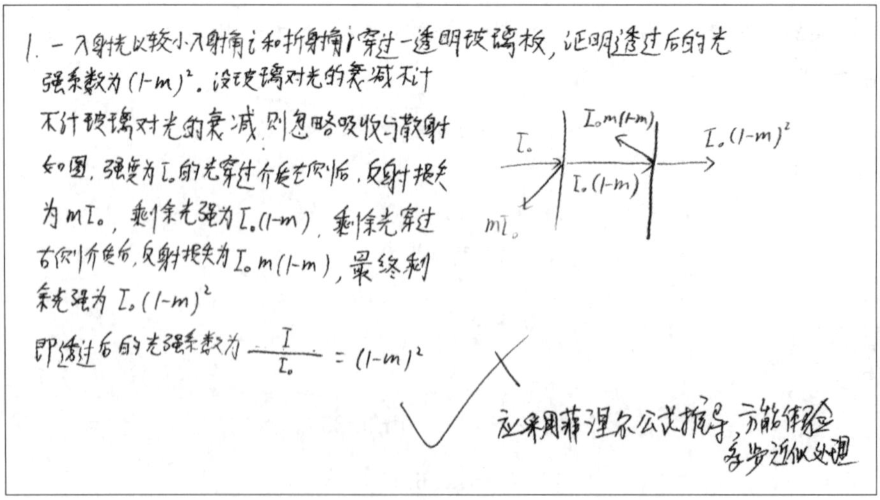

1. 一入射光以较小入射角 i 和折射角 r 穿过一透明玻璃板，证明透过后的光强系数为 $(1-m)^2$。设玻璃对光的衰减不计

不计玻璃对光的衰减，则忽略吸收与散射

如图，强度为 I_0 的光穿过介质左侧后，反射损失为 mI_0，剩余光强为 $I_0(1-m)$，剩余光穿过右侧介质后，反射损失为 $I_0m(1-m)$，最终剩余光强为 $I_0(1-m)^2$

即透过后的光强系数为 $\frac{I}{I_0}=(1-m)^2$

应采用菲涅尔公式推导，方能体会多步近似处理

【点评】 上述答题直接引用教材近似处理后推导出来的结论进行了答题，采用菲涅尔公式推导，方能体验多步近似处理与边界条件。

典型错题 2：

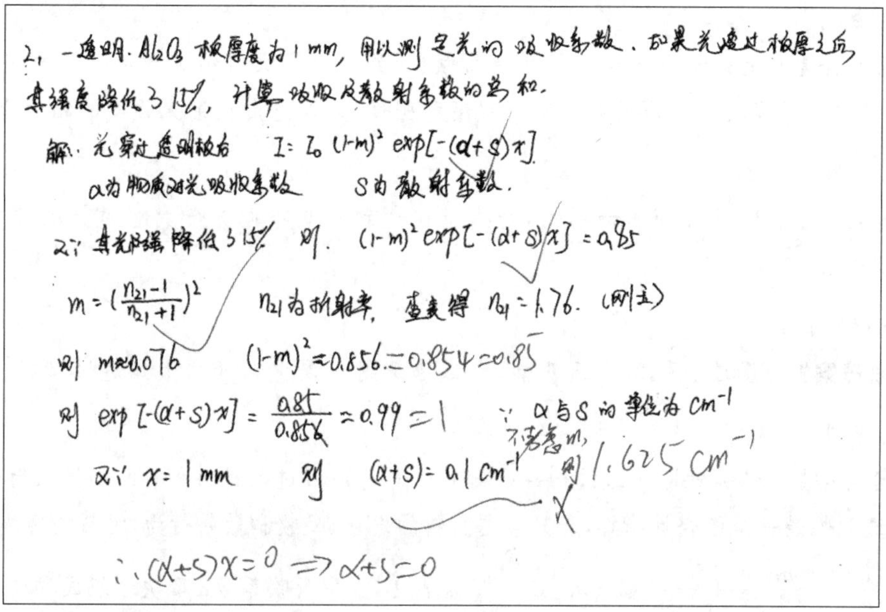
2、一透明 Al_2O_3 板厚度为 1 mm，用以测定光的吸收系数。如果光通过板厚之后，其强度降低了15%，计算吸收及散射系数的总和。

解：光穿过透明板后 $I=I_0(1-m)^2\exp[-(\alpha+s)x]$

α为物质对光吸收系数 s为散射系数。

又∵其光强降低了15% 则 $(1-m)^2\exp[-(\alpha+s)x]=0.85$

$m=\left(\frac{n_{21}-1}{n_{21}+1}\right)^2$ n_{21}为折射率，查表得 $n_{21}=1.76$（刚玉）

则 $m\approx0.076$ $(1-m)^2=0.856\approx0.854\approx0.85$

则 $\exp[-(\alpha+s)x]=\frac{0.85}{0.856}\approx0.99\approx1$ ∵α与s的单位为 cm^{-1}

又∵ $x=1mm$ 则 $(\alpha+s)=0.1\ cm^{-1}$ 不考虑m，则 $1.625\ cm^{-1}$

∴ $(\alpha+s)x=0 \Rightarrow \alpha+s=0$

【点评】 如上所述，该题图示的解法应予以鼓励，但最后的数字运算错误。从这里可以看出，本书课后习题编写得十分巧妙，处处充满了辩证法，启迪学生思辨。

三、辅导练习题

（一）名词解释

1. 折射率：

【参考答案】 光在真空和材料中的速度之比定义为材料的折射率。

2. 光的色散：

【参考答案】 材料的折射率随着入射光频率的减少（或波长 λ 的增加）而减小的现象称为光的色散。色散反映材料对不同频率的入射光，其折射率是不同的。色散产生的根本原因是不同频率的入射光与组成材料原子的极化电场作用强度不同。色散是一种重要的光学现象，在光学成像中必须消除色散。

3. 反射率：

【参考答案】 反射率也称为反射系数，其定义为一束光 λ 射到介质上，反射光的能量与入射光的能量之比。反射率 m 与相对折射率 n_{21} 的关系式为 $m=\left(\frac{n_{21}-1}{n_{21}+1}\right)^2$，其中 n_{21} 为光从介质 1 进入介质 2 的相对折射率。

4. 朗伯特定律：

【参考答案】 光强度 I 随经过材料厚度 x 的变化符合指数衰减规律，称关系式 $I=I_0\exp(-\alpha x)$ 为朗伯特定律，其中 α 为吸收系数，I_0 为进入材料之前的初始光强。

5. 光泽：

【参考答案】 光泽是用来表征材料表面颜色、亮度以及反射影像的清晰度和完整性的物理量。材料的光泽取决于镜面反射光带的宽度和强度，以及总漫反射光强度的相对含量。

6. 乳浊性：

【参考答案】 乳浊性即不透明性，是指光在达到具有不同光学特性底层之前被漫反射掉的能力。

7. 漫透明性：

【参考答案】 漫透明性即半透明性，大部分透射光以扩散开的形式透过材料。

8. 透光性：

【参考答案】 透光性即光通过材料后剩余光能 I' 所占进入材料之前的初始入射光能 I_0 的百分比。透光性是一个综合性指标，若只考虑材料的发射、吸收和散射行为，材料的透光性可用关系式$\dfrac{I'}{I_0}=\dfrac{I_0(1-m)^2\mathrm{e}^{-(\alpha+S)x}}{I_0}=(1-m)^2\mathrm{e}^{-(\alpha+S)x}$来表达，其中吸收系数$\alpha$取决于组成和波长，反射系数 m 和折射率有关，散射系数 S 取决于样品的表面粗糙度和散色颗粒，x 为样品厚度。

9. 着色剂：

【参考答案】 着色剂是指在材料中起着色作用的离子、化合物、胶体粒子等。

10. 吸收系数：

【参考答案】 吸收系数是指吸收光强与入射光强的比值，其是物质对光的吸收系数，取决于材料的性质和光的波长。

11. 散射系数：

【参考答案】 散射系数是指散射光强与入射光强的比值，其是与散射质点的大小、数量以及散射质点与基体的相对折射率等因素有关的系数。

12. 发光：

【参考答案】 发光的本质是能量转换，也就是将某种形式的能量转化为光能，以电磁波的形式进行辐射。

13. 固体发光：

【参考答案】 当某种固体物质受到激发（射线、高能粒子、电子束、外电场等）后，电子将处于激发态。处于激发态的电子会通过光或热的形式释放出来。如果这部分的能量是位于可见、紫外或近红外的电磁辐射，此过程则称为固体放光。

14. 电光效应：

【参考答案】 电光效应是指外加电场引起光学介电性能（折射率）发生改变的效应。

15. 声光效应：

【参考答案】 声光效应是指外加应力引起光学介电性能（折射率）发生改变的效应。

16. 激光：

【参考答案】 激光是将原子受激辐射并放大的相干光。

17. 光的全反射：

【参考答案】 当光从光密质进入光疏质时，一旦入射角大于某种角度，光线将全部反射出来而不发生透射，这种现象称为光的全反射。

18. 全反射临界角：

【参考答案】 全反射临界角，即发生全反射现象的临界角。当光从光密质进入光疏质时，一旦入射角大于某种角度，光线将全部反射出来而不发生透射，该临界角称为全反射临界角。

（二）填空题

1. 当一束光通过各向异性晶体时，会产生__________，其传播方向分为__________的两个波，它们分别构成两条折射光线，其中平行于入射面的光线的折射率称为__________，严格服从__________定律；另一条与入射面垂直的光线的折射率称为__________，不遵守__________定律。

【参考答案】 双折射　相互垂直、速度不等　常光折射率　折射　非常光折射率　折射

2. 固体材料中含有气泡会导致透光性急剧降低，这是因为介质与气泡之间的__________存在显著差异，造成能量因__________行为损失严重，从而导致透光度降低。

【参考答案】 相对折射率　发散

3. 在同质异构材料中，高温下稳定的晶型折射率__________，低温下稳定的晶型折射率__________。（提示：相对大小）

【参考答案】 小　大

4. 无机材料着色剂的显色原理是____________________，从而显现颜色。

【参考答案】 着色剂对光的选择性吸收引起了选择性反射或选择性透射

5. 折射率产生的本质是____________________；影响材料折射率的因素有____________________等。

【参考答案】 原子的电子体系因晶格热振动而产生交变电磁场，光的电磁辐射作用在介质上，介质原子受到外加电场的作用而使极化加剧，电磁辐射和原子的电子体系交变电磁场相互作用，阻碍光的运动　离子半径、材料的结构，晶型和非晶体、材料受到的内应力、同质异构体

6. 一束光照射到物体上后，光速变慢，是因为____________________________________。由折射率与介电常数的关系式$n=\sqrt{\varepsilon\mu}$可知，介电常数越大的介质，其折射率越大，光速在这种介质中的速度____________。

【参考答案】 光的电磁场与原子的电子体系(交变电磁场)发生相互作用　越慢

7. 利用光纤传播光的原理利用了光的____________性能，光纤的芯是____________介质，包覆层是____________介质。

【参考答案】 全反射　光密　光疏

8. 影响材料折射率大小的因素有______________、______________、______________、______________等。本质上，折射率n的大小受______________与______________两大物理参数的影响，其关系式为$n=\sqrt{\varepsilon\mu}$。

【参考答案】 构成材料元素的离子半径　材料的晶体与非晶体结构　材料所受的应力　同质异构体　介电常数　磁导率

（三）简答与计算题

1. 声光材料和电光材料都属于介电材料。请问：

(1) 介电常数与折射率有什么关系？

(2) 请利用光场理论和电极化知识，解释光照射到介质上之后速度变慢的机理。

(3) 折射率与材料的透光性有什么关系？

(4) 影响折射率的因素有哪些以及有何作用？

【参考答案】 (1) 根据 Maxwell 电磁波理论，介电常数与折射率的关系表达式为$n=\sqrt{\varepsilon\mu}$。

(2) 光照产生极化电场，原子在自射平衡位置做晶格热振动，产生交变电磁场，交变电磁场与光子产生作用，即电磁相互作用，约束光束运动，导致光束变慢。光照引致的原子系统极化示意图如图 5-1 所示。

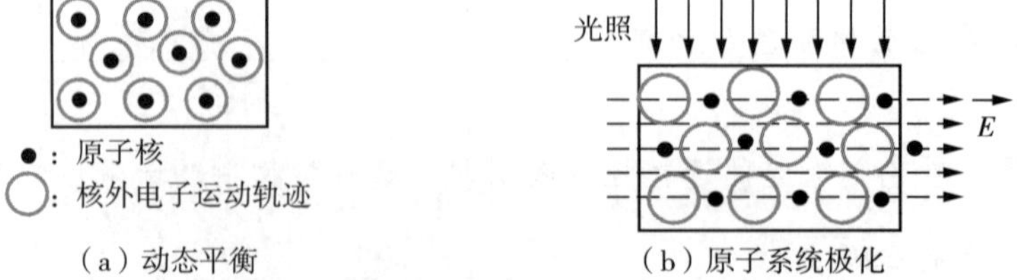

(a) 动态平衡　(b) 原子系统极化

图 5-1　光照引致的原子系统极化示意图

(3) 折射率越大，反射系数越大，透光率越低。

反射系数 m 与相对折射率的关系为

$$\frac{W'}{W}=\left(\frac{n_{21}-1}{n_{21}+1}\right)^2=m$$

透光率与反射系数的关系为

$$\frac{I'}{I_0}=\frac{I_0(1-m)^2\mathrm{e}^{-(\alpha+S)x}}{I_0}=(1-m)^2\mathrm{e}^{-(\alpha+S)x}$$

(4) 影响折射率的因素有如下几种。

① 离子半径 r：r 越大，n 越大。例如，Pb 玻璃 $n=3.912$。

② 材料的结构、晶型和非晶态：各向同性材料，即均质介质，只有一个折射率；各向异性材料，即非均质介质，发生双折射现象。

③ 内应力：垂直于受拉主应力 n 大，平行于受拉主应力 n 小。

④ 同质异构体：高温晶型 n 小，低温晶型 n 大。原因：温度越高，晶型对称性越高，对光线阻碍越小。例如，高温石英晶体 $n=1.55$，常温石英玻璃 $n=1.46$。

2. 一束光照射到无机材料上之后会发生哪些行为变化？根据能带论(包括费米自由电子气模型)的有关知识，解释不同材料对入射光选择吸收的原因。表征这些行为影响透光性的参数有哪些？如何提高材料的透光性？

【参考答案】 (1) 一束光照射到无机材料上之后会发生发射、散色、吸收和透射。一束可见光照射到物质上之后，宏观上将产生光的反射、折射、散射、吸收、透射等行为变化，微观上将产生光子与组成物质原子、电子的作用，如光子激发电子产生光电效应、光子受微观极化电场的作用而导致光速变慢、光子与晶格热振动频率耦合而导致光子被吸收、激发发光、化学反应等。金属对光吸收强烈，因为金属价电子处于价带，激发后即成激发态；半导体材料呈现选择吸收现象，半导体带隙与吸收波长的关系为 $h\nu \geqslant E_g$(带隙)；宽带隙绝缘体(如玻璃、陶瓷等) 对可见光的吸收较弱，其在红外区的吸收主要是因为光子与晶格振动产生的谐振消耗能量。

(2) 影响透光性的因素可用关系式 $\frac{I'}{I_0}=\frac{I_0(1-m)^2\mathrm{e}^{-(\alpha+S)x}}{I_0}=(1-m)^2\mathrm{e}^{-(\alpha+S)x}$ 表达。吸收系数 α 取决于组成和波长；反射系数 m 与折射率有关(又与组成、结构、晶型有关)；散射系数 S 取决于样品的表面粗糙度和散色颗粒；样品厚度为 x。

(3) 提高材料透光性的措施：选择合适基体，提高原料纯度，掺加外加剂，改进工艺措施。

3. 试分析一束可见光照射到物质上之后可能产生的行为变化，并根据能带理论(包括费米自由电子气模型)的有关知识，解释不同材料对入射光选择吸收的原因。

【参考答案】

一束可见光照射到物质上之后，宏观上将产生光的反射、折射、散射、吸收、透射等行为变化，微观上将产生光子与组成物质原子、电子的作用，如光子激发电子产生光电效应、光子受微观极化电场的作用而使光速变慢、光子与晶格热振动频率耦合导致光子被吸收、激发发光、化学反应等。

金属对光吸收强烈，因为价电子处于价带，激发后即变成激发态；半导体材料呈现选择吸收现象，半导体带隙与吸收波长的关系为 $h\nu \geqslant E_g$（带隙）；宽带隙绝缘体（如玻璃、陶瓷等）对可见光的吸收较弱，其在红外区的吸收主要是因为光子与晶格振动产生的谐振消耗能量。

4. 写出反射率的表达式，解释其意义，并说明推导该关系式的物理条件。

【参考答案】 （1）反射率的表达式为

$$m=\left(\frac{n_{21}-1}{n_{21}-1}\right)^2$$

式中，m 为反射率；n_{21} 为光线从介质 1 进入介质 2 的相对折射率。

（2）反射率表达式的意义：光照射到介质上产生的能量损失。

（3）上述关系式推导的物理条件是入射角很小，遵循菲涅尔衍射。

5. 写出光在材料中的速度与光速的关系式，并解释为什么光在介质中传播时速度会变慢。

【参考答案】 光在材料中的速度与光速的关系式为

$$v=\frac{c}{n}=\frac{c}{\sqrt{\varepsilon\mu}}$$

光在材料中速度变慢是因为存在原子晶格热振动，使光子不停地受到电场与磁场的交互作用，集中表现在 $\sqrt{\varepsilon\mu}$ 项上。

6. 假设一种透明物质的相对折射率为 n，吸收系数为 α，入射光强度为 I_0，请推导朗伯特定律的表达式；若散射系数为 S，进一步写出其透光率随物质厚度 x 变化的表达式。

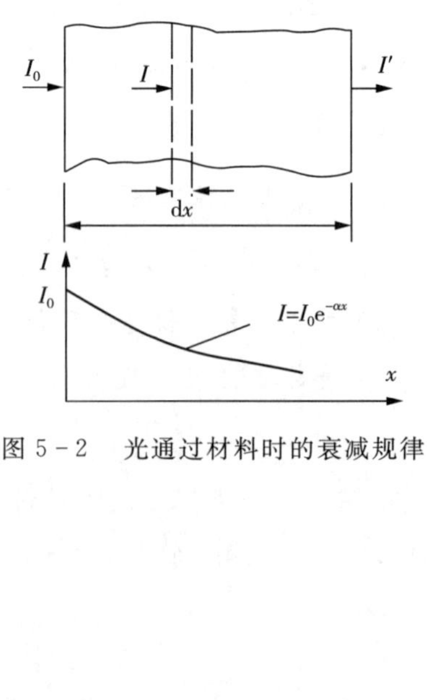

图 5-2 光通过材料时的衰减规律

【参考答案】 （1）如图 5-2 所示，假定一束初始能量为 I_0 的光通过厚度为 x 的透明介质，其能量损失 $\mathrm{d}I$ 与穿过的厚度 $\mathrm{d}x$ 和光强 I 成正比，比例系数为 α，则有

$$-\mathrm{d}I=\alpha I\,\mathrm{d}x$$

$$\int_{I_0}^{I}\frac{\mathrm{d}I}{I}=-\alpha\int_0^x\mathrm{d}x$$

$$\ln\frac{I}{I_0}=-\alpha x$$

$$I=I_0\mathrm{e}^{-\alpha x}$$

(2) 考虑到散射和两项界面反射能量损失，故推导得到透光率为

$$I/I_0=(1-m)^2\mathrm{e}^{-(\alpha+S)x}$$

7. 透光性是光学材料的重要性能，在诸多场合要用到材料的透光性，请回答下列问题：

(1) 请分析影响透光性的因素；

(2) 现在要生产一块安置在高温炉体上的透明陶瓷，用于观察炉内情况，要求透明陶瓷的透光性要尽可能的高。请依照你所学的知识，制定提高透明陶瓷透光性的生产工艺措施。

【参考答案】 (1) 根据透光率 $I/I_0=(1-m)^2\mathrm{e}^{-(\alpha+S)x}$ 可知，影响透光性的因素有材料的吸收系数 α、反射系数 m、散射系数 S 和材料的厚度 x。影响材料的吸收或反射系数的因素主要有材料的组成(如气孔、弥散杂质颗粒等)、结构(如各向异性、晶界)、表面光洁度等。

(3) 提高透光性的措施：

① 选择合适的基材，基材的吸收波长与所需观测的波长应该避开，为了减轻双折射带来的损失，基材应从具有各向同性的立方系材料中选取；

② 采用高纯原料，避免杂质相的生成，杂质相的浓度、颗粒大小、相对折射率都会影响散射系数；

③ 添加微量成分减少气孔、促进均质成相；

④ 采用热压、煅烧、热等静压等工艺。

8. 请问为什么 SiC 的介电常数和其折射率的平方相等？

【参考答案】 由麦克斯韦的电磁场理论可知，

$$V=\frac{C}{\sqrt{\varepsilon\mu}}$$

折射率公式为

$$n=\frac{C}{V}$$

$$n=\sqrt{\varepsilon\mu}$$

由于 SiC 属于非磁性物质，$\mu=1$，故有

$$n=\sqrt{\varepsilon}$$

$$n^2=\varepsilon$$

即得证。

9. 蓝宝石的主要成分是氧化铝。请用所学知识解释，为什么蓝宝石单晶是透明的，氧化

铝粉末是白色的，以及用高纯氧化铝做成的炉管、陶瓷片等材料为什么是不透明的。如果用氧化铝粉末作为原料来制作透明陶瓷，我们应该采取什么措施？

【参考答案】 (1) 蓝宝石单晶是透明的，这是大家都知道的事实。蓝宝石主要成分是氧化铝，其相对折射率为 1.7～1.8，其相对折射率较大，光照射到蓝宝石上后反射率较高，这是蓝宝石看上去晶莹闪光以及用于制作首饰钻石的原因。尽管蓝宝石相对折射率较大，但是单晶材料所有原子都是周期性规则排列的，在蓝宝石内用于产生折射率和相对介电常数的电磁场的方向是规则的，光照射到蓝宝石上后，除了反射、散射和微量吸收之外，仍有相当部分的光能透过蓝宝石进行传播，这是蓝宝石透光的原因。透光率(I/I_0)与样品厚度 x、吸收系数 α、散射系数 S 和反射率 m 之间近似满足关系式：$\frac{I}{I_0}=(1-m)2e^{-x(\alpha+S)}$。透光度取决于样品厚度 x、吸收系数 α、散射系数 S 和反射率 m。如果把蓝宝石中的晶体缺陷、气孔、杂质控制在很低的浓度范围内，那么可以获得较高的透光率。

(2) 构成氧化铝粉末的颗粒往往是多晶颗粒。第一方面，每个小颗粒折射与散射的方向往往是不一样的；第二方面，对于堆积在一起的粉末，每个颗粒之间都有气孔和间隙，空气介质与氧化铝粉末之间的相对折射率存在较大的差异，导致光线从一个颗粒传至另一个颗粒时存在较大的反射与散射能量损失；第三方面，对于由无数个微小颗粒组成的粉末，一束光照射到粉末上后，经历无数次的反射与散射，能量几乎都被漫反射或者无规则散射殆尽，导致光线无法沿着特定方向穿透粉末。以上是氧化铝粉末不透明的原因。在太阳光照射下，我们看到氧化铝粉末呈现的颜色是其漫反射或漫散射太阳光的结果。

(3) 把氧化铝粉末压制成板材或炉管，虽然减少了氧化铝粉末颗粒与颗粒之间的空隙与间隙，但是多晶氧化铝粉末的排列方向依然是杂乱无章的。陶瓷材料的特点是多晶、多相，陶瓷材料内部存在大量的夹杂气孔。光线照射到大量的晶界、晶相和气孔上后，经历无数次的漫反射与散射，入射光的能量无法按照入射方向定向传播，以上是采用高纯氧化铝粉末做成炉管或陶瓷片，但其依然无法透光的原因。

(4) 若希望采用氧化铝粉末作为原料制作透明陶瓷，可以通过采用如下措施提高透明度：① 采用热压工艺；② 添加低熔点、透明的助熔剂，选用的助熔剂与氧化铝粉末颗粒的折射率尽量保持一致，减少由相对折射率的差异造成的能量损失；③ 在真空下脱附，减少粉体颗粒表面及熔融助熔剂中溶解的气体，减少气孔；④ 选用结晶良好的高纯氧化铝粉末颗粒，减少组分杂质、减少颗粒表面的非晶相、减少晶界相损失；⑤ 适当提高烧结温度与烧结时间，使多晶颗粒定向排列生长。

10. 什么是固体发光？对于不同类型的发光材料，发光中心有哪些类型？对于发光材料，通常采用激发与发射光谱表征其性能，请问什么是激发光谱？图 5-3 为目前最广泛使用的白光 LED 黄色荧光粉 $Y_3Al_5O_{12}$:Ce 的发射光谱，请问发射光谱峰值为何会随着基质中 Gd 掺杂量的增多而变化？发光过程中，电子如何跃迁？发光中心 Ce 取代哪个离子的格位？

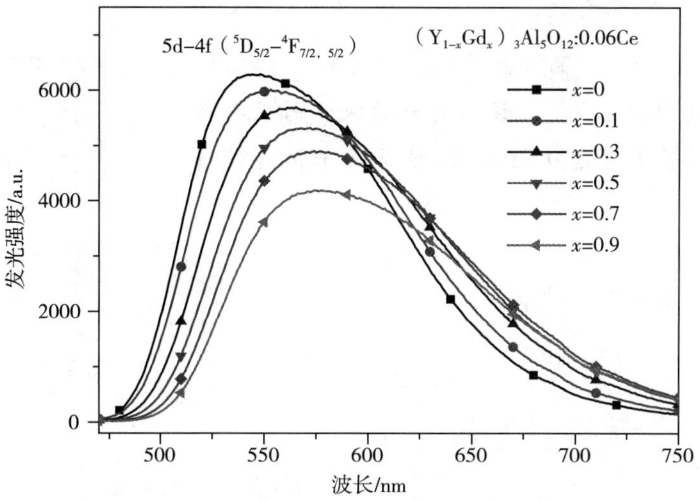

图 5-3　黄色荧光粉($(Y_{1-x}Gd_x)_3Al_5O_{12}$:$Ce^{3+}$)发射光谱

【参考答案】 (1) 固体发光：当某种固体物质受到激发(可被射线、高能粒子、电子束、外电场等激发)后，电子将处于激发态，处于激发态的电子会通过光或热的形式释放出来，如果这部分的能量是位于可见光、紫外光或是近红外光处的电磁辐射，此过程称之为固体放光。

(2) 发光中心的类型有两种：半导体电子空穴对复合发光和分立的发光中心。

(3) 激发光谱：光致发光中某一波长光的发射强度随激发波长和频率的变化。

(4) 发射光谱峰值变化是因为晶体场强度的变化使激发态能级发生变化。

(5) 电子跃迁：处于高能态的电子不稳定，通过弛豫的方式变为低能态，之后向外界辐射出光子，从低能态回到基态，完成发光过程。

(6)Ce 取代 Y^{3+} 的位置。

11. 如图 5-4 所示为金属、半导体和电介质的吸收率随光波长变化而变化的情况，首先用文字描述图中所反映的物理现象，然后利用所学知识解释这些现象的物理机理。

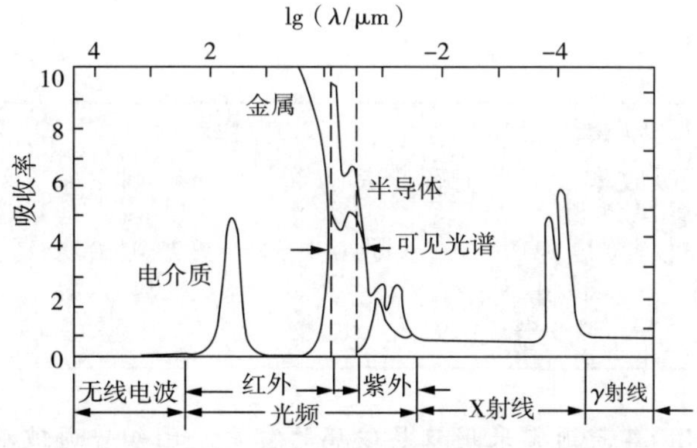

图 5-4　金属、半导体和电介质的吸收率随光波长变化而变化的情况

【参考答案】 略，见教材。

12. 对于如图5-5所示的多晶氧化锆透明陶瓷手机屏，已知氧化锆的折射率为1.76，假设其对光的吸收与散射系数都为2.5 cm^{-1}，若不考虑反射效应，计算该手机屏的透光率。

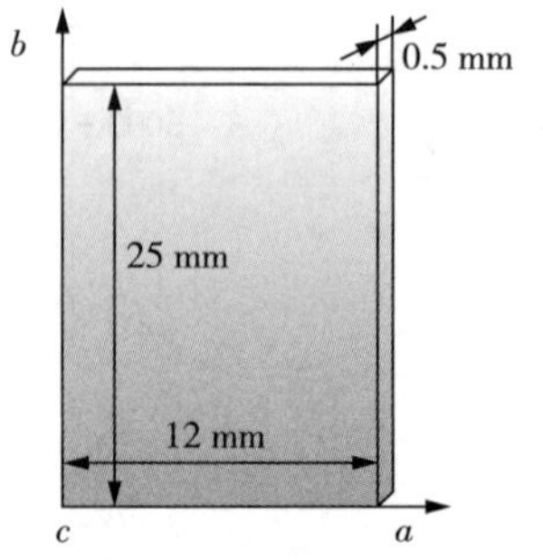

图5-5 手机屏尺寸

【参考答案】

根据光的吸收和散射定律有

$$I=I_0 e^{-(\alpha+S)x}$$

所以

$$\frac{I}{I_0}=e^{-(\alpha+S)x}$$

$$=e^{-(2.5+2.5)\times 0.5\times 10^{-1}}$$

$$=77.9\%$$

13. 对于如图5-5所示的蓝宝石手机屏，已知蓝宝石的折射率为1.76，忽略双折射现象。但由于工厂技术不过关，其制作的蓝宝石吸收率与散射率都达到10 cm^{-1}，试计算该蓝宝石手机屏的透光率。

【参考答案】 已知折射率 $n=1.76$，则反射系数为

$$m=\left(\frac{n-1}{n+1}\right)^2=0.0758$$

根据光的吸收和散射定律，

$$\frac{I}{I_0}=(1-m)^2 e^{-(\alpha+S)x}$$

$$=(1-0.0758)^2 e^{-(10+10)\times 0.5\times 10^{-1}}$$

$$=31.6\%$$

提示

据题意，蓝宝石吸收率 α 与散射率 S 都达到10 cm^{-1}，即 $\alpha+S=20\ cm^{-1}$。

图5-5所示手机屏厚度为0.5 mm，即 $(\alpha+S)x=20\times 0.05=1$，而数学上已知 $\frac{1}{e}=0.37$。

14. 为了节能、保温，建筑通常采用双层玻璃的窗户。已知普通玻璃的折射率 n 为1.5，其吸收率与散射率假定都达到1.25 cm^{-1}，玻璃的厚度为4 mm，试求：

(1) 光线经过该双层玻璃的透光率；

(2) 假定一栋楼房每年通过窗户入射的光能为 100 kJ，比较采用双层与单层玻璃窗户时入射到房间的光能的变化。

【参考答案】 (1) 已知普通玻璃的折射率 n 为 1.5，则其反射率为

$$m=\left(\frac{n-1}{n+1}\right)^2=0.04$$

双层玻璃的透光率为

$$\begin{aligned}\frac{I}{I_0}&=(1-m)^{2\times2}\times e^{-2(\alpha+S)x}\\&=(1-0.04)^4\times\exp[-2\times(1.25+1.25)\times0.4]\\&=11.5\%\end{aligned}$$

单层玻璃的透光率为

$$\begin{aligned}\frac{I}{I_0}&=(1-m)^2\times e^{-(\alpha+S)x}\\&=(1-0.04)^2\times\exp[-(1.25+1.25)\times0.4]\\&=33.9\%\end{aligned}$$

(2) 从上述式子可知，采用双层玻璃后，其透光率降低了 33.9%－11.5%＝22.4%。假定一栋楼房每年通过窗户入射的光能为 100 kJ，采用双层玻璃时透过的光能为 33.9 kJ，单层玻璃时透过的光能为 11.5 kJ。采用双层玻璃虽然减少了能量的散失，但是也减少了能量的射入。

(四) 综合知识应用与能力考查

1. 蓝宝石材质实为氧化铝 Al_2O_3，蓝宝石属于三方晶系，具有六方结构，如图 5-6 所示，晶格常数为 $a=b=4.758$ Å，$c=12.991$ Å，折射率为 1.765，双折射率为 0.009。

(1) 请解释为什么多晶氧化铝不透光，而单晶蓝宝石是透明的。

(2) 忽略双折射，据折射率计算蓝宝石对垂直入射光的反射率。

(3) 假设蓝宝石对可见光的吸收系数 $\alpha=0.01\ cm^{-1}$，计算一束垂直入射光照射到厚度为 0.5 mm 蓝宝石上后的透光率。

(4) 蓝宝石没有磁性，其磁导率近似为 1.0，请由折射率推导其介电常数大小。

(5) 估算光在蓝宝石中传播的速度。

【参考答案】 (1) 因为多晶中有很多晶界，光在晶体中发生多次的反射和折射，最终强度衰减为 0，而单晶中晶界少，光的折射和反射少，故光可以通过。

(2) 忽略双折射，则反射率为 $m=\left(\frac{n-1}{n+1}\right)^2=\left(\frac{1.765-1}{1.765+1}\right)^2=0.077$。

(3) 不考虑光的双折射，则 $\frac{I}{I_0}=(1-m)^2\exp(-\alpha x)=(1-0.077)^2\exp(-0.01\times0.05)=0.85$。

(4) 因为 $n=\sqrt{\varepsilon\mu}=\sqrt{\varepsilon}$，所以 $\varepsilon=n^2=1.765^2=3.12$。

(5) 因为 $n=\frac{c}{v}$，所以 $v=\frac{c}{n}=\frac{3.0\times10^8}{1.765}=1.7\times10^8(\mathrm{m/s})$。

2. 许多陶瓷的美学价值是用半透明性来评估的。例如，半透明性是骨灰瓷和硬质瓷主要的鉴定指标。如果你是负责生产骨灰瓷和硬质瓷的工程师，要获得良好的半透明性，请问有哪些措施？

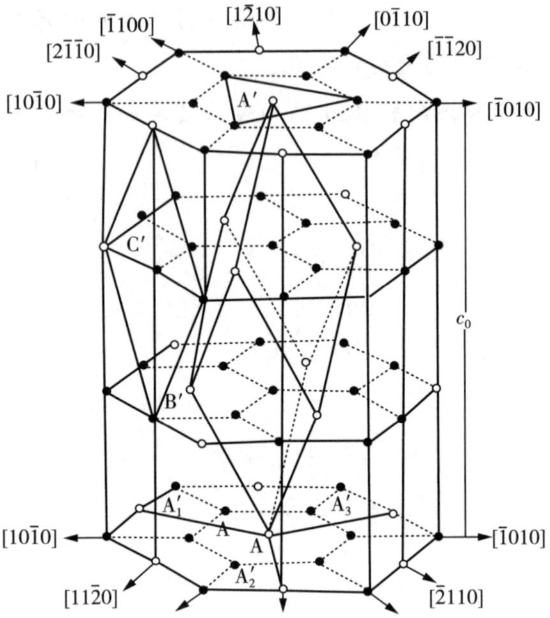

图 5-6 Al_2O_3 晶体结构

【参考答案】 (1) 骨灰瓷和硬质瓷的主要原料是长石、石英和高岭土，因此其微观结构致密且玻璃化。在玻璃相基质中残留有未完全融化的石英颗粒，并含有细的针状莫来石。玻璃相的折射率一般为 1.5 左右，莫来石的折射率为 $n_D=1.64$，石英的折射率为 $n_D=1.55$，石英颗粒较大，针状莫来石约为微米大小。由于莫来石的大小接近光波，而折射率又和玻璃相相差较大，因此散射主要来自莫来石相。它的增多就会减小半透明性。

(2) 提高半透明性的重要方法：

① 增多玻璃相和减少莫来石相。可通过增加长石量来实现。一些熔块瓷和齿用瓷含长石量高，也是这个道理。但对于其他目的，这样做是有害的，因为莫来石相量的减少会降低瓷体的强度。

② 获得高度半透明体的另一个方法是调整各个相的折射率，使之有较好的匹配。但由于石英和莫来石的折射率相差较大，改变由这两种成分组成的瓷的配方效果不大。有人改变玻璃的折射率使之接近细颗粒的莫来石的折射率。有一种骨灰瓷，是折射率约为 1.56 的液相，其折射率几乎等于所出现的晶相的数值。利用这一措施，并结合低气孔率，使骨灰瓷具有良好的半透明性。

③ 在瓷体中气孔的出现是有害的。只有把制品烧到足够的温度，以便将黏土颗粒间的细孔完全排除，才能得到半透明的瓷体。半透明度是衡量残留气孔率的一种敏感的尺度，因而也是瓷器的一种良好的质量标志。

3. 如何制作具有良好浊度的玻璃？

【参考答案】 制作有良好浊度的玻璃，需要对玻璃的表面进行乳浊处理，使得当光线射入玻璃后，光线能在玻璃内部通过较长的距离，并在玻璃内部被逐步反射，反射的光线是扩散开的，光线的能量在反射过程中被逐渐消耗，因此发生漫散射现象，由此获得良好的浊度。

（五）开放试题

制作钇铝石榴石 $Y_3Al_2O_{12}$（简称 YAG）透明陶瓷通常采用 Y_2O_3 和 Al_2O_3 作为原料，而 Y_2O_3 和 Al_2O_3 都为立方相结构。利用所学物理知识解释：

(1) 为什么 Y_2O_3 和 Al_2O_3 粉末原料都是白色不透明的？

(2) 为什么 YAG 透明陶瓷可以透光？

(3) 利用所学知识谈一谈，在用 Y_2O_3 和 Al_2O_3 粉末制作透明陶瓷的过程中，为了提高透光率，应采用什么工艺措施？

提示

粉体与空隙经过无数次的反射与散射，光无法透过；透明陶瓷没有空气；热等静压排除空气与吸附物。

第六章　无机材料的电导性能

【教学要求】 认识电导的类型和影响因素，认识半导体陶瓷的不同物理效应——表面效应、晶界效应、空间电荷效应、P-N结与光电伏特效应、西贝克效应，为选择应用材料以及开发新材料奠定重要物理基础；掌握电导的概念及特性；掌握离子电导、电子电导、玻璃态电导的形成机理及其特点和影响因素；掌握无机材料电导的形成及其特点和影响因素；掌握半导体陶瓷的物理效应。了解超导体的特点及其应用。

【教学重点】 载流子、电导率、电子迁移率、霍尔效应、电解效应、离子电导、电子电导、本征电导、杂质电导、载流子浓度、离子迁移率、电子迁移率、本征半导体流子浓度、掺杂半导体在流子浓度、玻璃态物质电导、次级现象、无机材料电导的混合法则、半导体陶瓷的物理效应、晶界效应、西贝克效应、表面效应、P-N结、施主及其类型、受主及其类型。

【教学难点】 迁移率、载流子、杂质电导、P-N结与半导体类型，施主及其类型、受主及其类型。

一、课后习题解答

1. 无机材料绝缘电阻的测量试件的外径 $\phi=50$ mm，厚度 $d=2$ mm。电极尺寸如图 6-1 所示，$D_1=26$ mm，$D_2=38$ mm，$D_3=48$ mm，另一面为全电极。采用直流三端电极法进行测量。

(1) 请画出测量试件体电阻率和表面电阻率的接线电路图。

(2) 若采用 500 V 直流电源测出试件的体电阻为 250 MΩ，表面电阻为 50 MΩ，计算该材料的体电阻率和表面电阻率。

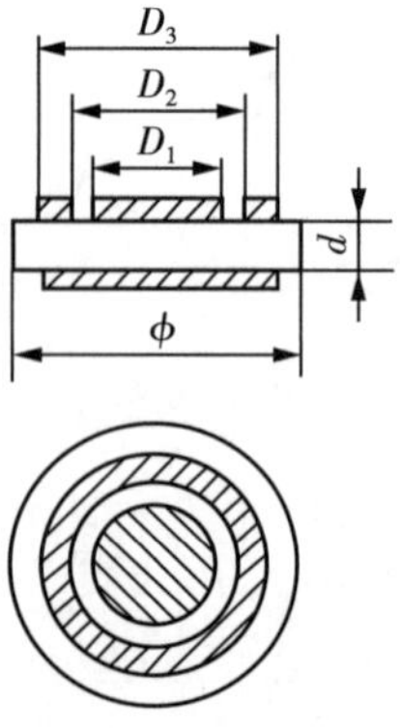

图 6-1　试样尺寸

【参考答案】

(1) 测量试件为电阻率和表面电阻率的接线电路图如图 6-2 所示。

图 6-2　接线电路图

(2) 已知材料的体电阻为 250 MΩ，表面电阻为 50 MΩ，则材料的体电阻率计算公式为

$$\rho_v = \frac{S}{l}R_v = \frac{\pi\ (r_1 + r_2)^2}{4h} \times \frac{V}{I}$$

$$= \frac{(1.3 + 1.9)^2 \cdot \pi}{4 \times 0.2} \times 250 \times 10^6$$

$$= 1.01 \times 10^{10}(\Omega \cdot \mathrm{cm})$$

材料的表面电阻计算公式为

$$R_s = \int_{r_2}^{r_1} \rho_s \times \frac{\mathrm{d}x}{2\pi x} = \rho_s \times \frac{\ln \frac{r_2}{r_1}}{2\pi}$$

材料的表面电阻率计算公式为

$$\rho_s = R_s \times \frac{2\pi}{\ln \frac{r_2}{r_1}} = 50 \times 10^6 \times \frac{2\pi}{\ln \frac{19}{13}} = 8.28 \times 10^8(\Omega \cdot \mathrm{cm})$$

2. 实验测出离子型电导体的电导率与温度的相关数据，经数学回归分析得出关系式为

$$\lg\sigma = A + B\frac{1}{T}$$

(1) 试求在测量温度范围内的电导活化能表达式。

(2) 若给出 $T_1 = 500$ K 时，$\sigma_1 = 10^{-9}$ S/cm；$T_2 = 1000$ K 时，$\sigma_2 = 10^{-6}$ S/cm，计算电导活化能的值。

【参考答案】 (1) 由已知公式 $\lg\sigma = A + B\frac{1}{T}$ 可推出 $\sigma = 10^{\left(A+B\frac{1}{T}\right)}$，所以有 $\ln\sigma = \left(A + B\frac{1}{T}\right)\ln 10$，进而可得

$$\sigma = \mathrm{e}^{\left(A+\frac{B}{T}\right)\ln 10} = \mathrm{e}^{\ln 10 \cdot A + \ln 10 \cdot \frac{B}{T}} = A_1 \cdot \mathrm{e}^{\left(-\frac{\omega}{kT}\right)}$$

则电导活化能表达式为 $W = -\ln 10 \cdot Bk$，其中 $k = 0.86 \times 10^{-4}$(eV/K)。

(2) 已知：当 $T_1 = 500$ K 时，$\sigma_1 = 10^{-9}$ s/cm；当 $T_1 = 1000$ K 时，$\sigma_2 = 10^{-6}$ s/cm，则有

$$\lg 10^{-9}=A+B\frac{1}{500}$$

$$\lg 10^{-6}=A+B\frac{1}{1000}$$

解得 $A=-3,B=-3000$，则 $W=-\ln 10\cdot Bk=0.594\ \text{eV}$。

3. 本征半导体中，从价带激发至导带的电子和价带产生的空穴参与电导。激发的电子数 n 可近似表示为

$$n=N\exp\left(-\frac{E_g}{2kT}\right)$$

式中，N 为状态密度；k 为波尔兹曼常数；T 为绝对温度；E_g 为带隙。

试回答以下问题：

(1) $N=10^{23}\ \text{cm}^{-3}$，$k=8.6\times10^{-5}\ \text{eV/K}$ 时，Si($E_g=1.1\ \text{eV}$)、TiO_2($E_g=3.0\ \text{eV}$) 在室温(20 ℃) 和 500 ℃ 时所激发的电子数(cm^{-3}) 各是多少？

(2) 半导体的电导率 σ(S/cm) 可表示为

$$\sigma=ne\mu$$

式中，n 为载流子浓度(cm^{-3})；e 为载流子电荷(电子电荷 1.6×10^{-19} C)；μ 为迁移率($\text{cm}^2\cdot\text{V}^{-1}\cdot\text{s}^{-1}$)。

当电子(e) 和空穴(h) 同时为载流子时，有 $\sigma=n_e e\mu_e+n_h e\mu_h$。假设 Si 的迁移率 $\mu_e=1450\ \text{cm}^2\cdot\text{V}^{-1}\cdot\text{s}^{-1}$，$\mu_h=500\ \text{cm}^2\cdot\text{V}^{-1}\cdot\text{s}^{-1}$，且不随温度变化。试求：Si 在室温(20 ℃) 和 500 ℃ 时的电导率。

【参考答案】 (1)Si：在 $T_1=293$ K 时，有

$$n=10^{23}\exp\left(-\frac{1.1}{293\times2\times8.6\times10^{-5}}\right)$$
$$=3.32\times10^{13}(\text{cm}^{-3})$$

在 $T_2=773$ K 时，有

$$n=10^{23}\exp\left(-\frac{1.1}{773\times2\times8.6\times10^{-5}}\right)$$
$$=2.55\times10^{19}(\text{cm}^{-3})$$

TiO_2：在 $T_1=293$ K 时，有

$$n=10^{23}\exp\left(-\frac{3.0}{293\times2\times8.6\times10^{-5}}\right)$$
$$=1.40\times10^{-3}(\text{cm}^{-3})$$

在 $T_2=773$ K 时，有

$$n=10^{23}\exp\left(-\frac{3.0}{773\times 2\times 8.6\times 10^{-5}}\right)$$
$$=1.59\times 10^{13}(\mathrm{cm}^{-3})$$

(2)Si 为本征半导体，则有 $n_e=n_h$，在 $T_1=293$ K 时，有

$$\sigma=n_e e\mu_e+n_h e\mu_h$$
$$=3.32\times 10^{13}\times 1.6\times 10^{-19}\times(1450+500)$$
$$=1.036\times 10^{-2}(\Omega^{-1}\cdot\mathrm{cm}^{-1})$$

在 $T_2=773$ K 时，有

$$\sigma=n_e e\mu_e+n_h e\mu_h$$
$$=2.55\times 10^{19}\times 1.6\times 10^{-19}\times(1450+500)$$
$$=7.956\times 10^{3}(\Omega^{-1}\cdot\mathrm{cm}^{-1})$$

4. 根据费米-狄拉克分布函数，半导体中电子占有某一能级 E 的允许状态概率 $f(E)$ 为

$$f(E)=\left[1+\exp\left(\frac{E-E_f}{kT}\right)\right]^{-1}$$

式中，E_f 为费米能级，它是电子存在概率为 1/2 的能级。

如图 6-3 所示的能带结构，本征半导体导带中的电子浓度 n、价带中的空穴浓度 p 分别为

$$n=2\left(\frac{2\pi m_e^* kT}{h^2}\right)^{\frac{3}{2}}\exp\left(-\frac{E_c-E_f}{kT}\right)$$

$$p=2\left(\frac{2\pi m_h^* kT}{h^2}\right)^{\frac{3}{2}}\exp\left(-\frac{E_f-E_v}{kT}\right)$$

式中，m_e^*、m_h^* 分别为电子和空穴的有效质量；h 为普朗克常数。

试回答以下问题：

(1) 本征半导体中 $n=p$，利用上两式写出 E_f 的表达式。

(2) 当 $m_e^*=m_h^*$ 时，E_f 位于能带结构的什么位置处？若 $m_e^*<m_h^*$，则 E_f 的位置随温度将如何变化？

(3) 令 $n=p=\sqrt{np}$，$E_g=E_c-E_v$，试求 n 随温度变化的函数关系(含 E_g 的函数)。

(4) 如图 6-3 所示，施主能级为 E_d，施主浓度为 n_d，E_f 在 E_c 和 E_d 之间，则电离施主浓度为

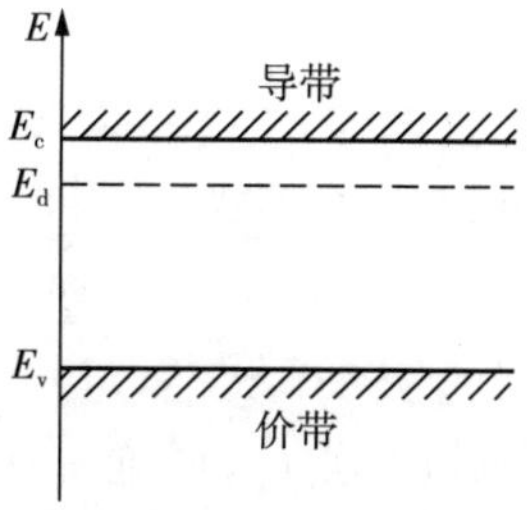

图 6-3　能带结构

$$n=n_d\exp\left(-\frac{E_f-E_d}{kT}\right)$$

若 $n=n_d$，试写出 E_f 的表达式；当 $T=0$ 时，E_f 位于能带结构的什么位置处？

(5) 令 $n=n_d=\sqrt{nn_d}$，试写出 n 随温度变化的关系式。

【参考答案】 (1) 由 $n=p$，代入可得

$$2\left(\frac{2\pi m_e^* kT}{h^2}\right)^{\frac{3}{2}}\exp\left(-\frac{E_c-E_f}{kT}\right)=2\left(\frac{2\pi m_h^* kT}{h^2}\right)^{\frac{3}{2}}\exp\left(-\frac{E_f-E_v}{kT}\right)$$

$$E_f=\frac{1}{2}(E_v+E_c)-\frac{3}{4}kT\ln\left(\frac{m_e^*}{m_h^*}\right)$$

(2) 当 $m_e^*=m_h^*$ 时，$E_f=\frac{1}{2}(E_v+E_c)$，位于导带和价带的正中间位置处。

当 $m_e^*<m_h^*$ 时，$\ln\left(\frac{m_e^*}{m_h^*}\right)<0$，则 $-\frac{3}{4}kT\ln\left(\frac{m_e^*}{m_h^*}\right)>0$，随着温度的升高，$E_f$ 向导带 E_c 靠近。

(3) 当 $n=p=\sqrt{np}$，$E_g=E_c-E_v$ 时，有

$$n\cdot p=4\left(\frac{2\pi m_h^* kT}{h^2}\right)^{\frac{3}{2}}\cdot\left(\frac{2\pi m_e^* kT}{h^2}\right)^{\frac{3}{2}}\cdot\exp\left(-\frac{E_c-E_v}{kT}\right)$$

$$\begin{aligned}n&=\sqrt{np}\\&=2\cdot\left(\frac{2\pi m_h^* kT}{h^2}\right)^{\frac{3}{4}}\cdot\left(\frac{2\pi m_e^* kT}{h^2}\right)^{\frac{3}{4}}\cdot\exp\left(-\frac{E_g}{kT}\right)\end{aligned}$$

所以 n 随着温度的升高而增大。

(4) 若 $n=n_d$，则有

$$n=2\left(\frac{2\pi m_e^* KT}{h^2}\right)^{\frac{3}{2}}\exp\left(-\frac{E_c-E_f}{kT}\right)=n_d\exp\left(-\frac{E_f-E_d}{kT}\right)$$

所以

$$E_f=\frac{1}{2}(E_d+E_c)-\frac{1}{2}kT\ln\frac{2\cdot\left(\frac{2\pi m_e^* kT}{h^2}\right)^{\frac{3}{2}}}{n_d}$$

当 $T=0$ 时，E_f 位于 E_d、E_c 之间正中间位置处。

(5) 当 $n=n_d=\sqrt{nn_d}$ 时，令 $n_c=2\left(\frac{2\pi m_e^* kT}{h^2}\right)^{\frac{3}{2}}$，则有

$$n=n_d=\sqrt{nn_d}=\sqrt{n_c\cdot\exp\left(-\frac{E_c-E_f}{kT}\right)\cdot n_d\cdot\exp\left(-\frac{E_f-E_d}{kT}\right)}$$

$$=\sqrt{n_c n_d}\cdot\exp\left(-\frac{E_c-E_d}{kT}\right)$$

提示

本征半导体中，价带中的空穴和导带中的电子浓度相等，空穴的分布函数 F_h 和电子的分布函数 F_e 之间的关系为

$$F_h=1-F_e$$

若$(E_f-E)\gg kT$，则

$$F_h(E)=1-\frac{1}{1+e^{(E_f-E)/kT}}\approx e^{(E_f-E)/kT}$$

5.(1) 根据缺陷化学原理，推导 NiO 电导率与氧分压的关系。

(2) 讨论添加 Al_2O_3 对 NiO 电导率的影响，并写出空穴浓度与氧分压的关系。

【参考答案】 (1) 金属氧化物 MnO、FeO、CoO、NiO 等往往为阳离子空位型化合物，通常写为 $\delta_{1-\delta}O$，δ 值取决于温度和周围的氧分压，并因物质的种类而异。此类物质产生电导的载流子往往为空穴。

在平衡状态下，对于阳离子空位型 NiO，其缺陷反应如下：

$$\frac{1}{2}O_2(g)=\!=\!=V_{Ni}^{\times}+O_O^{\times}$$

$$V_{Ni}^{\times}=V'_{Ni}+h^{\cdot}$$

$$V'_{Ni}=V''_{Ni}+h^{\cdot}$$

因此，总反应式为$\frac{1}{2}O_2(g)=V''_{Ni}+2h^{\cdot}+O_O^{\times}$

在一定温度和氧分压下，阳离子全部电离成 V''_{Ni}。根据质量守恒定律，写出平衡常数：

$$K_p=\frac{[V''_M][O_O^{\times}][h]}{P_{O_2}^{1/2}}$$

从而得到：

$$[h^{\cdot}]\propto P_{O_2}^{1/6}$$

因此，在一定温度和氧分压下，空穴浓度 n_h 与氧分压的 1/6 次方成正比。

对于以空穴导电为主要类型的物质，其电导率的表达式为 $\sigma=n_h q\mu_h$，所以 $\sigma\propto P_{O_2}^{1/6}$，即 NiO 电导率与氧分压的 1/6 次方成正比。

(2) 添加Al_2O_3在 NiO 中，在晶格中 Al 原子取代 Ni 原子的位置，引入不等价缺陷，其缺

陷反应式写为

$$Al_2O_3 \rightarrow 2\,Al_{Ni}^{\cdot} + 2\,e' + O_O^{\times}$$

Al^{3+} 取代 Ni^{2+} 的过程中引入了一个空穴，为保持电中性，该缺陷中心会从环境中捕获一个(热激活产生的)电子，形成弱束缚的施主能级，这个电子(处于弱束缚状态)容易激发，参与导电。但添加了 Al_2O_3 的 NiO 电导类型究竟是以空穴为主，是以电子为主，还是空穴与电子的混合存在形态，取决于电子和空穴的能级位置(陷阱深度)与相对浓度，需要分类型讨论。

添加了 Al_2O_3 的 NiO 中存在 V_{Ni}''、V_O''、e 和 h 四种点缺陷，当缺陷浓度较小时，缺陷之间的相互作用予以忽略。NiO 与周围氧分压处于平衡状态时，以下四种关系成立：

$$Null = V_{Ni}'' + V_O^{\cdot\cdot}$$

$$[V_{Ni}''][V_O^{\cdot\cdot}] = K_s$$

$$Null = e + h$$

$$[e][h] = K_i$$

对于 P 型和 N 型半导体，记为 $pn = K_i$。由 $\frac{1}{2}O_2(g) = V_{Ni}'' + 2h^{\cdot} + O_O^{\times}$ 得

$$[V_{Ni}'']p^2 = KP_{O_2}^{1/2}$$

$$2[V_{Ni}''] + n = 2[V_O^{\cdot\cdot}] + p$$

这里 Null 表示零状态。Siege 未知数可由此四个方程求解，将式中的$[V_{Ni}'']$、$[V_O^{\cdot\cdot}]$ 及 n 均用 p 表示，简化后得到：$2K_sP_{O_2}^{1/2}P^4 + KP^3 - KK_iP^2 - 2K^2P_{O_2}^{1/2} = 0$。

当 $K_i > K_s$ 时，即电子缺陷较肖特基缺陷容易生成时，氧分压的影响分成以下三个区。

① 高氧分压区(Ⅰ)：

因为 $p \gg 2[V_O^{\cdot\cdot}]$，$2[V_{Ni}''] \gg n$，所以电中性条件化为 $2[V_{Ni}''] = p$。$p = 2[V_{Ni}''] = \sqrt[3]{K^2}\,P_{O_2}^{1/6}$，随氧分压降低，空穴浓度减小。

② 中氧分压区(Ⅱ)：

因为 $p \gg 2[V_O^{\cdot\cdot}]$，$n \gg 2[V_{Ni}'']$，所以电中性条件化为 $n = p$。从而得到 $p = n = \sqrt{K_i}$，$[V_{Ni}''] = (K/K_i)\,P_{O_2}^{1/2}$，$[V_O^{\cdot\cdot}] = (K_iK_s/K)\,P_{O_2}^{-1/2}$，空穴浓度不随氧分压改变。

③ 中氧分压区(Ⅲ)：

因为 $2[V_O^{\cdot\cdot}] \gg p$，$n \gg 2[V_{Ni}'']$，所以电中性条件变为 $n = 2[V_O^{\cdot\cdot}]$。从而得到

$P = K_i\sqrt[3]{K/2K_iK_i^2}\,P_{O_2}^{1/6}$，空穴浓度亦随氧分压降低而减小。

当 $K_s > K_i$ 时，氧分压的影响分成以下三个区。

① Ⅰ 区：$p=2[V''_{Ni}]$

② Ⅱ 区：$[V''_{Ni}]=[V_O^{\cdot\cdot}]$

③ Ⅱ 区：$n=2[V_O^{\cdot\cdot}]$，

在这三个区，空穴浓度都随氧分压降低而减小。

提示

该题解答请参考教材第 191 和 192 页 Kröger－Vink 图。

6.（1）根据缺陷化学原理，推导 ZnO 电导率与氧分压的关系。

（2）讨论添加 Al_2O_3、Li_2O 对 ZnO 电导率的影响。

【参考答案】（1）ZnO 是间隙离子型，则有

$$ZnO \Longleftrightarrow Zn_i^{\cdot\cdot}+2e'+\frac{1}{2}O_2 \quad [e']\propto P_{O_2}^{-1/6}$$

$$ZnO \Longleftrightarrow Zn_i^{\cdot}+e'+\frac{1}{2}O_2 \quad [e']\propto P_{O_2}^{-1/4}$$

（2）添加Al_2O_3 对 ZnO 电导率的影响：

$$Al_2O_3 \longrightarrow 2\,Al_{Zn}^{\cdot}+2e'+O_O^{\times}$$

Al^{3+} 取代 Zn^{2+} 的过程中引入了空穴，为保持电中性，这个空穴会从环境中捕获一个（热激活产生的）电子，形成施主能级，这个电子（处于弱束缚状态）容易激发，参与导电。从而载流子浓度增大，提高了电导率。

添加Li_2O 对 ZnO 电导率的影响：

$$Li_2O \longrightarrow 2\,Li'_{Zn}+2h^{\cdot}+2O_O^{\times}$$

Li^{+} 取代 Zn^{2+} 的过程中引入了电子，为保持电中性，这个电子会从环境中捕获一个（热激活产生的）空穴，形成受主能级，添加Li_2O 对 ZnO 形成的电子易激发导电。从而增大载流子浓度，提高了电导率。

7. P－N 结的能带结构如图 6－4(a) 所示（注：教材第 216 页）。如果只考虑电子的运动，那么在热平衡状态下，P 区的极少量电子由于势垒的降低产生的电流（饱和电流 I_0）与 N 区的电子由于势垒的升高 V_d 靠扩散产生的电流（扩散电流 I_d）相抵消。I_d 可表示为

$$I_d=A\exp\left(-\frac{eV_d}{kT}\right)$$

式中，A 为常数，当 P－N 结上施加偏压 V，能带结构如图 6－4(b) 所示，势垒高度为(V_d-V)。求：

(1) 此时的扩散电流 I'_d 的表达式。

(2) 试证明正偏压下电子产生的净电流公式为 $I=I_0\left[\exp\left(\frac{eV}{kT}\right)-1\right]$。

(3) 设正偏压为 V_1 时的电流为 I_1，那么电压为 $2V_1$ 时，电流 I_2 为多少(用含 I_1 的函数表示)。

(4) 负偏压下，施加电压极大时($V\to\infty$)，I 的极限值为多少？但是实际当施加电压至某一值($-V_B$)时，电流会突然增大，引起压降，试定性描绘P-N结在正负偏压时的 V-I 特性。

【参考答案】 (1) 扩散电流 I'_d 的表达式为

$$I'_d=A\exp\left[-\frac{e(V_d-V)}{kT}\right]$$

(2) 正偏压下电子产生的净电流为

$$I=I'_d-I_d=A\exp\left[-\frac{e(V_d-V)}{kT}\right]-A\exp\left(-\frac{eV_d}{kT}\right)=I_0\left[\exp\left(\frac{eV}{kT}\right)-1\right]$$

(3) 由已知，可得

$$I_1=I_0\left[\exp\left(\frac{eV_1}{kT}\right)-1\right]$$

$$I_2=I_0\left[\exp\left(\frac{2eV_1}{kT}\right)-1\right]$$

联立解得

$$I_2=I_0\left[\exp\left(\frac{eV_1}{kT}\right)^2-1\right]=I_0\left[\exp\left(\frac{eV_1}{kT}\right)-1\right]\times\left[\exp\left(\frac{eV_1}{kT}\right)+1\right]=I_1\left[\exp\left(\frac{eV_1}{kT}\right)+1\right]$$

(4) 当施加负偏压，$V\to-\infty$ 时

$$I=\lim_{V\to-\infty}I_0\left[\exp\left(\frac{eV}{kT}\right)-1\right]=-I_0$$

当施加正偏压时，电流随电压增大，且按 $I=I_0\left[\exp\left(\frac{eV}{kT}\right)-1\right]$ 增大；

当施加负偏压，电流小于 $-V_B$ 时，符合 $I=I_0\left[\exp\left(\frac{eV}{kT}\right)-1\right]$；电流低于 $-V_B$ 时，发生击穿，电流急剧增大。

P-N结在正、负偏压时的 V-I 特性曲线如图6-5所示。

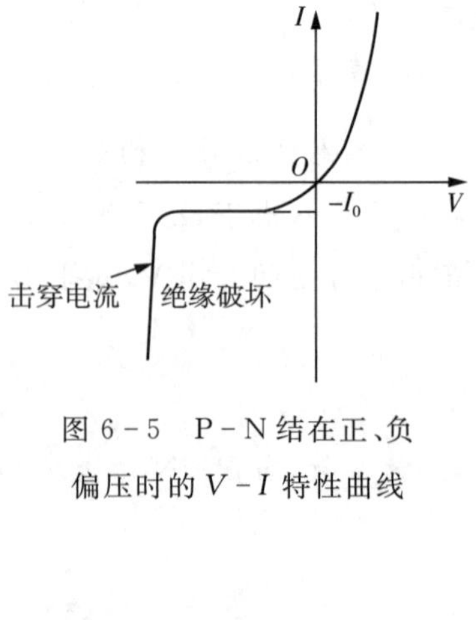

图6-5　P-N结在正、负偏压时的 V-I 特性曲线

提示

正偏压是指P区接正电极、N区接负电级，负偏压是指P区接负电级、N区接正电级。P-N结形成原理：由于P型半导体和N型半导体两者费米能级不同，相互接触后，P区费米能级升高，N区费米能级降低，直至两者的费米能级逐渐变得相等，这相当于P区空穴能级升高，N区电子能级降低，结果在两者的接触区形成一个由N区指向P区的内建电场。内建电场是由热激活产生的平衡载流子形成的。

对于由光照或其他元激发等作用产生的非平衡载流子，在内建电场的作用下，N区空穴沿着电场方向向P区运动，P区电子逆着电场方向向N区运动，作用的结果是在P-N结两端产生电动势。

绘制P-N结的V-I特性曲线时要注意，当施加电压超过$-V_B$时，P-N结被击穿，电流急剧增大，此时曲线斜率为无穷大，不能画成斜线。

二、典型错题分析

典型错题1：

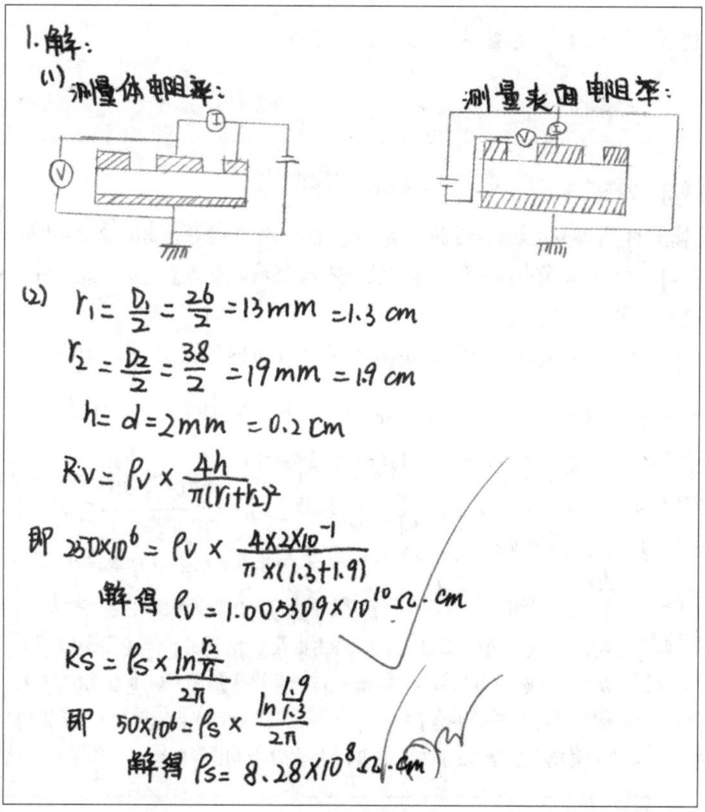

1.解：

(1) 测量体电阻率：　　测量表面电阻率：

(2) $r_1=\frac{D_1}{2}=\frac{26}{2}=13mm=1.3cm$

$r_2=\frac{D_2}{2}=\frac{38}{2}=19mm=1.9cm$

$h=d=2mm=0.2cm$

$R_V=\rho_V\times\frac{4h}{\pi(r_1+r_2)^2}$

即 $250\times10^6=\rho_V\times\frac{4\times2\times10^{-1}}{\pi\times(1.3+1.9)}$

解得 $\rho_V=1.005309\times10^{10}\Omega\cdot cm$

$R_S=\rho_S\times\frac{\ln\frac{r_2}{r_1}}{2\pi}$

即 $50\times10^6=\rho_S\times\frac{\ln\frac{1.9}{1.3}}{2\pi}$

解得 $\rho_S=8.28\times10^8\Omega\cdot cm$

【点评】 面电阻率的单位为欧姆。

典型错题 2：

7. (1) $I_d' = A\exp[-\frac{e(V_d-V)}{kT}]$

(2) $I_e = I_d' - I_d = A_e\exp[-\frac{e(V_d-V)}{kT}] - A_e\exp(-\frac{eV_d}{kT})$

$= A_e\exp(-\frac{eV_d}{kT})[\exp(\frac{eV}{kT})-1]$

$= I_e^0[\exp(\frac{eV}{kT})-1]$

$(I_e^0 = A_e\exp(\frac{eV_d}{kT})$

(3) $\begin{cases} I_1 = I_0[\exp(\frac{eV_1}{kT})-1] \\ I_2 = I_0[\exp(\frac{2eV_1}{kT})-1] \end{cases}$ 指数 $\exp\frac{eV_1}{kT} = \frac{I_1}{I_0}+1$

$(e^{2x}-1)=(e^{x}+1)(e^{x}-1)$

$\therefore I_2 = I_0[(\frac{I_1}{I_0}+1)^2-1]$

(4) I的极限值为I_0.

P-n结的V-I特性：

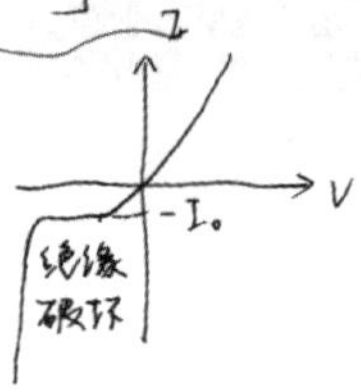

【点评】 此处使用 e 指数运算进一步化为指数形式。

典型错题 3：

解：(1) ∵势垒高度从V_d转变为(V_d-V)，∴$I_d' = A\exp[-\frac{e(V_d-V)}{kT}]$。

(2) 外加正偏压，即P区接电压正极，N区接负极。P区相对于N区的电势差由无偏压时的$-V_d$改变为$(-V_d+V)$，这时势垒高度为$e(V_d-V)$，电子产生的净电流为$I = I_d' - I_{ds}$，由(1)和题已知条件代入得

$I = A\exp[-\frac{e(V_d-V)}{kT}] - A\exp(-\frac{eV_d}{kT}) = A\exp(-\frac{eV_d}{kT})\cdot\exp(\frac{eV}{kT}) - A\exp(-\frac{eV_d}{kT})$

$= A\exp(-\frac{eV_d}{kT})[\exp(\frac{eV}{kT})-1] = I_d[\exp(\frac{eV}{kT})-1] = I_0[\exp(\frac{eV}{kT}-1)]$

(3) 过偏压为V_1时，电流I_1由(2)得 $I_1 = I_0[\exp(\frac{eV_1}{kT})-1]$。

当电压为V_2时，$V_2=2V_1$，$I_2 = I_0[\exp(\frac{2eV_1}{kT})-1]$，解得 $I_2 = I_1\cdot\frac{\exp(\frac{2eV_1}{kT})-1}{\exp(\frac{eV_1}{kT})-1}$。 $(e^{2x}-1)=(e^{x}+1)(e^{x}-1)$

(4) 负偏压时，即电势由$-V_d$改变为$(-V_d+V)$，这时势垒高度为$e(V_d+V)$，电流为

$I = A\exp[-\frac{e(V_d+V)}{kT}] - A\exp(-\frac{eV_d}{kT}) = I_0[\exp(-\frac{eV}{kT})-1]$。当$V\to\infty$时，$I\to -I_0$。

P-N结在正偏压时，与外电场方向相同，电流量随电压呈指数性增长可到无穷大；

P-N结在负偏压时，与外电场方向相反，载流子扩散变得更加困难，电流随电压的上升降低，无限趋于$-I_0$。但当负偏压增加到一定程度时，会出现隧道效应，产生量子隧穿，电流急剧增大，产生绝缘破坏，此时电压称为反向击穿电压。 画图，反向击穿！

【点评】 应按照题意答题，画出示意图。

典型错题 4：

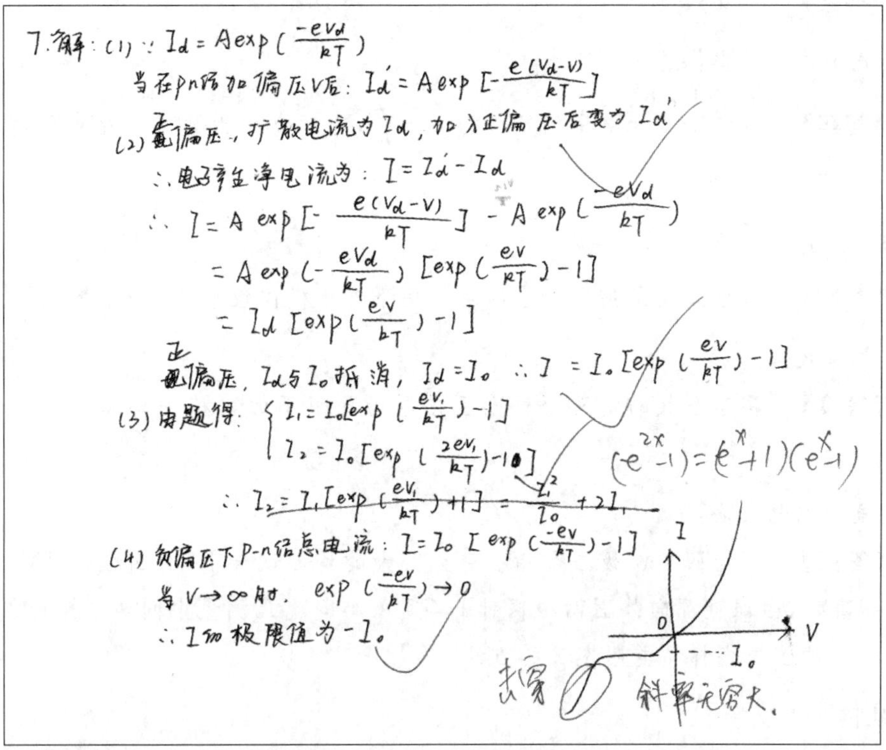
7. 解：(1) ∵ $I_d = A\exp(\frac{-eV_d}{kT})$
当在pn结加偏压V后：$I_d' = A\exp[-\frac{e(V_d-V)}{kT}]$
(2) 无偏压，扩散电流为 I_d，加入正偏压后变为 I_d'
∴ 电子产生净电流为：$I = I_d' - I_d$
∴ $I = A\exp[-\frac{e(V_d-V)}{kT}] - A\exp(\frac{-eV_d}{kT})$
$= A\exp(-\frac{eV_d}{kT})[\exp(\frac{eV}{kT})-1]$
$= I_d[\exp(\frac{eV}{kT})-1]$
正偏压，I_d与I_0抵消，$I_d = I_0$ ∴ $I = I_0[\exp(\frac{eV}{kT})-1]$
(3) 由题得：$I_1 = I_0[\exp(\frac{eV_1}{kT})-1]$，$I_2 = I_0[\exp(\frac{2eV_1}{kT})-1]$
∴ $I_2 = I_1[\exp(\frac{eV_1}{kT})+1] = \frac{I_1^2}{I_0}+2I_1$
$(e^{2x}-1)=(e^x+1)(e^x-1)$
(4) 负偏压下p-n结总电流：$I = I_0[\exp(\frac{-eV}{kT})-1]$
当 $V\to\infty$ 时，$\exp(\frac{-eV}{kT})\to 0$
∴ I的极限值为 $-I_0$

【点评】 二极管反向击穿时 $I-V$ 曲线斜率趋向无穷大。

三、辅导练习题

（一）名词解释

1. 电导率：

【参考答案】 电导率用于表征材料电导能力的大小，其定义为电阻率的倒数，即 $\sigma=1/\rho$，其中 ρ 为电阻率，电导率是材料的本征性能参数之一。

2. 电阻率：

【参考答案】 电阻率用于表征材料电阻大小的本征物理量，对于均匀线性导体，电阻率与电阻的关系 $\rho=R(\mathrm{S/L})$，其中 R 为电阻，S 为导体截面积，L 为导体的长度。

3. 电流密度：

【参考答案】 电流密度的定义为单位垂直面积上通过的电流大小，单位为 $\mathrm{A/cm^2}$。

4. 欧姆定律微分形式：

【参考答案】 欧姆定律微分形式为 $J=\sigma E$，其中 E 为电场强度，J 为电流密度，σ 为电导率。其适用于非均匀导体。

5. 电场强度：

【参考答案】 电场强度是指单位距离上电势下降的量，单位为 V/cm。

6. 载流子的迁移率：

【参考答案】 载流子的迁移率的定义为 $\mu=\dfrac{v}{E}$，物理意义为载流子在单位电场中的迁移速率。

7. 霍尔效应：

【参考答案】 霍尔效应是指电子在磁场作用下产生横向位移的现象。

8. 霍尔系数：

【参考答案】 霍尔系数的定义为载流子在电场作用下的飘移平均速度与电场强度的比值。

9. 直流四端电极法：

【参考答案】 直流四端电极法是指在半无穷大的均匀试样上，有四根等间距为 L 的探针排列成一直列，由恒流源向外面两根探针 1、4 通入小电流 I，测量中间两根探针 2、3 的电位差，由 V、I、L、的值求得样品电阻率 ρ 的方法。

10. 缺陷生成能：

【参考答案】 缺陷生成能是指形成某种缺陷所需要的能量。

11. 离子迁移能：

【参考答案】 离子迁移能是指离子从一个间隙位置跃入相邻原子间隙所需克服的能量。

12. 电导活化能：

【参考答案】 电导活化能是指用于表征载流子运动需要克服的能量，它包括缺陷形成能 E_s 和迁移能 U_s。例如，本征电导率可写为如下关系式：

$$\sigma_s=N_1\exp\left(-\frac{E_s}{2kT}\right)\times q\times\frac{\nu_0\delta^2 q}{6kT}\exp\left(-\frac{U_s}{kT}\right)$$

$$=N_1\times\frac{q^2\delta^2}{6kT}\times\nu_0\exp\left[-\left(\frac{U_s+\frac{1}{2}E_s}{kT}\right)\right]$$

$$=A_s\exp(-W_s/kT)$$

式中，W_s 称为电导活化能，$W_s=U_s+0.5E_s$。

13. 本征半导体：

【参考答案】 载流子只由半导体晶格本身提供，且电子和空穴的浓度相等，这类半导体称为本征半导体。

14. 平衡载流子：

【参考答案】 在一定温度下，半导体中由热激发产生的载流子(电子或空穴)，称为平衡载流子。

15. N 型半导体：

【参考答案】 以电子电导为主的半导体称为 N 型半导体。

16. P 型半导体：

【参考答案】 以空穴电导为主的半导体称为 P 型半导体。

17. P－N 结：

【参考答案】 当 N 型半导体和 P 型半导体相接触时，或半导体内一部分为 N 型，另一部分为 P 型时，由于 N 型和 P 型费米能级不同，因此引起电子的流动，在接触面两侧形成正、负电荷积累，产生一定的接触电势差。这一小区域称为 P－N 结。

18. 电子有效质量：

【参考答案】 考虑到电子的高自转速度，利用相对论相关理论，定义电子有效质量为 $m^{*}=\frac{h^2}{4\pi^2}\left(\frac{\mathrm{d}^2 E}{\mathrm{d}k^2}\right)^{-1}$。

19. 电子能带结构：

【参考答案】 电子能带结构由价带、导带和禁带三部分组成，只有在导带中的电子或价带顶部的空穴才能参与导电。在价带和导带之间的区域称为禁带。

20. 费米能级：

【参考答案】 费米能级是指温度为 0 K 时，电子所能填充的最高能级。常温下，费米能级通常是指电子在能带中出现概率为 50% 的能级。

21. 价带：

【参考答案】 价带是被价电子占据的允带，又称为价电带，通常是指半导体或绝缘体中，在绝对零度下能被电子占满的最高能带。

22. 导带：

【参考答案】 导带是指固体中自由运动的电子所具有的能量范围。在绝对零度温度下，半导体的价带是满带，受到光电注入或热激发后，价带中的部分电子会越过禁带进入能量较高的空带，空带中存在电子后即成为导电的能带——导带。导带是半导体最外面(能量最高)的一个能带，导带中往往只有少量的电子，大多数状态(能级)是空着的。在外加作用下，导带中的电子能够发生状态改变成为载流子，故导带中的电子能够导电。

23. 价带顶：

【参考答案】 价带的最高能级区域或位置称为价带顶。

24. 导带底：

【参考答案】 导带的最低能级区域或位置称为导带底。

25. 禁带：

【参考答案】 禁带是指能带结构中电子能态密度为零的能量区间。禁带宽度的大小决定了材料的电导性能是导体、半导体还是绝缘体。

26. 带隙：

【参考答案】 带隙亦即禁带宽度，表示价带顶和导带底之间的能量差。

27. 施主(指出半导体中施主类型)：

【参考答案】 在半导体中掺入的能够给出热激发电子的杂质中心称为施主，这类半导体为N型半导体，其导电的载流子为电子，该杂质能级在半导体能带结构中的位置称为施主能级。施主的类型有高价离子掺入低价离子、阴离子空位、间隙阳离子。

28. 受主(指出半导体中受主类型)：

【参考答案】 在半导体中掺入的能够接受(捕获)热激发电子的杂质中心称为受主，这类半导体为P型半导体，其导电的载流子为空穴，该杂质能级在半导体能带结构中的位置称为受主能级。受主的类型有低价离子掺入高价离子、阳离子空位、间隙阴离子。

29. 双碱效应：

【参考答案】 在玻璃中碱金属离子总浓度较大的情况下(占玻璃组成的25%～30%)，当碱金属离子总浓度相同时，含两种碱金属离子的玻璃电导率比含一种碱金属离子的要小；当两种碱金属离子浓度比例适当时，电导率可以降到很低。

30. 压碱效应：

【参考答案】 在含碱玻璃中加入二价金属氧化物，特别是重金属氧化物，玻璃的电导率降低。相应的阳离子半径越大，这种效应越强。无机材料中的玻璃相，往往也含有复杂的组成，一般玻璃相的电导率比晶体相高，因此对介质材料，应尽量减少玻璃相的电导。

31. 压敏效应：

【参考答案】 压敏效应是指对电压变化敏感的非线性电阻效应，即在某一临界电压以下，电阻值非常高，几乎无电流通过；超过该临界电压(敏感电压)时，电阻迅速降低，让电流通过。

32. PTC效应：

【参考答案】 PTC效应是热敏电阻的重要特性，也是电阻实现高温自我保护的重要应用，即电阻的热敏效应。在低温下允许电流通过，但随着温度升高，在陶瓷材料的相变点附近电阻率随着温度的上升发生突变，增大 3～4 个数量级，阻止电流通过。

33. 西贝克效应：

【参考答案】 西贝克效应即温差电动势效应，当半导体材料的两端有温度差时，在较高的温度区有更多的电子被激发到导带中去，但热电子趋向于扩散到较冷的区域中。当这两种效应引起的化学势梯度和电场梯度相等且方向相反时，载流子达到稳定状态，此时在冷热两端出现电势差。

34. 温差电动势率：

【参考答案】 单位温度差（ΔT）所产生的电动势（ΔV）称为温差电动势率（α），$\alpha \cdot \Delta T = \Delta V$。

35. 光生伏特效应：

【参考答案】 用能量等于或大于禁带宽度的光子照射 P-N 结，P 区和 N 区都产生电子-空穴对，产生非平衡载流子，非平衡载流子破坏原来的热平衡，非平衡载流子在内建电场作用下，N 区空穴向 P 区扩散，P 区电子向 N 区扩散，若 P-N 结两侧披覆电极，与外电路相连就有电流通过。这种采用光照在半导体两端产生光生电流的现象称为光生伏特效应。

36. 空间电荷表面效应：

【参考答案】 半导体表面存在各种表面能级，如晶格原子周期排列终止处所产生的塔姆（Tamm）能级、晶格缺陷或表面吸附原子所形成的电子能级等。这些表面能级为受主（施主）表面能级时，从半导体内部俘获电子（空穴）而带负电，内层带正（负）电在表面附近形成表面空间电荷层，这种电子的转移将持续到表面能级中电子的平均自由能与半导体内部的费米能级相等。

37. 多数载流子堆积层：

【参考答案】 空间电荷层中的多数载流子的浓度比内部大，称为积累层，又称为多数载流子堆积层。

38. 耗尽层：

【参考答案】 空间电荷层中的多数载流子的浓度比内部少，称为耗尽层。

39. 反型层：

【参考答案】 假如电子大规模转移的结果是使空间电荷层中的少数载流子变为多数载流子，所形成的空间电荷层称之为反型层。

40. 无机材料的空间电荷效应（吸收现象）：

【参考答案】 测量陶瓷电阻时，经常发现，加上直流电压后，电阻需要经过一定时间才能稳定，切断电源后将电极短路，发现反向放电电流，并随时间减小到零，这种现象称为吸收现象。吸收现象主要发生于离子电导材料。其产生的机理主要是在外电场作用下，瓷体内自由电荷在电场作用下重新分布。

提示

电荷在(材料)空间积累产生的效应都称为空间电荷效应,包括电荷在晶界、位错、P-N结和表面积累产生的正、负电荷层,以及无机材料中离子在电场作用下迁移产生的吸收现象。

(二)填空题

1. 气敏电阻的工作原理主要是半导体表面吸附了其他气体导致电导率发生变化,当N型半导体________吸附与P型半导体________吸附时,表面形成________层,表面电导率增加;当N型半导体________吸附与P型半导体________吸附时,表面形成________层,表面电导率减小。

【参考答案】 正电　负电　积累　负电　正电　耗尽

2. 半导体的施主有________________________。

【参考答案】 高价阳离子取代低价阳离子、阴离子空位、具有多余电子的原子取代其他原子、阳离子间隙

3. 半导体的受主有________________________。

【参考答案】 低价阳离子取代高价阳离子、阳离子空位、外层缺电子原子取代其他原子、阴离子间隙

4. 电子电导的载流子是________,可以利用________效应鉴别;离子电导的载流子是________,可以利用________鉴别。

【参考答案】 电子或空穴　霍尔　离子　电解效应

5. 离子晶体的电导主要为__________,主要是因为________活化能小于__________。

【参考答案】 杂质电导(本征、杂质)　杂质离子　热缺陷移动的活化能

6. 电导率的一般表达式为$\sigma=\sum\sigma_i=\sum n_iq_i\mu_i$,其各参数的含义分别是$\sigma$________________、$n_i$________________、$q_i$________________、$\mu_i$________________。

【参考答案】 为电导率,是材料的本征参数,表征在给定电场强度下产生电流密度大小的能力　表示单位体积内参加导电的自由电荷数目　表示载流子带电量　为电荷迁移率,即载流子在单位电场中的迁移速率

7. 电子电导的散射机构有________散射、____________散射,其中后者包

括____________________等。

【参考答案】 晶格　电离杂质　中性杂质、位错、载流子之间的散射

8. 导体与半导体中的载流子主要有________、________、________。

【参考答案】 电子　离子　空穴

9. 不同类型的载流子，其扩散时所需克服的势垒是不同的，________扩散比间隙离子扩散势垒小得多，因此碱卤晶体的电导主要为________扩散。

【参考答案】 空位　空位

10. 电流吸收现象主要发生在以________电导为主的陶瓷材料中。以________电导为主的陶瓷材料，因________迁移率很高，所以不存在空间电荷和吸收电流现象。

【参考答案】 离子　电子　电子

（三）简答与计算题

1. (1) 电导的类型有哪些？(2) 如何确定电导的类型？(3) 对于不同类型的电导，微观载流子浓度的大小取决于什么？

【参考答案】 (1) 电导的类型主要有离子电导和电子电导，离子电导的载流子主要为正离子、负离子或空位，电子电导的载流子主要为负电子或空穴。

(2) 电子电导可通过霍尔效应确定，离子电导可由电解效应确定。

(3) 电子电导微观载流子浓度的大小取决于温度、杂质种类、数量、缺陷浓度、缺陷生成能的大小、材料的能带结构和缺陷能级的大小；离子电导微观载流子浓度的大小取决于温度、杂质种类、数量、缺陷浓度、缺陷生成能的大小。

2. 太阳能电池是当前研究热点之一。(1) 请根据 P－N 结形成原理，解释光生伏特效应。(2) 如果让你设计太阳能电池，请问如何设法提高太阳能电池的转换效率？

【参考答案】 (1) 首先，阐述P－N结形成原理。答法一：对于由P型半导体和N型半导体构成的材料，在P型半导体和N型半导体相互接触的区域，电子自发地往P区运动，空穴自发地往N区运动，热激活产生的平衡载流子自发地在P型半导体和N型半导体接触区构建了一个由N区指向P区的电场，即形成了一个空间电荷区。这样，半导体材料就由P型逐渐过渡到N型。答法二：由于P型半导体和N型半导体的费米能级不同，相互接触后，P区费米能级升高，N区费米能级降低，直至两者的费米能级逐渐变得相等，这相当于P区空穴能级升高，N区电子能级降低，结果在两者的接触区形成一个由N区指向P区的内建电场。内建电场是由热激活产生的平衡载流子形成的。对于由光照、元激发等作用产生的非平衡载流子，在该内建电场的作用下，N区空穴沿着电场方向向P区运动，P区电子逆着电场方向向N区运动，作用的结果在P－N结两端产生电动势。

其次，解释光生伏特效应。原理图如图 6－6 所示。

① 用能量大于或等于禁带宽度的光子照射P-N结；

② P区、N区都产生电子-空穴对，产生非平衡载流子；

③ 非平衡载流子破坏原来的热平衡；

④ 非平衡载流子在内建电场作用下，N区空穴向P区扩散，P区电子向N区扩散；

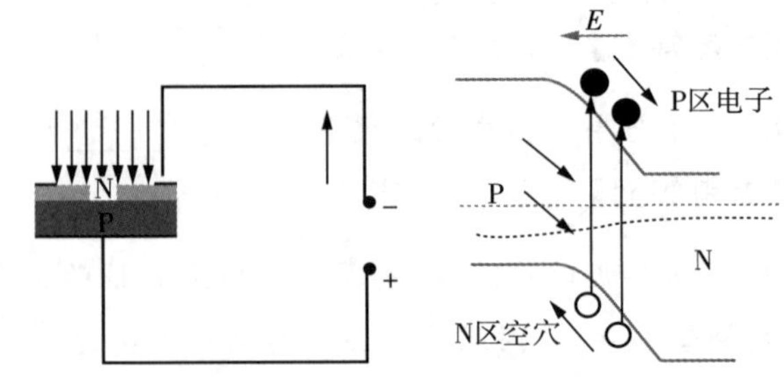

图 6-6 光生伏特效应机理

⑤ 若P-N结开路，在结的两边积累电子-空穴对，产生开路电压。若P-N结两端接通，则可以观测到电流。

(2) 提高太阳能电池的转换效率为主观题，符合基本科学常识即对，如提高对入射光的吸收，减少电子-空穴的猝灭产生的热能，等等。

3. 定义了有效质量概念以后，晶体能带结构中电子的运动状态可写为 $F=M\times a$ 的形式，请问有效质量和电子的质量有什么区别，其大小和什么因素有关？

【参考答案】 (1) 有效质量已将晶格场对电子的作用包括在内了，因此外力(电场力)与电子加速度之间的关系可以简单地表示为 $F=m^{*}\times a$ 的形式，这样就避免了对晶格场的复杂作用的讨论。

(2) 对于自由电子，$m^{*}=m_{e}$。对于晶体中的电子，m^{*} 与 m_{e} 不同，m^{*} 取决于能态(电子与晶格的相互作用强度)。如图 6-7 所示，Ⅰ区的 E 与 k 符合抛物线关系，属于自由电子的性质，即经典现象。在其底部附近 $m^{*}=m_{e}$。在Ⅱ区，曲线曲率 $\mathrm{d}^2E/\mathrm{d}k^2$ 为负值，有效质量为负值，即价带(满带)顶部附近电子的有效电子是负的。Ⅲ区为禁带。Ⅳ区有效质量是正的，有效质量比Ⅰ区小，因此此区电子称为"轻电子"。有效质量的表达式为 $m^{*}=\dfrac{h^2}{4\pi^2}\left(\dfrac{\mathrm{d}^2E}{\mathrm{d}k^2}\right)^{-1}$

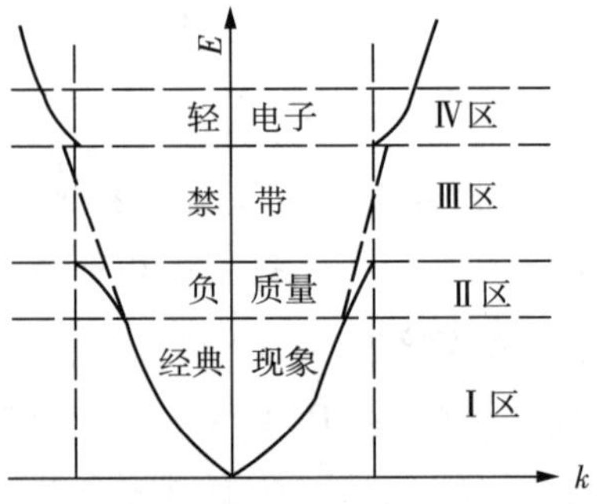

图 6-7 一维周期场中电子能量 E 与波数 K 的关系

4. 写出欧姆定律的微分形式，并解释各参数的意义。

【参考答案】 欧姆定律的微分表达式为 $J=\sigma E$。

微分表达式说明导体中某点的电流密度 J 正比于该点的电场 E，比例系数为电导率 σ。

5. 载流子的类型有哪些？根据电导率的一般表达式，说明为什么电导率是由不同载流子共同作用而成的。

【参考答案】 (1) 载流子的类型有电子(负电子,空穴)与离子(正、负离子,空位)。

(2) 电导率的表达式为$\sigma=\sum\sigma_i=\sum n_i q_i \mu_i$,说明电导率是由不同载流子共同作用而成的。在电场作用下,无论是电子、空穴、正离子还是负离子的运动,都会参与导电,对电导都有贡献。所以,材料的电导率是由不同载流子共同作用而成的。

6. 写出费米-狄拉克分布函数,并解释其意义。对于一种本征半导体,其带隙为E_g,假设电子的等效状态密度为N,写出电子与空穴浓度的表达式。

【参考答案】 (1) 费米-狄拉克分布函数为

$$F_e(E)=\frac{1}{1+\exp[(E-E_f)/kT]}$$

式中,E为电子能量;E_f为费米能级;k为玻尔兹曼常数;T为绝对温度;$F_e(E)$为电子分布的概率。

室温下,$E-E_f \gg KT$,因此近似为$F_e(E)=e^{-\left(\frac{E-E_f}{kT}\right)}$。

(2) 电子等效状态密度为V,则对于本征电导,电子与空穴浓度的表达式为

$$n_e=n_h=Ne^{(-E_g/2kT)}$$

7. 材料性能的本质是外界因素(作用物理量)作用于物体时引起原子、分子、离子及电子的微观运动,在宏观上表现为感应物理量。宏观上表征感应物理量与作用物理量之间的关系,有一与材料本质有关的常数,这种关系反映材料的性能,而该常数即为材料的本征物理性能参数。试列举四种在电场E的作用下所能引起的感应物理量,写出相应的关系式,说明次感应物理量于电场E之间所反映的材料性能以及材料内部的变化。

提示

最好采用列表的方式予以对比。

【参考答案】 作用物理量电场与感应物理量之间的关系式及其反映的材料性能和材料内部变化可用表6-1概括。

表6-1　材料性能

作用物理量	感应物理量	公式	材料内部的变化	材料性能	性能的种类
电场E	电流密度J	$J=\sigma E$	荷电离子远距离的移动	电导率	导电性能
	极化强度P	$P=\chi\varepsilon_0 E$ 宏观电场	荷电离子短距离的移动	介质电极化率	介电性能
	离子的 偶极矩μ	$\mu=\alpha E$ 局部电场	原子核与周围电子 发生短距离的移动	离子的极化率	介电性能
	材料的形变ε	$\varepsilon=dE$	偶极矩的变化	压电常数	压电性能

8. 在电场作用下，固体材料产生电导的机理是什么？对于P型半导体，画出半导体能带结构图，写出电导率的表达式，并解释各参数的意义。

【参考答案】 对于离子电导材料，阴离子和阳离子的扩散是产生电导的主要机制。

对于电子电导材料，电子和空穴受电场的作用定向移动。

P型半导体能带结构如图6-8所示。

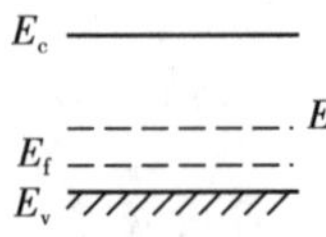

图6-8 P型半导体能带结构

电导率最一般的表达式为

$$\sigma=\sum\sigma_i=\sum_i n_i q_i \mu_i$$

式中，σ_i、n_i、q_i、μ_i分别为第i种载流子的电导率、载流子浓度、电荷量和载流子迁移率。

9. 对于一P型半导体，假设其等效状态密度为N，价带的有效状态密度为N_v，受主的等效状态密度为N_A，导带底能级为E_c，价带定能级为E_A，带隙为E_g，受主能级位置为E_p，电子与空穴的迁移率分别为μ_e和μ_h，请写出该P型半导体的电导率。

【参考答案】 P型半导体的电导率为

$$\sigma=N\exp\left(-\frac{E_g}{2kT}\right)\cdot(\mu_e+\mu_h)e+(N_V+N_A)^{\frac{1}{2}}\exp\left(-\frac{E_p-E_A}{2kT}\right)\mu_h e_h$$

10. 什么是半导体陶瓷的压敏效应？利用肖特基能量势垒模型解释产生压敏效应的机理。

【参考答案】 (1) 压敏效应是指电压变化敏感的非线性电阻效应，即在某一临界电压以下，电阻值非常高，几乎无电流通过；超过该临界电压(敏感电压)时，电阻迅速降低，让电流通过。

(2) 可以用晶界模型(见图6-9)进行解释。在某一临界电压以下，由于存在晶界能量势垒，载流子无法越过，电阻值非常高，几乎无电流通过。超过该临界电压，在温度作用下有少量载流子从晶界一侧跳跃至另外一侧，产生隧穿效应，一旦有载流子流过，晶界两侧的势垒

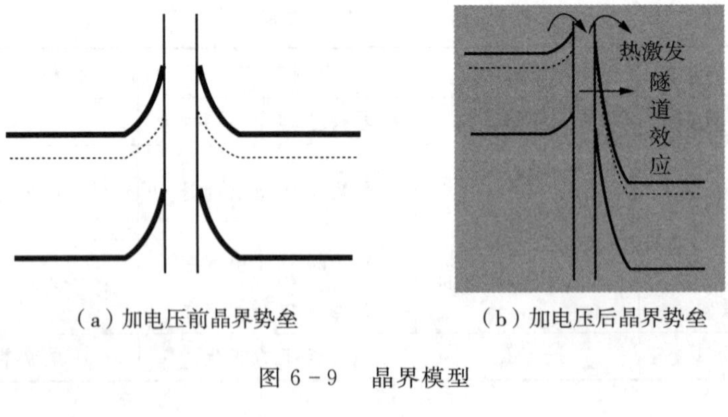

(a) 加电压前晶界势垒　　(b) 加电压后晶界势垒

图6-9 晶界模型

就变得不对称,就会有电流通过。如果有大量载流子从晶界一侧跳跃至另外一侧,那么电阻会迅速降低,让电流通过。

11. 图 6－10 所示为 ZnO 压敏电阻器的 $V-I$ 特性曲线。首先用文字描述图 6－10 所反映的物理现象,然后利用所学知识解释该现象的物理机理。

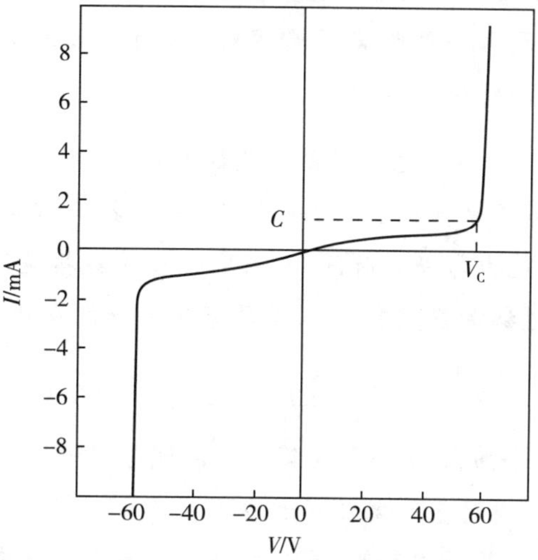

图 6－10　ZnO 压敏电阻器的 $V-I$ 特性曲线

【参考答案】 图 6－10 所反映的物理现象是压敏效应。压敏效应是指对电压变化敏感的非线性电阻效应,即在某一临界电压以下,电阻值非常高,可以认为是绝缘体,当超过临界电压(敏感电压)时,电阻迅速降低,让电流通过。

压敏效应的物理机理:压敏效应是一种晶界效应,在电压较低时,热激励电子必须越过肖特基势垒而流过,导致电流很小。当电压到某一数值以上时,一方面电子在高电场强度下的能量较高;另一方面,晶界两侧的势垒不一样,沿电场线电势降低,电子沿着和逆着电场方向从晶界一侧到另一侧出现的概率不一样。在晶界面上所捕获的电子,由于隧穿效应一旦通过势垒,必将造成电流急剧增大,从而呈现出异常的非线性关系。晶界模型如图 6－11 所示。

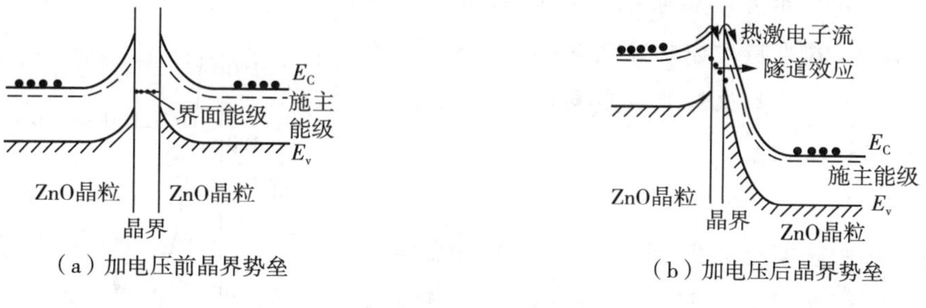

图 6－11　晶界模型

12. 图6－12为某种无机陶瓷材料电阻率随温度变化而变化的曲线。首先用文字描述图 6－12 所反映的物理现象,然后利用所学知识解释该现象的物理机理。

【参考答案】 (1) 该图反映了 PTC 效应。在某一温度下,材料电阻较小,允许电流通过,但是当温度超过某一点时,电阻率随温度上升发生突变,增大了 3 ～ 4 个数量级,电流骤减。PTC 效应是价控型钛酸钡半导体特有的。电阻率突变温度在相变(四方相与立方相转变)温度或居里点。

(2)PTC 效应可用晶界效应进行解释，据居里-外斯定律，随温度发生相变时，晶界积累的电荷发生突变，相应的介电系数也发生突变，导致电荷从晶界一侧跃迁至另一侧变得异常困难，从而导致电阻率剧增。更详细解释见第 19 题。

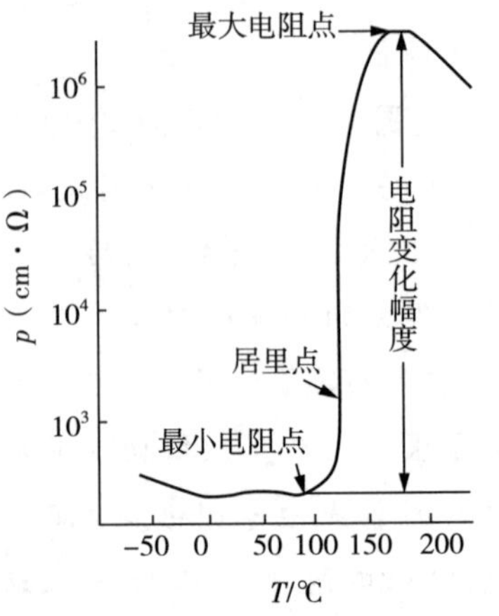

图 6-12　电阻率-温度特性曲线

13. 写出电导率最一般的表达式，说明各参数的意义，解释导电机理。据此机理，若要提高锂离子电池的续航能力与保电时间，应采取什么关键措施？

【参考答案】 (1) 电导率最一般的表达式为

$$\sigma = \sum \sigma_i = \sum n_i q_i \mu_i$$

式中，σ、n、q、μ 分别为第 i 种载流子的电导率、载流子浓度、电荷量和载流子迁移率。

该关系式表明，导体中任何一种载流子都会参与导电形成电导，每一种载流子对电导都有贡献。

(2) 电导的机制包括离子电导和电子电导，离子电导又包括正离子电导和负离子电导，电子电导又包括电子与空穴电导。锂离子电池的导电机制主要是离子电导，由于电子的迁移率远大于离子，因此若要提高锂离子电池的续航能力与保电时间，应严格减少电子电导。提高单位体积锂离子数目，合理设置锂离子迁移能量障碍和路径，能使锂离子电池均匀和长时间放电。

14. 图 5-13 所示为玻璃电导率随 Li 和 K 含量变化而变化的曲线，首先用文字描述图 5-13 所反映的物理现象，然后利用所学知识解释该现象的物理机理。

【参考答案】

(1) 图 5-13 反映了双碱效应。当玻璃中碱金属离子总浓度较大(占玻璃组成 25% ~ 30%)，碱金属离子总浓度相同时，含两种碱金属离子的玻璃电导率比含一种碱金属离子的要小。当两种碱金属离子浓度比例适当时，电导率可以降到很低。

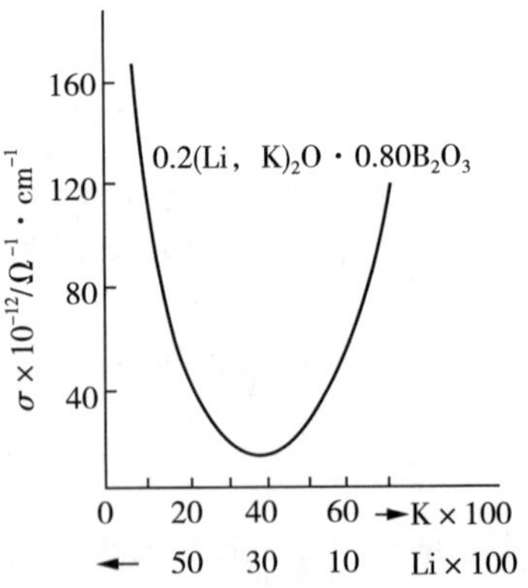

图 5-13　硼钾锂玻璃电导率与 Li、K 含量的关系

(2) 双碱效应物理机理：在外电场的作用下，一价金属离子移动时，Li^+ 留下的空位比 K^+ 留下的空位小，这样 K^+ 只能通过本身空位。Li^+ 进入体积大的 K^+ 空位中时，产生应力，不稳定，因此Li^+ 进入本身空位中较为稳定。这样互相干扰的结果使电导率大大下降。此外，K^+ 直径较大不能进入小空位，使通路堵塞，妨碍小离子的运动，迁移率

也降低。

15. 对于如图 6－14 所示的晶格模型，原子节点数目为 N，间隙原子运动的能量势垒为 U_0，原子振动频率为 ν_0，两个原子之间的距离为 δ，沿 X 方向施加强度为 E 的电场，试推导其本征电导率。

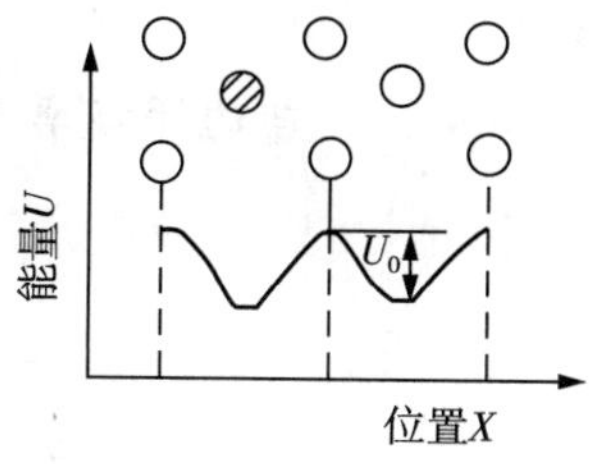

图 6－14　晶格模型

【参考答案】　某一间隙离子由于热运动，越过位势垒。根据玻尔兹曼统计规律，间隙离子单位时间内沿某一方向跃迁的次数为

$$P=\frac{\nu_0}{6}\exp\left(-\frac{U_0}{kT}\right)$$

式中，ν_0 为间隙离子在半稳定位置上振动的频率。

设电场 E 在 $\frac{\delta}{2}$ 距离上造成的位势差为

$$\Delta U=F\cdot\frac{\delta}{2}=qE\cdot\frac{\delta}{2}$$

则顺电场方向和逆电场方向间隙离子单位时间内跃迁次数分别为

$$P_{顺}=\frac{\nu_0}{6}\exp\left[-\frac{(U_0-\Delta U)}{kT}\right]$$

$$P_{逆}=\frac{\nu_0}{6}\exp\left[-\frac{(U_0+\Delta U)}{kT}\right]$$

则单位时间内每一间隙离子沿电场方向的剩余跃迁次数为

$$\Delta P=P_{顺}-P_{逆}=\frac{\nu_0}{6}\left[\exp\left(-\frac{U_0-\Delta U}{kT}\right)-\exp\left(-\frac{U_0+\Delta U}{kT}\right)\right]$$

$$=\frac{\nu_0}{6}\exp\left(-\frac{U_0}{kT}\right)\left[\exp\left(\frac{\Delta U}{kT}\right)-\exp\left(-\frac{\Delta U}{kT}\right)\right]$$

每跃迁一次距离为 δ，迁移速度为 v，则有

$$v=\Delta P\cdot\delta=\frac{\nu_0\delta}{6}\exp\left(-\frac{U_0}{kT}\right)\left[\exp\left(\frac{\Delta U}{kT}\right)-\exp\left(-\frac{\Delta U}{kT}\right)\right]$$

当电场强度不大时，$\Delta U\ll kT$

$$e^{\frac{\Delta U}{kT}}=1+\frac{\frac{\Delta U}{kT}}{1!}+\frac{\left(\frac{\Delta U}{kT}\right)^2}{2!}+\frac{\left(\frac{\Delta U}{kT}\right)^2}{2!}+\frac{\left(\frac{\Delta U}{kT}\right)^3}{3!}+\cdots\approx1+\frac{\Delta U}{kT}$$

又因为 $\Delta U=F\cdot\frac{\delta}{2}=qE\cdot\frac{\delta}{2}$，所以

$$v=\frac{\nu_0\delta}{6}\times\frac{q\delta}{kT}\exp\left(-\frac{U_0}{kT}\right)\times E$$

载流子沿电流方向的迁移率为

$$\mu=\frac{v}{E}=\frac{\delta^2\nu_0 q}{6kT}\exp\left(-\frac{U_0}{kT}\right)$$

$$\sigma=nq\mu=\frac{\delta^2q^2}{6kT}\exp\left(-\frac{U_0}{kT}\right)\times\nu_0\times N_1\exp\left(-\frac{E_0}{2kT}\right)$$

$$=N_1\times\frac{\delta^2q^2}{6kT}\times\nu_0\exp\left[-\frac{U_0+\frac{1}{2}E_0}{kT}\right]=A_s\exp\left(-\frac{W_s}{kT}\right)$$

式中，W_s 为电导活化能，$W_s=U_0+\frac{1}{2}E_0$；$A_s=N_1\times\frac{\delta^2q^2}{6kT}\times\nu_0$。

16. 根据费米-狄拉克分布函数，本征半导体导带中的电子浓度n与价带中的空穴浓度p分别为

$$n=2\left(\frac{2\pi m_e^*}{h^2}\right)^{\frac{3}{2}}\exp\left(-\frac{E_c-E_f}{kT}\right)$$

$$p=2\left(\frac{2\pi m_h^*}{h^2}\right)^{\frac{3}{2}}\exp\left(-\frac{E_f-E_v}{kT}\right)$$

式中，m_e^* 与 m_h^* 分别为电子和空穴的有效质量；h 为普朗克常数。

试回答以下问题：

(1) 本征半导体中电子与空穴浓度相等，$n=p$，利用上式写出 E_f 的表达式；

(2) 当$m_e^*=m_h^*$ 时，E_f 位于能带结构中什么位置(画出示意图)？通常$m_e^*<m_h^*$，E_f 的位置将随温度如何变化？

(3) 若 $n=p=\sqrt{np}$，带隙 $E_g=E_c-E_v$，试求 n 随温度(T)变化的函数关系(含 E_g)。

【参考答案】 (1)$n=p=2\left(\frac{2\pi m_e^*}{h^2}\right)^{\frac{3}{2}}\exp\left(-\frac{E_c-E_f}{kT}\right)=2\left(\frac{2\pi m_h^*}{h^2}\right)^{\frac{3}{2}}\exp\left(-\frac{E_f-E_v}{kT}\right)$

$$\left(\frac{m_e^*}{m_h^*}\right)^{\frac{3}{2}}=\exp\left(\frac{E_c+E_v-2E_f}{kT}\right)$$

所以

$$E_f=\frac{1}{2}\left[E_c+E_v-kT\ln\left(\frac{m_e^*}{m_h^*}\right)^{\frac{3}{2}}\right]$$

(2) 当 $m_e^*=m_h^*$ 时，$E_f=\frac{1}{2}(E_v+E_c)$，位于导带和价带的中间位置。

当 $m_e^*<m_h^*$ 时，$\ln\left(\frac{m_e^*}{m_h^*}\right)<0$，则 $-\frac{3}{4}kT\ln\left(\frac{m_e^*}{m_h^*}\right)>0$。$E_f$ 随着 T 的升高，向导带靠近。

(3) 当 $n=p=\sqrt{np}$ 以及带隙 $E_g=E_c-E_v$ 时，

$$n \cdot p=4\left(\frac{2\pi m_h^* kT}{h^2}\right)^{\frac{3}{2}} \cdot \left(\frac{2\pi m_e^* kT}{h^2}\right)^{\frac{3}{2}} \cdot \exp\left(-\frac{E_c-E_v}{kT}\right)$$

所以

$$n=\sqrt{np}=2 \cdot \left(\frac{2\pi m_h^* kT}{h^2}\right)^{\frac{3}{4}} \cdot \left(\frac{2\pi m_e^* kT}{h^2}\right)^{\frac{3}{4}} \cdot \exp\left(-\frac{E_g}{kT}\right)$$

17. 在硅衬底上生长 GaN 缓冲层是制作蓝光 LED 的技术路线之一。假设 Si 与 GaN 皆为本征半导体，其从价带激发至导带的电子和价带产生的空穴参与电导。激发的电子数 n 可以近似表达为

$$n=N\exp\left(-\frac{E_g}{2kT}\right)$$

式中，N 为状态密度；k 为波尔兹曼常数；T 为绝对温度。

试回答以下问题：

(1) 设 $N=10^{26}\ \text{m}^{-3}$，$k=8.8\times10^{-5}\ \text{eV/K}$，Si($E_g=1.14\ \text{eV}$)，GaN($E_g=3.50\ \text{eV}$)，估算在室温 20 ℃ 和在 550 ℃ 生长薄膜时所激发的电子数分别是多少？

(2) 半导体的电导率(单位为 S/m) 可以近似表示为 $\sigma=ne\mu$，其中 n 为载流子浓度(单位为 m^{-3})，e 为载流子电荷(电子电荷 1.6×10^{-19})，μ 为迁移率(单位为 $\text{m}^2\cdot\text{V}^{-1}\cdot\text{S}^{-1}$)。假设 GaN 的迁移率 $\mu_e=1.48\times10^6\ \text{m}^2\cdot\text{V}^{-1}\cdot\text{S}^{-1}$，$\mu_h=6.08\times10^6\ \text{m}^2\cdot\text{V}^{-1}\cdot\text{S}^{-1}$，忽略迁移率随温度的变化，求 GaN 在室温 20 ℃ 以及 550 ℃ 时的电导率分别是多少？

【参考答案】 (1) 对于 Si 薄膜：

当温度为 20 ℃ 时，

$$n=N\exp\left(-\frac{E_g}{2kT}\right)=10^{26}\times\exp\left[-\frac{1.14}{2\times8.8\times10^{-5}\times(273+20)}\right]=2.51\times10^{16}(\text{个})$$

当温度为 550 ℃ 时，

$$n=N\exp\left(-\frac{E_g}{2kT}\right)=10^{26}\times\exp\left[-\frac{1.14}{2\times8.8\times10^{-5}\times(273+550)}\right]=2.30\times10^{22}(\text{个})$$

对于 GaN 薄膜：

当温度为 20 ℃ 时，

$$n=N\exp\left(-\frac{E_g}{2kT}\right)=10^{26}\times\exp\left[-\frac{3.5}{2\times8.8\times10^{-5}\times(273+20)}\right]=3.34\times10^{-4}(\text{个})$$

当温度为 550 ℃ 时，

$$n=N\exp\left(-\frac{E_g}{2kT}\right)=10^{26}\times\exp\left[-\frac{3.5}{2\times8.8\times10^{-5}\times(273+550)}\right]=6.72\times10^{14}(\text{个})$$

(2) 在 20 ℃ 时，

$\sigma = ne\mu = 3.34\times10^{-4}\times1.6\times10^{-19}\times(1.48\times10^{6}+6.08\times10^{6}) = 4.04\times10^{-16}$(s/m)

在 550 ℃ 时，

$\sigma = ne\mu = 6.72\times10^{14}\times1.6\times10^{-19}\times(1.48\times10^{6}+6.08\times10^{6}) = 812.85$(s/m)

18. P－N 结的能带结构如图 6－15 所示，P 区与 N 区的费米能级相差 U_0。如果只考虑电子运动，那么热平衡状态下，P 区的极少量电子由于势垒的降低而产生一定的电流（饱和电流 I_0）与 N 区的电子由于势垒的升高 U_d 靠扩散产生的电流（扩散电流 I_d）相互抵消，如图 6－15(a) 所示。I_d 可表示为 $I_d = A\exp\left(-\frac{eV_d}{kT}\right)$，其中 A 为常数。当在 P－N 结上施加正偏压 U 时，能带结构变为如图 6－15(b) 所示结构，势垒高度为 $(U_d - U)$。

试回答以下问题：

(1) 求此时的扩散电流 I' 的表达式；

(2) 证明正偏压下电子产生的净电流公式为 $I = I_0\left[\exp\left(\frac{eU}{kT}\right)-1\right]$；

(3) 设正偏压为 U_1 时的电流为 I_1，电压为 $2U_1$ 时电流 I_2 为多少（用 I_1 的函数表示）；

(4) 负偏压下，施加极大电压时 $(U\to-\infty)$，I 的极限值是多少？

(5) 实际上在施加负偏压的情况下，当电压至某一值 $(-U_B)$ 时，电流就会突然增大，引起压降。试利用上述计算结果，描绘 P－N 结的 $I-V$ 特性，并解释二极管的单向整流特性。

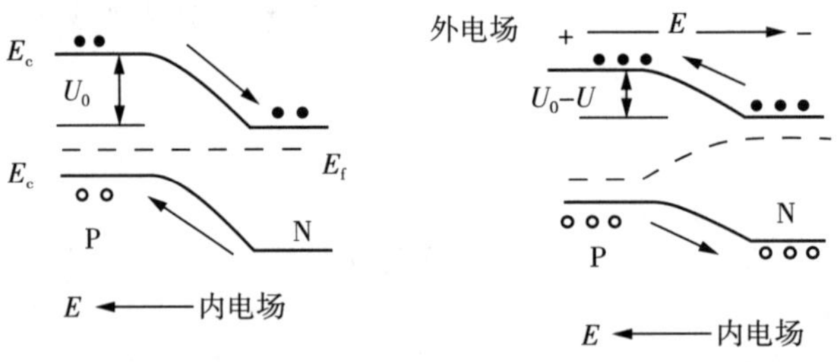

(a) 无偏压　　(b) 正偏压

图 6－15　正偏压与无偏压对比

【参考答案】 (1) 在不加偏压时，饱和电流为

$$I_0 = A\exp\left(-\frac{eU_0}{kT}\right)$$

当施加电压变为 U 的正偏压时，电子跃迁产生电流需要克服的能量势垒为 $U_0 - U$，则饱和电流为

$$I' = A\exp\left[-\frac{e(U_0-U)}{kT}\right] = I_0\exp\left(\frac{eU}{kT}\right)$$

(2) 净电流：

$$I = I' - I_0$$

$$I = A\exp\left[-\frac{e(U_0 - U)}{kT}\right] - A\exp\left(-\frac{eU_0}{kT}\right) = I_0\left[\exp\left(\frac{eU}{kT}\right) - 1\right]$$

(3) 正偏压为 U_1 时的电流为 I_1，即 $I_1 = I_0\left[\exp\left(\frac{eU_1}{kT}\right) - 1\right]$

正偏压为 $2U_1$ 时的电流为 I_2，则有

$$\begin{aligned} I_2 &= I_0\left[\exp\left(\frac{e2U_1}{kT}\right) - 1\right] \\ &= I_0\left[\exp\left(\frac{eU_1}{kT}\right)^2 - 1\right] = I_0\left[\exp\left(\frac{eU_1}{kT}\right) - 1\right]\left[\exp\left(\frac{eU_1}{kT}\right) + 1\right] \\ &= I_1\left[\exp\left(\frac{eU_1}{kT}\right) + 1\right] \end{aligned}$$

(4) 若施加电压为负偏压，当 $U \to -\infty$ 时，$\exp\left(\frac{eU}{kT}\right) \to 0$，所以，$I = -I_0$。

(5) 实际上在施加负偏压的情况下，当电压至某一值 ($-U_B$) 时，由于 P-N 结空间电荷区变薄，一旦发生量子遂穿，电子从能量势垒一侧跃迁至另外一侧，电流就会突然增大，从而使二极管被击穿引起压降。该特性为 P-N 结的 I-V 特性，利用二极管的单向导通特性，可以对电压进行整流。二极管单面导通与反向击穿工作原理图如图 6-16 所示。

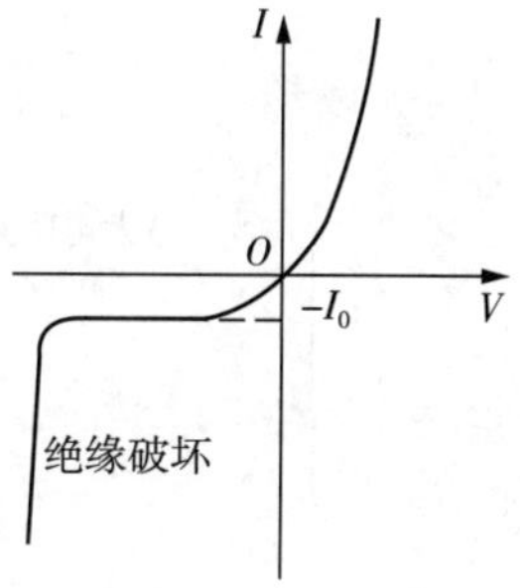

图 6-16　二极管单面导通与反向击穿工作原理图

19. 什么是半导体陶瓷的正温度系数 (Positive Temperature Coefficient, PTC) 效应？请利用晶界能量势垒模型解释正温度系数效应产生的机理。

【参考答案】 (1) 对于价控型半导体，在相变点附近，当温度发生变化时，电阻率随温度上升发生突变，甚至增大了 3～4 个数量级，其特征如图 6-17 所示。

(2)PTC 机理可以用如图 6-18 所示的 Heywang 晶界模型解释：

① 半导体陶瓷晶界具有表面能级。

② 表面能级可以捕获载流子，产生电子耗损层，形成肖特基势垒 PTC 陶瓷的电阻率与肖特基势垒的关系式为

$$\rho = \rho_0 \exp\left(\frac{e\varphi_0}{kT}\right)$$

式中，ρ_0 为初始电阻率；φ_0 为肖特基基势垒高度；k 为玻尔兹曼常数；T 为绝对温度。

为获得一定高度的肖特基势垒，在烧结时需采用氧化气氛，缓慢冷却，使晶界充分氧化，因此所得烧结体表面覆盖着高阻氧化层，在被电极化前需将高阻氧化层去除。

③ 肖特基势垒高度与介电常数有关，介电常数越大，势垒越低。肖特基势垒与介电常数的关系式为

$$\varphi_0 = \frac{eN_\rho}{2\varepsilon\varepsilon_0} r^2$$

式中，ε 为介电常数；N_ρ 为施主密度；$2r$ 为势垒厚度；φ_0 为势垒度度；ε_0 为真空介电常数。

④ 温度在居里点以上时，其介电常数遵循居里-外斯定律，介电常数 ε、电容 C 和温度 T 满足如下关系：

$$\varepsilon = \frac{C}{T - Tc}$$

式中，Tc 为居里温度。

温度超过居里点，材料的介电常数急剧减小，势垒增高，电阻率急剧增加。

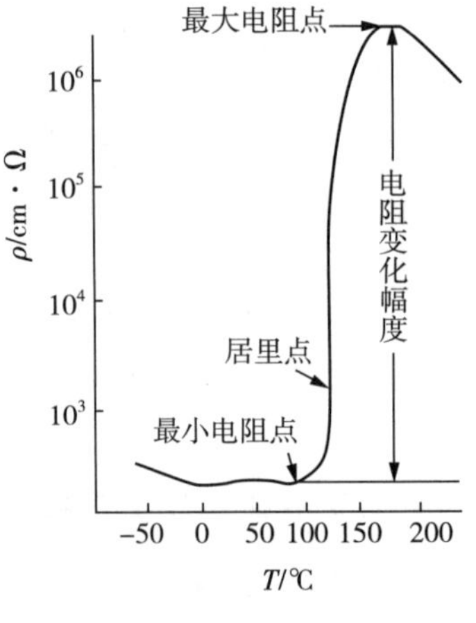

图 6－17　PTC 电阻率(ρ)－温度(T)特性

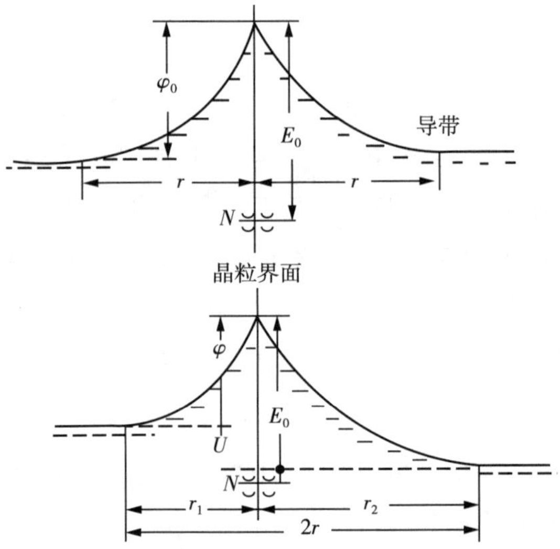

图 6－18　Heywang 晶界模型

(四) 综合知识应用与能力考查

1. $FeLiPO_4$ 是当前动力电池研究的热点材料体系之一。在此体系中，Li^+ 在 PO_4^{3-} 组成的四面体间隙中移动进行充电和放电。Li^+ 跃迁受到的周期性势场的变化情况如图 6－19 所示。

(1) 请问沿 X 坐标轴方向施加电场强度为 $E=10^2$ V/m 的电场时，Li^+ 跃迁受到的周期性势场如何变化，请画出示意图。

(2) 假设 PO_4^{3-} 的平均距离 $\delta=5.6\times10^{-10}$ m，Li^+ 浓度为 8.9×10^{15} 个 / m^3，Li^+ 单位时间

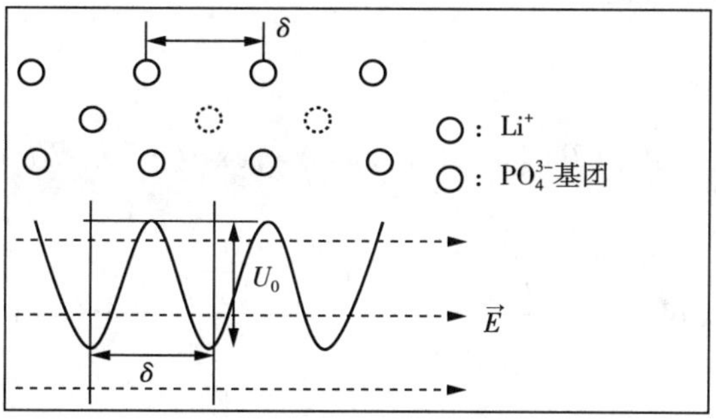

图 6-19　Li^+ 跃迁受到的周期性势场的变化情况

内沿某一方向跃迁的次数为

$$P=\frac{\nu_0}{6}\exp(-U_0/kT)$$

式中，ν_0 为离子振动的频率，$\nu_0=3.6\times10^{13}$ Hz；U_0 为离子跃迁克服的能量障碍，$U_0=0.02$ eV；k 为波尔兹曼常数，$k=1.3806505\times10^{-23}$ J/K。

请求出在室温 25 ℃ 施加电场后的离子迁移率和由此形成的电导率。

【参考答案】 (1)Li^+ 跃迁受到的周期性势场沿电场方向势能降低，而逆着电场方向势能增大。Li^+ 跃迁受到的周期性势场的变化情况如图 6-20 所示。

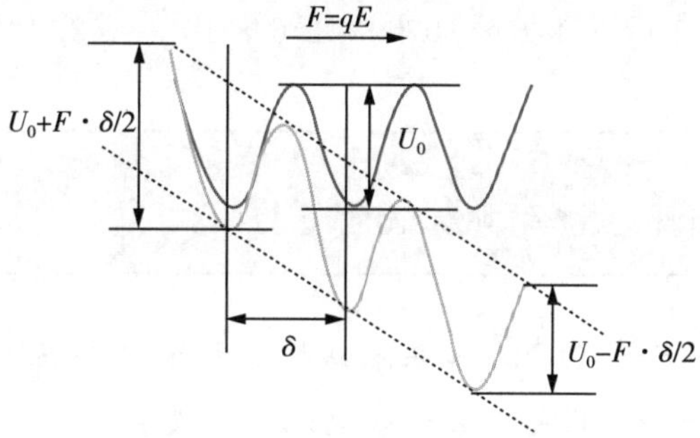

图 6-20　Li^+ 跃迁受到的周期性势场的变化情况

(2) 单位时间内每一间隙离子沿电场方向的剩余跃迁次数为

$$\begin{aligned}\Delta P&=P_{顺}-P_{逆}\\&=\frac{\nu_0}{6}\{\exp[-(U_0-\Delta U)/kT]-\exp[-(U_0+\Delta U)/kT]\}\\&=\frac{\nu_0}{6}\exp(-U_0/kT)[\exp(\Delta U/kT)-\exp(-\Delta U/kT)]\end{aligned}$$

每跃迁一次距离为 δ，则迁移速度 v 为

$$v=\Delta P\cdot\delta$$

$$=\frac{\delta\nu_0}{6}\exp(-U_0/kT)\left[\exp(\Delta U/kT)-\exp(-\Delta U/kT)\right]$$

因为 $\Delta U\ll kT$，所以 $e^{\frac{\Delta U}{kT}}=1+\frac{\frac{\Delta U}{kT}}{1!}+\frac{\left(\frac{\Delta U}{kT}\right)^2}{2!}+\frac{\left(\frac{\Delta U}{kT}\right)^3}{3!}+\cdots\approx1+\frac{\Delta U}{kT}$。同理可得 $e^{-\frac{\Delta U}{kT}}=1-\frac{\Delta U}{kT}$。

$$v=\frac{\nu_0\delta}{6}\times\frac{q\delta}{kT}\exp\left(-\frac{U_0}{kT}\right)\times E$$

载流子沿电流方向的迁移率为

$$\mu=\frac{v}{E}=\frac{\delta^2\ \nu_0 q}{6kT}\exp(-U_0/kT)$$

$$=\frac{[5.6\times10^{-10}]^2\times3.6\times10^{13}\times1.6\times10^{-19}}{6\times1.38\times10^{-23}\times298}\times\exp\left(\frac{-0.02}{1.38\times10^{-23}\times298}\right)$$

$$\approx1.6\times10^{-5}(\mathrm{m^2/V\cdot S})$$

已知载流子浓度 $n=8.9\times10^{15}$ 个 /m^3，所以电导率为

$$\sigma=nq\mu=8.9\times10^{15}\times1.6\times10^{-19}\times1.6\times10^{-5}\approx2.2\times10^{-8}\,\Omega^{-1}\cdot\mathrm{m}^{-1}$$

提示

电子电量 q 为已知常数，$q=1.6\times10^{-19}$ C。

2. 有一氮氧化物陶瓷 $SrSi_2O_2N_2$，其基本结构是由 Sr^{2+} 与 SiN_3O 四面体组成的堆叠结构，该材料体系有可能成为新一代超大容量蓄电池。假设有一 Li^+ 在此材料体系中跃迁，晶格振动频率 $\nu_0=4.8\times10^{13}$ Hz，晶胞参数 $a=4.8$ Å。(1) 请画出 Li^+ 在温度作用下随机跳跃所受到的周期性势场；(2) 假设 Li^+ 跳跃所要克服的迁移能 $U_0=0.02$ eV，写出 Li^+ 在温度作用下沿某方向跳跃的频次；(3) 现沿着水平方向施加电场强度 $E=10^3$ V/m 的电场，Li^+ 跃迁受到的周期性势场如何变化？请画出示意图；(4) 假设 Li^+ 浓度为 4.8×10^{15} 个 / m^3，已知玻尔兹曼常数 $k=1.3806505\times10^{-23}$ J/K，分别求出在室温 25 ℃ 施加电场后的离子迁移率和电导率。

【参考答案】

(1)Li^+ 在温度作用下随机跳跃所受到的周期性势场的变化情况如图 6-21 中实曲线所示。其中所加电场方向为水平向右，若方向向左则曲线左右颠倒。

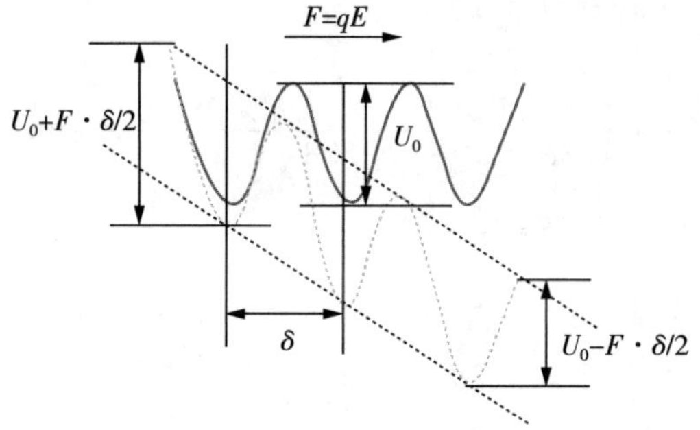

图 6-21　Li^+ 在温度作用下随机跳跃所受到的周期性势场的变化情况

(2) 在施加电场之前，Li^+ 在温度作用下沿三维坐标空间任何一个方向的跳跃频次为

$$P=\nu_0\exp\left(-\frac{U_0}{kT}\right)$$

(3) 施加电场之后，Li^+ 在电场与环境温度的共同作用下，在沿着电场方向与逆着电场方向上剩余的净跃迁次数为

$$\Delta P=P_{顺}-P_{逆}$$

$$=\frac{\nu_0}{6}\{\exp[-(U_0-\Delta U)/kT]-\exp[-(U_0+\Delta U)/kT]\}$$

$$=\frac{\nu_0}{6}\exp(-U_0/kT)[\exp(\Delta U/kT)-\exp(-\Delta U/kT)]$$

施加电场后，沿电场强度方向 Li^+ 运动克服的周期性势垒如图 6-21 中虚曲线所示。

(4) 每跃迁一次，距离为 δ，则迁移速度 v 为

$$v=\Delta P\cdot\delta$$

$$=\frac{\delta\nu_0}{6}\exp(-U_0/kT)[\exp(\Delta U/kT)-\exp(-\Delta U/kT)]$$

因为 $\Delta U\ll kT$，所以 $e^{\frac{\Delta U}{kT}}=1+\frac{\frac{\Delta U}{kT}}{1!}+\frac{\left(\frac{\Delta U}{kT}\right)^2}{2!}+\frac{\left(\frac{\Delta U}{kT}\right)^3}{3!}+\cdots\approx 1+\frac{\Delta U}{kT}$。同理可得 $e^{-\frac{\Delta U}{kT}}=1-\frac{\Delta U}{kT}$。

$$v=\frac{\nu_0\delta}{6}\times\frac{q\delta}{kT}\exp\left(-\frac{U_0}{kT}\right)\times E$$

载流子沿电流方向的迁移率为

$$\mu=\frac{v}{E}=\frac{\delta^2\ \nu_0 q}{6kT}\exp(-U_0/kT)$$

$$=\frac{[4.8\times10^{-10}]^2\times3.6\times10^{13}\times1.6\times10^{-19}}{6\times1.38\times10^{-23}\times298}\times\exp\left(-\frac{0.02}{1.38\times10^{-2}\times298}\right)$$

$$\approx3.3\times10^{-5}(\mathrm{m^2/V\cdot S})$$

已知载流子浓度 $n=4.8\times10^{15}$ 个 $/\mathrm{m}^3$，所以电导率 $\sigma=nq\mu=4.8\times10^{15}\times1.6\times3.3\times10^5\times10^{-19}=253.44\ \Omega^{-1}\mathrm{m}^{-1}$。

3. 在 NaCl 晶体中，Na^+ 在 Cl^- 结构中的穿梭移动是产生电导的主要机制。Na^+ 跃迁受到的周期性势场如图 6-22 所示。

(1) 请问沿 X 坐标轴方向施加电场强度为 $E=10^2$ V/m 的电场时，Na^+ 跃迁受到的周期性势场如何变化？请画出示意图。

(2) 假设 Cl^- 的平均距离 $\delta=5.64\times10^{-10}$ m，由热激活产生的 Na^+ 浓度为 9.3×10^{23} 个 / m^3，Na^+ 单位时间内沿某一方向跃迁的次数为

$$P=\frac{\nu_0}{6}\exp(-U_0/kT)$$

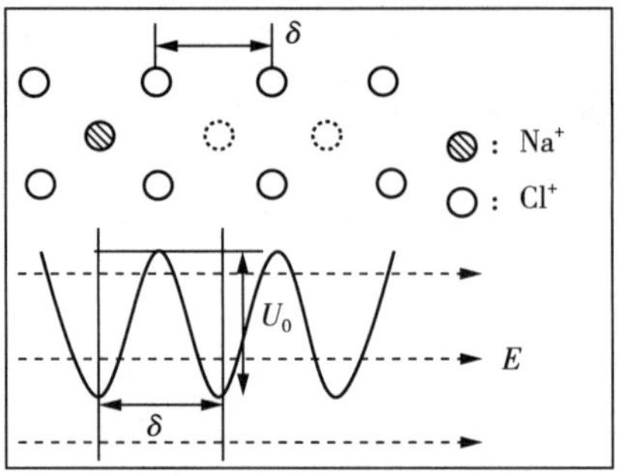

图 6-22 离子迁移克服周期能量障碍示意图

式中，ν_0 为离子振动的频率，$\nu_0=9.6\times10^{13}$ Hz；U_0 为离子跃迁克服的能量障碍，$U_0=0.01$ eV；k 为波尔兹曼常数，$k=1.38\times10^{-23}$ J/K。

请分别求出在室温 25 ℃ 施加电场后的离子迁移率和由此形成的电导率。

(3) 在 NaCl 晶体两端通电一段时间后，请问能够观察到什么现象，导电类型是什么？

【参考答案】

(1) Na^+ 跃迁受到的周期性势场沿电场方向势能降低，而逆着电场方向势能增大。Na^+ 跃迁受到的周期性势场的变化情况如图 6-23 所示。

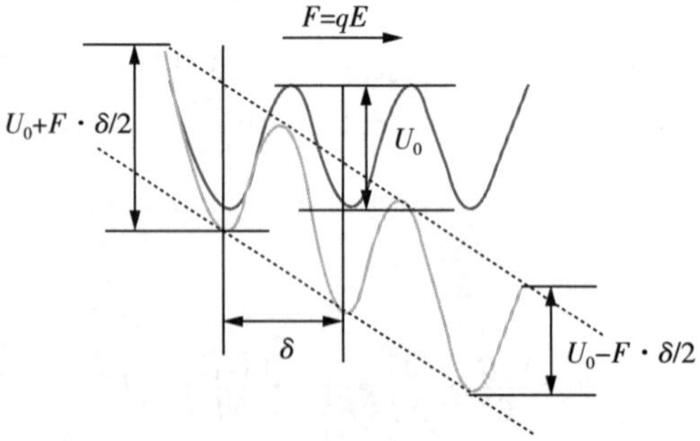

图 6-23 Na^+ 跃迁受到的周期性势场的变化情况

(2) 单位时间内每一间隙离子沿电场方向的剩余跃迁次数为

$$\Delta P = P_{顺} - P_{逆}$$

$$= \frac{\nu_0}{6}\{\exp[-(U_0 - \Delta U)/kT] - \exp[-(U_0 + \Delta U)/kT]\}$$

$$= \frac{\nu_0}{6}\exp(-U_0/kT)[\exp(+\Delta U/kT) - \exp(-\Delta U/kT)]$$

每跃迁一次，距离为 δ，则迁移速度 v 为

$$v = \Delta P \cdot \delta$$

$$= \frac{\delta\nu_0}{6}\exp(-U_0/kT)[\exp(\Delta U/kT) - \exp(-\Delta U/kT)]$$

因为 $\Delta U \ll kT$，所以 $e^{\frac{\Delta U}{kT}} = 1 + \frac{\frac{\Delta U}{kT}}{1!} + \frac{\left(\frac{\Delta U}{kT}\right)^2}{2!} + \frac{\left(\frac{\Delta U}{kT}\right)^3}{3!} + \cdots \approx 1 + \frac{\Delta U}{kT}$。同理可得 $e^{-\frac{\Delta U}{kT}} = 1 - \frac{\Delta U}{kT}$。

$$v = \frac{\nu_0\delta}{6} \times \frac{q\delta}{kT}\exp\left(-\frac{U_0}{kT}\right) \times E$$

载流子沿电流方向的迁移率为

$$\mu = \frac{v}{E} = \frac{\delta^2\nu_0 q}{6kT}\exp(-U_0/kT)$$

$$= \frac{[5.64 \times 10^{-10}]^2 \times 9.6 \times 10^{13} \times 1.6 \times 10^{-19}}{6 \times 1.38 \times 10^{-23} \times 298} \times \exp\left(-\frac{0.01}{1.38 \times 10^{-23} \times 298}\right)$$

$$\approx 1.21 \times 10^{-3}(\mathrm{m^2/V \cdot S})$$

已知载流子浓度 $n = 9.3 \times 10^{23}$ 个 $/\mathrm{m^3}$，所以电导率为

$$\sigma = nq\mu = 9.3 \times 10^{23} \times 1.6 \times 10^{-19} \times 1.2 \times 10^{-3}$$

$$\approx 1.8 \times 10^2\ (\Omega^{-1} \cdot \mathrm{m^{-1}})$$

(3) NaCl 晶体两端通电一段时间后，能观测到有新物质生成，发生电子得失，说明出现电解现象。由此判断其导电类型是离子电导。

(五) 开放试题

1. 新能源产业的发展需要各类储能电池，动力电池不仅需要储能密度高还需要待机时间长。从电导角度，如何平衡储能动力电池的储能密度与待机时间的问题？

提示

无标准答案，但要求能够利用所学知识，琢磨如何解决热点问题，发挥个人聪明才智。

2. 便携式电子产品与新能源汽车的发展，需要各类便携式电池和动力电池，但电池的安全是不得不面对的问题。无论是早年的手机电池爆炸还是新能源汽车动力电池的爆炸，都引起了社会的极大关注。试从动力电池充电和放电的离子跃迁模型以及产生热量的晶格热振动模型等角度分析，你有哪些解决动力电池安全问题的好办法？

提示

无标准答案，但要求能够利用所学知识，琢磨如何解决热点问题，发挥个人聪明才智。

第七章　无机材料的介电性能

【教学要求】 认识电极化是材料介电性的物理本质，学习宏观介电常数与微观电偶极之间的表达式，掌握介电损耗与介电损伤基本概念，了解铁电与压电材料基本特性及其物理机制，为正确选择和应用介电材料以及开发新型介电材料奠定坚实的物理基础；掌握介质极化的基本概念，掌握电子位移极化、离子位移极化、松弛极化、转向极化、空间电荷极化、自发极化的形成及特点，理解极化的微观机理、有效电场（局域电场强度）及克劳修斯-莫索蒂方程，掌握高介电晶体和多晶多相无机材料极化的特点；掌握介质介电常数、介电损耗的形式和表示方法，理解介质损耗的机理，了解介电常数的温度特性；理解介电强度的概念和电介质击穿的机理；掌握铁电体和压电体的一些基本概念、特点和应用。

【教学重点】 电极化、位移极化、离子位移极化、松弛极化、转向极化、空间电荷极化、自发极化、电偶极子、有效电场（局域电场强度）、克劳修斯-莫索蒂方程、介电常数、高介电晶体、异常大介电常数及其机理、介电损耗、介电强度、热击穿、电击穿、铁电性与铁电体、压电性与压电体。

【教学难点】 位移极化、离子位移极化、松弛极化、转向极化、空间电荷极化、自发极化、电偶极子、有效电场（局域电场强度）、介电损耗、高介电晶体、异常大介电常数及其机理、电介质击穿的机理、铁电性、压电性。

一、课后习题解答

1. 金红石（TiO_2）的介电常数是100，求气孔率为10%的一块金红石陶瓷介质的介电常数。

【参考答案】 计算混合物陶瓷系统的介电常数公式为 $\varepsilon_{金红石}=\dfrac{x_m\varepsilon_m\left(\dfrac{2}{3}+\dfrac{\varepsilon_d}{3\varepsilon_m}\right)+x_d\varepsilon_d}{x_m\left(\dfrac{2}{3}+\dfrac{\varepsilon_d}{3\varepsilon_m}\right)+x_d}$，

其中 $x_m=0.9$，$x_d=0.1$，$\varepsilon_m=100$，$\varepsilon_d=1$，所以 $\varepsilon_{金红石}=85.92$(F/m)。

2. 一块1 cm×4 cm×0.5 cm（$L\times b\times h$）的陶瓷介质，其电容为2.4 μF，损耗因子 $\tan\delta$ 为

0.02。求:(1) 相对介电常数;(2) 损耗因子。

【参考答案】 (1) 相对介电常数为

$$\varepsilon_r = \frac{1}{\varepsilon_0} \cdot \frac{Cd}{A} = 3.39 \times 10^6 (\mathrm{F/m})$$

式中,C 为电容;d 为平板电容器厚度;A 为平板电容器截面积;ε_0 为真空介电常数。

(2) 损耗因子 $= \varepsilon_r \cdot \varepsilon_0 \cdot \tan\delta = 8.85 \times 10^{-12} \times 3.39 \times 10^6 \times 0.02 = 6.0 \times 10^{-7} (\mathrm{F/m})$

提示

$1\ \mu\mathrm{F} = 1 \times 10^{-6}\ \mathrm{F}$;陶磁介质的厚度 $h = 0.5\ \mathrm{cm}$,面积 $A = L \times b$。

此题可以有三种解法,最合理的是选择 $h = 0.5\ \mathrm{cm}$ 作为电容器的厚度。当然,也可以选择 1 cm 或者 4 cm 作为平板电容器的厚度。选择另外两个面作为极板会使电容器的充电和放电的电量比较小。

3. 镁橄榄石(Mg_2SiO_4)瓷的组成为 45%SiO_2、5%Al_2O_3 和 50%MgO,在 1400 ℃ 烧成并急冷(保留玻璃相),陶瓷的介电常数 $\varepsilon_r = 5.4$。由于 Mg_2SiO_4 的介电常数是 6.2,估算玻璃的介电常数 $\varepsilon_{r玻璃}$。(设玻璃体积浓度为 Mg_2SiO_4 的 1/2)。

【参考答案】 由两相分布的陶瓷介电系数计算公式可得

$$\varepsilon_r^n = x_1 \times \varepsilon_{r1}^n + x_2 \times \varepsilon_{r2}^n$$

式中,$x_1 = \frac{2}{3}$、$x_2 = \frac{1}{3}$。

当两相处于两相并联时,$n = 1$,应采用 $\varepsilon_r = x_1 \times \varepsilon_{r1} + x_2 \times \varepsilon_{r2}$ 关系式,即得 $5.4 = \frac{2}{3} \times 6.2 + \frac{1}{3} \times \varepsilon_{r玻璃}$,所以 $\varepsilon_{r玻璃} = 3.8$。

当两相处于两相串联时,$n = -1$,应采用 $\varepsilon_r^{-1} = x \times \varepsilon_{r1}^{-1} + x_2 \times \varepsilon_{r2}^{-1}$ 关系式,即得 $\frac{1}{5.4} = \frac{2}{3} \times \frac{1}{6.2} + \frac{1}{3} \times \frac{1}{\varepsilon_{r玻璃}}$,所以 $\varepsilon_{r玻璃} = 4.3$。

当两相混合分布时,$n = 0$,应采用 $\varepsilon_r^0 = x_1 \times \varepsilon_{r1}^0 + x_2 \times \varepsilon_{r2}^0$ 关系式,即得 $\ln 5.4 = \frac{2}{3}\ln 6.2 + \frac{1}{3}\ln\varepsilon_{r玻璃}$,所以 $\varepsilon_{r玻璃} = 4.1$。

提示

由于题目未说清 Mg_2SiO_4 和玻璃相的分布情况,因此需要考虑两相处于串联、并联和混合分布三种情况。

4. 如果A原子的原子半径为B原子的2倍，那么在其他条件都相同的情况下，原子A的电子极化率大约是B原子的多少倍？

【参考答案】 由电子位移极化公式可得

$$\alpha_e = 4\pi\varepsilon_0 R^3$$

$$\frac{\alpha_{eA}}{\alpha_{eB}} = \frac{4\pi\varepsilon_0\ {R_A}^3}{4\pi\varepsilon_0\ {R_B}^3}$$

因为A原子的半径是B原子半径的2倍，所以有$\frac{\alpha_{eA}}{\alpha_{eB}} = \frac{4\pi\varepsilon_0\ {R_A}^3}{4\pi\varepsilon_0\ {R_B}^3} = 8$。

5. 试解释为什么碳化硅的介电常数和其折射率的平方相等？

【参考答案】 由麦克斯韦的电磁场理论可知，$n=\sqrt{\varepsilon_r \mu}$，其中$\mu$为磁导率。碳化硅属于非磁性物质，故$\mu=1$，即$\varepsilon_r = n^2$。

6. 从结构上解释，为什么含碱土金属的玻璃适用于介电绝缘？

【参考答案】 因为碱土金属为＋2价，可与玻璃中的O^{2-}形成较强的相互作用，使得玻璃中的松弛结构被连接起来，产生压碱效应，一方面会降低其电导率，另一方面会减少松弛极化作用，使其$\tan\delta$值降低，故适用于介电绝缘。

7. 细晶粒金红石陶瓷样品在20 ℃、100 Hz时，$\varepsilon_r = 100$，这种陶瓷ε_r高的原因是什么？如何用实验来鉴别各种起作用的机制。

【参考答案】 (1) 细晶粒金红石陶瓷晶体结构特殊，含有尺寸大、电荷小、电子壳层易变形的阴离子，以及尺寸小、电荷大、易产生离子位移极化的阳离子。在外场作用下，粒子之间的相互作用会引起较强的局域内电场，在内电场的作用下，离子的电子壳层发生了强烈的变形，离子本身也出现强烈的位移，因此其具有很高的介电系数。

(2) 不同极化机制需要建立的时间不同：电子位移需要$10^{-16} \sim 10^{-14}$ s，离子松弛位移需要$10^{-5} \sim 10^{-2}$ s，离子位移需要$10^{-13} \sim 10^{-12}$ s，电子松弛位移需要$10^{-9} \sim 10^{-2}$ s，转向极化需要$10^{-10} \sim 10^{-2}$ s，空间电荷极化需要几秒到数十小时。可以通过改变外加电场的频率来判断极化机制的贡献。此外，对于自发极化，可以通过电滞回线判断。

8. 叙述$BaTiO_3$典型电介质中在居里点以下存在的四种极化机制。

【参考答案】 方法一：① 位移极化：正、负离子之间或电子云的质心与离子实的中心之间，在外电场作用下发生相对位移而产生的极化。

② 松弛极化：材料中存在着弱联系的电子、离子和偶极子，这些松弛质点由于热运动分布混乱，电场力使之按电场规律分布，在一定温度下发生极化，但是这种极化的发生需要消耗能量，需要经历一定的时间才能完成。

③ 转向极化：指极性介电体的分子偶极矩在外电场作用下，沿外加电场方向而产生宏

观偶极矩极化。

④ 自发极化：由于晶体内离子的位移产生了极化偶极矩，形成了自发极化。

方法二：

① 电子位移极化：在外电场作用下，原子外层的电子云发生相对位移而产生的极化，其建立和消除的时间极短，为$10^{-16}\sim10^{-14}$ s。

② 离子位移极化：在外电场作用下，正、负离子发生相对位移而产生的极化，其建立和消除的时间与离子在晶格振动的周期有相同的数量级，为$10^{-13}\sim10^{-12}$ s。

③ 偶极子转向极化：极性介电体的分子偶极矩在外电场作用下，沿外加电场方向产生的宏观偶极矩极化。

④ 位移式自发极化：由于晶体内离子的位移而产生了极化偶极矩，形成了自发极化。

提示

这里要求列出 $BaTiO_3$ 典型电介质中在居里点以下存在的四种极化机制，答案不唯一，只要合理列出四种都算答题正确。

9. 画出典型的铁电体的电滞回线，用有关机制解释电滞回线呈现非线性关系的原因。

【参考答案】 (1) 电滞回线如图7-1所示。

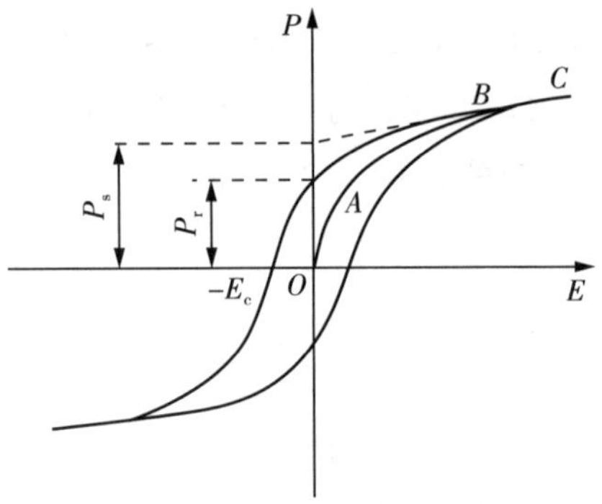

图7-1　电滞回线

铁电畴在外电场的作用下，其方向总会趋向于与外电场方向一致。因此，在外电场强度、方向发生改变时，电畴会随之翻转。在初始电场为0时，铁电体内也存在自发极化，但为保持能量最低，铁电体宏观上极化强度为0。

(*OA* 段曲线) 随着外电场强度的增加，电畴出现反转，由于铁电体存在多个自发极化方向，靠近外电场方向的电畴翻转所需要的能量较小，通过畴侧壁的移动实现转向。对极化强度的贡献更大。

(*AB* 段曲线) 随着外电场强度的增加，在高电场作用下，铁电体极化强度的增加还与新电畴的形成有关，新电畴的成核存在形核功，在缺陷处易于形成新电畴，此时新电畴的形成和畴壁的移动都是不可逆的。

(*BC* 段曲线) 当所有的电畴都沿外电场的方向排列时，极化达到最大值。

(2) 电滞回线呈非线性的原因：

新电畴的形成、发展和畴壁位移的共同作用，使得电畴沿电场方向排列。铁电体的极化强度滞后于电场强度，呈现非线性关系。极化电场的建立滞后于外电场的变化，是因为铁电体建立极化需要消耗能量，这也是电滞回线呈现非线性的根本原因。

二、典型错题分析

典型错题 1：

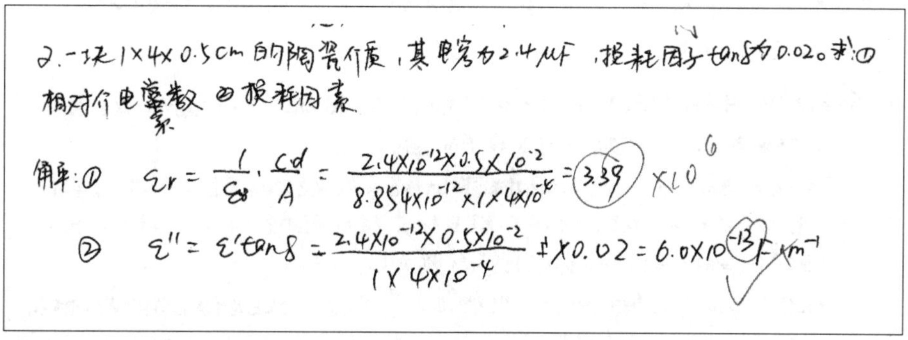
2.一块 1×4×0.5cm 的陶瓷介质，其电容为 2.4μF，损耗因子 $\tan\delta$ 为 0.02。求：①相对介电常数 ②损耗因素

解：① $\varepsilon_r = \frac{1}{\varepsilon_0}\cdot\frac{Cd}{A} = \frac{2.4\times10^{-12}\times0.5\times10^{-2}}{8.854\times10^{-12}\times1\times4\times10^{-4}} = 3.39$ $\times10^{6}$

② $\varepsilon'' = \varepsilon'\tan\delta = \frac{2.4\times10^{-12}\times0.5\times10^{-2}}{1\times4\times10^{-4}}\times0.02 = 6.0\times10^{-13}\ \mathrm{F\cdot m^{-1}}$

【点评】　由第一步计数量级错误，引发第二步错误。1 μF $=10^{-6}$ F。

典型错题 2：

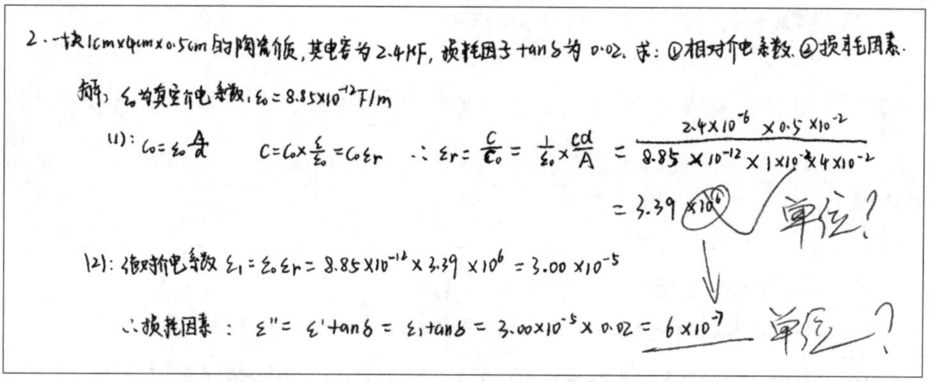
2.一块 1cm×4cm×0.5cm 的陶瓷介质，其电容为 2.4μF，损耗因子 $\tan\delta$ 为 0.02，求：①相对介电常数 ②损耗因素.

解：ε_0 为真空介电常数，$\varepsilon_0=8.85\times10^{-12}$ F/m

(1)：$C_0=\varepsilon_0\frac{A}{d}$　$C=C_0\times\frac{\varepsilon}{\varepsilon_0}=C_0\varepsilon_r$　$\therefore \varepsilon_r=\frac{C}{C_0}=\frac{1}{\varepsilon_0}\times\frac{Cd}{A}=\frac{2.4\times10^{-6}\times0.5\times10^{-2}}{8.85\times10^{-12}\times1\times10^{-2}\times4\times10^{-2}}$

$=3.39\times10^{6}$　单位？

(2)：绝对介电常数 $\varepsilon_1=\varepsilon_0\varepsilon_r=8.85\times10^{-12}\times3.39\times10^{6}=3.00\times10^{-5}$

∴损耗因素：$\varepsilon''=\varepsilon'\tan\delta=\varepsilon_1\tan\delta=3.00\times10^{-5}\times0.02=6\times10^{-7}$　单位？

【点评】　相对介电常数没有物理单位，且第一步数值计算正确，但真空介电常数有物理单位，所以第二步计算的结果应含有物理单位，具体单位应为 F/m。

典型错题 3：

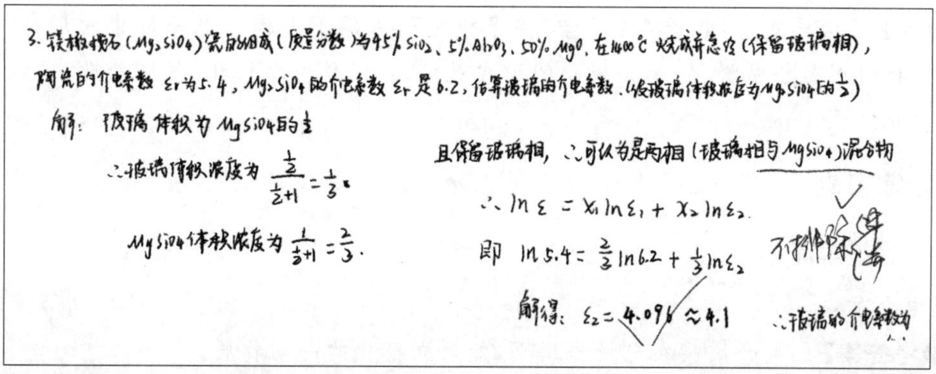
3.镁橄榄石(Mg_2SiO_4)瓷的组成(质量分数)为 45% SiO_2、5% Al_2O_3、50% MgO，在 1400℃ 烧成并急冷（保留玻璃相），陶瓷的介电常数 ε_r 为 5.4，Mg_2SiO_4 的介电常数 ε_r 是 6.2，估算玻璃的介电常数.（设玻璃体积浓度为 Mg_2SiO_4 的 $\frac{1}{2}$）

解：玻璃体积为 Mg_2SiO_4 的 $\frac{1}{2}$

∴玻璃体积浓度为 $\frac{\frac{1}{2}}{\frac{1}{2}+1}=\frac{1}{3}$.

Mg_2SiO_4 体积浓度为 $\frac{1}{\frac{1}{2}+1}=\frac{2}{3}$.

且保留玻璃相，∴可认为是两相（玻璃相与 Mg_2SiO_4）混合物

∴ $\ln\varepsilon = x_1\ln\varepsilon_1 + x_2\ln\varepsilon_2$

即 $\ln5.4=\frac{2}{3}\ln6.2+\frac{1}{3}\ln\varepsilon_2$

解得：$\varepsilon_2=4.096\approx4.1$　∴玻璃的介电常数为

不排除[illegible]

【点评】 对于陶瓷与玻璃相的存在形式，题意不够明确，两相之间可能是串联、并联或是两种的混合形式。比较合理的解法是把各种情况都计算出来，然后给出范围值作为估算的结果。

典型错题 4：

7. 细晶粒金红石陶瓷晶粒在20℃，100 Hz时，$\varepsilon_r=100$，这种陶瓷ε_r高的原因是什么？如何用实验来鉴别各种起作用的机制。

答：金红石离子间作用较强，其离子与电子极化率有相同数量级，由于存在离子极化，产生与外电场方向一致的附加电场强烈地增加了电子极化的强度，使电容率大大增加（≈100）。

实验鉴别起作用的机制：可以由结构系数来计算，结构系数表示被考察离子周围晶格内其它离子的影响。如果离子A周围处于B位置的离子占优势，则感应电矩作用在A上附加内电场与外电场的方向相同，此时附加电场的与外电场加强了外电场的作用，结构系数就是正的，反之，则是负的。

金红石晶体的C_{11}，C_{12}，C_{21}，C_{22}，分别为Ti^{4+}与Ti^{4+}，Ti^{4+}与O^{2-}，O^{2-}与Ti^{4+}，O^{2-}与O^{2-}间内电场结构系数，它们仅决定于晶胞参数，

中心离子	周围离子	
	Ti^{4+}	O^{2-}
Ti^{4+}	$C_{11}=-0.8/a^3$	$C_{12}=+36.3/a^3$
O^{2-}	$C_{21}=+18.15/a^3$	$C_{22}=-12.0/a^3$

从表得，C_{11}与C_{22}均为负值，表明同种离子之间的都有削弱外电场的作用，反之，C_{12}与C_{21}为正值且较大，表明异种离子之间都有强外电场的作用。使Ti^{4+}与O^{2-}的极化加强，加强效果超过了同种离子削弱外电场的作用，使晶体介电常数很大。

【点评】 可以通过施加不同频率的电场鉴别极化机制。不同离子的结构系数无法直接测量。

典型错题 5：

8. 试述$BaTiO_3$典型电介质中在居里点以下存在的四种极化机制。

①电子极化：外电场作用下，构成原子外围的电子云相对于原子核发生位移形成的极化，建立或消除电子极化时间极短，约$10^{-15}\sim10^{-16}$。

②离子极化：外电场作用下，构成分子的离子发生相对位移而形成的极化，离子极化建立和消除时间极短，与离子晶格振动周期相近，$10^{-12}\sim10^{-13}$

③偶极子转向极化：极性电介体的分子偶极矩在外电场作用下，沿外施电场方向而产生宏观偶极矩的极化。

④位移型自发极化：由于晶体内离子的位移而产生了极化偶极矩，形成了自发极化。

【点评】 这里使用“电子极化”与“离子极化”，用词不准确。电子极化的形式，可以是位移极化也可以是松弛极化；离子极化的形式更多，可以是位移极化、松弛极化、转向极化或者自发极化。

三、辅导练习题

（一）名词解释

1. 电介质：

【参考答案】 电介质指在电场作用下，能建立极化的一切物质。

2. 介电常数：

【参考答案】 介电常数是相对介电常数与真空中绝对介电常数的乘积。

3. 介质损耗因子：

【参考答案】 介质损耗因子是介电常数与介电损耗角正切值的乘积，表达式为 $\varepsilon\tan\delta$，介电损耗因子仅与介质材料有关。

4. 介电强度：

【参考答案】 当电场强度超过某一临界值时，介质由介电状态变为导电状态，这种现象称为介电强度的破坏，相应的临界电场称为介电强度或击穿电场强度。

5. 电极化：

【参考答案】 电极化是指在外电场作用下，介质内的质点（原子、分子、离子）正、负电荷中心的分离，形成偶极子的过程。

6. 电偶极子：

【参考答案】 构成质点的正、负电荷沿电场方向在有限范围内短程移动，形成一个电偶极子。电偶极子是由正、负电荷组成的一个束缚系统，可以用电偶极短表示其矢量大小和方向。

7. 电偶极矩：

【参考答案】 表达式为 $\mu=ql$，单位为 C·m。电偶极矩是矢量，规定电偶极矩的方向是从负电荷指向正电荷，即与外电场方向一致。

8. 质点的极化率：

【参考答案】 单位电场强度下质点电偶极矩的大小称为质点的极化率（α），$\alpha=\mu/E_{loc}$。

9. 松弛极化：

【参考答案】 松弛极化是极化机制的一种，这种作用机制不是瞬时发生的，是一个耗能的过程，其作用的发生需要一定的能量和时间，松弛极化包括电子松弛极化和离子松弛极化。

10. 介质极化强度：

【参考答案】 $P=\sum\mu/V$，$P=\varepsilon_0\chi_0 E$ 定义介质单位体积内的电偶极矩总和 P 为介质的极化强度或束缚电荷的面密度。

11. 克劳修斯-莫索蒂方程：

【参考答案】 $\dfrac{\varepsilon_r-1}{\varepsilon_r+2}=\dfrac{n\alpha}{3\varepsilon_0}$，它建立了宏观量 ε_r 与微观量 α 之间的关系。

12. 压电效应：

【参考答案】 压电效应包括正压电效应和逆压电效应。

正压电效应：在极性晶体上施加压力、张力、切向力时，发生与应力成比例的介质极化，同时在晶体两端将出现正、负电荷。

逆压电效应：在极性晶体上施加电场引起极化，将产生与电场强度成比例的变形或机械应力。

13. 热释电效应：

【参考答案】 极性晶体由于温度变化，电极化状态改变。通常，在热电体宏观电矩正端表面将吸附负电荷，负端表面吸附正电荷，直到宏观电矩电场被完全屏蔽为止，但当温度变化时，宏观电极化强度改变，使屏蔽电荷失去平衡，多余的屏蔽电荷便释放出来，因此从形式上把这种效应称为热释电效应。

14. 铁电性：

【参考答案】 铁电性是指晶体在一定温度范围内具有自发极化，在外电场作用下自发极化能重新取向，电位移矢量与电场强度间的关系呈电滞回线特征。

15. 电畴：

【参考答案】 电畴是指在铁电体内各晶胞自发极化方向都相同的微观小区域。

16. 电滞回线：

【参考答案】 在交变电场作用下，铁电体的极化强度 P 随外电场呈非线性变化，而且在一定温度范围内，极化强度 P 表现为电场 E 的双值函数，呈现出滞后现象，这个 $P-E$（或 $D-E$）回线就称为电滞回线。

17. 电极化机理：

【参考答案】 在外电场的作用下，介质中发生极化。从耗能与非耗能角度，电介质发生极化的机制可以分为位移极化和松弛极化两大类。进一步而言，电介质发生极化的机制包括自发极化、转化极化、空间电荷极化。

18. 损耗角：

【参考答案】 电介质的损耗项与电容项的电流满足如下关系：$\tan\delta=\frac{\text{损耗项}}{\text{电容项}}=\frac{\sigma}{\omega\varepsilon}$

19. 电位移矢量：

【参考答案】 $D=\varepsilon_0 E+P$，电位移矢量等于自由电荷密度与束缚电荷密度之和。

20. 温差电动势率：

【参考答案】 单位温度差（ΔT）所产生的电动势（ΔV）称为温差电动势率（α），即 $\alpha=\frac{\Delta V}{\Delta T}$。

21. 居里-外斯定律：

【参考答案】 电介质材料或磁性材料存在居里温度，在居里温度以上，其介电常数或磁化率与温度的关系服从居里-外斯定律。有些气体、液体和固体的顺磁性磁化率χ与温度T的关系，不符合居里定律($\chi=C/T$)的情况，而往往符合所谓的居里-外斯定律，即$\chi=\frac{C}{T-Tc}$，其中Tc是居里点，C是常数。对于介电常数，其关系类似地写为$\varepsilon_r=C/(T-Tc)$。

（二）填空题

1. 在外电场作用下，电介质极化的机理与极化的形式主要有________极化、________极化、________极化、________极化、________极化，其中耗能的极化主要有________；非耗能的极化主要有________和________极化。

【参考答案】 电子位移　离子位移　松弛　转向　空间电荷　松弛极化、转向极化和空间电荷极化　电子位移极化　离子位移极化

2. 有的电路要求介电系数的温度系数为正，如________；有的电路要求介电系数的温度系数为负，如________。(此题为介电系数温度特性的应用。)

【参考答案】 滤波、整流电路　补偿电路

3. 电光材料中的电光效应主要是因为外加电场引起材料内部的________或________发生变化。

【参考答案】 质点极化率、电极化强度　折射率

4. 声光材料中所利用的声光效应主要是因为________引起材料内部的________发生变化。

【参考答案】 外加应力　质点极化率、极化强度、介电系数或折射率

5. 克劳修斯-莫索蒂方程的意义：建立了________与________之间的关系。根据克劳修斯-莫索蒂方程，获得高介电系数的条件：________。事实上，高介电晶体具有异常大的介电系数主要是因为________。

【参考答案】 建立了相对介电常数宏观量可测物理量ε_r　与质点化率α　之间的关系　质点极化率大、质点数目多　具有异常大的局域电场强度

6. 对于KBr，因为其为________化合物，有________极化存在。即使在足够高的频率下，________极化也不存在，即介质对高频没有任何影响，因此施加的作用如同作用于________。

【参考答案】 离子型　离子　电子　真空

7. 电介质在恒定电场作用下通过其内部的电流有________，损耗能量的

是________________。

【参考答案】 几何样品充电电流、介质极化的建立造成的电流和介质的漏导电流 介质的漏导电流、介质建立极化造成的电流

8. 电介质与大多数无机材料在红外区有一个吸收峰，这是由__________所致的。

【参考答案】 离子的弹性振动与光子辐射发生谐振消耗能量

9. 据质点极化模型，高介电晶体具有异常大的介电系数，往往不是由于其质点__________异常大，而是由于__________。

【参考答案】 质点极化率 α 存在异常大的局域电场强度

10. 碳化硅是完全共价型化合物，没有__________极化的机制，无论在高频或低频只有__________极化。

【参考答案】 离子 电子

【点评】 该题富有重要思考意义，结合极化机理，值得推敲。

11. 介质的极化机理主要有__________、__________、__________、__________、__________和__________。

【参考答案】 电子位移极化 离子位移极化 松弛极化 转向极化 空间电荷极化 自发极化

（三）简答题

1. 简述电介质极化的形式、电极化的物理机制，其中消耗能量的有哪些？

【参考答案】(1) 电介质极化的形式：

第一种：位移式极化、极性分子的取向极化 —— 弹性的、瞬间完成的、不消耗能量的极化。

第二种：该极化与热运动有关，其完成需要一定的时间，且是非弹性的，需要消耗一定的能量，如松弛极化、空间电荷极化、含有空位的转向极化。

(2) 电极化的机制：

电子位移极化：电子云相对于原子核发生位移形成的极化。

离子位移极化：离子在电场的作用下偏移平衡位置引起的极化。

松弛极化：材料中存在着弱联系的电子、离子和偶极子，热运动使这些松弛质点分布混乱，电场力使其按电场规律分布，并在一定温度下发生极化。

转向极化：具有恒定偶极矩的极性分子在外加电场作用下，偶极子发生转向，趋于和外加电场方向一致，与极性分子的热运动达到统计平衡状态，整体表现为宏观偶极矩。

空间电荷极化：在不均匀介质中，存在晶界、相界、晶格畸变、杂质、气泡等缺陷区，这些缺陷区都可成为自由电子运动的障碍。在障碍处，自由电子积聚，形成空间电荷极化，一般为高压式极化。

自发极化：由于非对称晶体结构或荷电结构，材料内部自发产生的极化。

(3) 从极化机理角度，消耗能量的极化机制有松弛极化、转向极化、空间电荷极化、位移式自发极化。

2. 什么是电介质？为什么会产生电极化？说出电极化的物理机制。如何把宏观电极化强度 P 与质点的微观极化率联系起来？写出相应的关系式。

【参考答案】(1) 电介质：在电场作用下，能建立极化的一切物质称为电介质。其通常是指电阻率大于 $10^{10}\ \Omega\cdot cm$ 的一类在电场中以感应而并非传导的方式呈现其电学性能的物质。

(2) 电极化产生的原因：在外电场作用下，介质内的质点(原子、分子、离子)正、负电荷中心分离，形成偶极子。或者说，在外电场作用下，正、负电荷尽管可以逆向移动，但它们并不能挣脱彼此的束缚而形成电流，只能产生微观尺度的相对位移并使其转变成偶极子。

(3) 电极化的物理机制：介质内质点正、负电荷中心分离，形成偶极子。其可以分如下几种：① 电子位移极化：电子云相对于原子核发生位移形成的极化；② 离子位移极化：离子在电场的作用下偏移平衡位置引起的极化；③ 松弛极化：材料中存在着弱联系的电子、离子和偶极子，热运动使这些松弛质点分布混乱，电场力使其按电场规律分布，在一定温度下发生极化；④ 转向极化：具有恒定偶极矩的极性分子在外加电场作用下，偶极子发生转向，趋于和外加电场方向一致，与极性分子的热运动达到统计平衡状态，整体表现为宏观偶极矩；⑤ 空间电荷极化：在不均匀介质(如介质中存在晶界、相界、晶格畸变、杂质、气泡等缺陷区)中，可成为自由电子运动的障碍；在障碍处自由电子积聚，形成空间电荷极化，一般为高压式极化；⑥ 自发极化：由于非对称晶体结构或荷电结构，材料内部自发产生的极化。

(4) 假设单位体积内有 n 个电偶极子(或者说对于均匀电介质，电偶极子的浓度为 n)，宏观电极化强度 P 与质点极化率 α 的关系可以写为

$$P = n\mu = n(\alpha E_{loc})$$

式中，μ 为电偶极矩；E_{loc} 为局域电场强度。

3. 对于某种电介质，设真空介电常数为 ε_0，相对介电常数为 ε_r，电极化率为 α，在电场强度 E 作用下，写出介质表面感应的电荷密度 D 的表达式。

【参考答案】介质表面感应的电荷密度 D 的表达式为

$$D = \varepsilon_0 E + P = \varepsilon_0 E + \varepsilon_0(\varepsilon_r - 1)E = \varepsilon_0\varepsilon_r E$$

4. 介电常数是表征铁电、压电、热释电材料的重要本征参数。请利用所学知识解释复介电常数的产生，并解释常数项与虚数项所表征的意义，同时指出介质损耗角与损耗因子的定义。

【参考答案】复介电常数的产生：证明见第 139 页“(四) 综合知识应用与能力考查”中 1(1) 题参考答案。

介质损耗角：$\tan\delta=\dfrac{损耗项}{电容项}=\dfrac{i\omega_c}{\omega\varepsilon}$。

介质损耗因子：介质损耗因子为介电常数与介电损耗角正切值的乘积，表达式为 $\varepsilon\tan\delta$，介电损耗因子仅与介质材料有关。

5. 请比较铁电性与铁磁性的本质区别。

【参考答案】铁磁性和铁电性有相似的规律，但它们之间有本质差别：

(1) 铁电性是由离子位移引起的，而铁磁性则是由原子取向引起的；

(2) 铁电性在非对称的晶体中发生，而铁磁性发生在次价电子的非平衡自旋中；

(3) 铁电体的居里点是由熵的增加（晶体相变）引起的，而铁磁体的居里点是由原子的无规则振动破坏了原子间的"交换"作用而引起的。

6. 写出介电常数居里-外斯定律的关系式，解释各参数的意义，并说明居里-外斯定律表达的内容。

【参考答案】居里-外斯定律的关系式为

$$\varepsilon_r=\frac{C}{T-\Theta_0}+\varepsilon_\infty$$

式中，C 为居里常数；Θ_0 为特征温度；ε_∞ 为电子位移极化对介电常数的贡献，数量级为 1，在居里点可以忽略。

对于介电材料，居里-外斯定律表示电介质材料在居里点附近介电常数随温度变化而变化的规律。

提示

居里-外斯定律适用的对象，除了介电常数还有磁化率。

7. 图 7-2 是 $BaTiO_3$ 晶体 a 轴与 c 轴的相对介电常数随温度变化而变化的情况，首先用文字描述下图所反映的物理现象，然后利用所学知识解释该现象的物理机理。

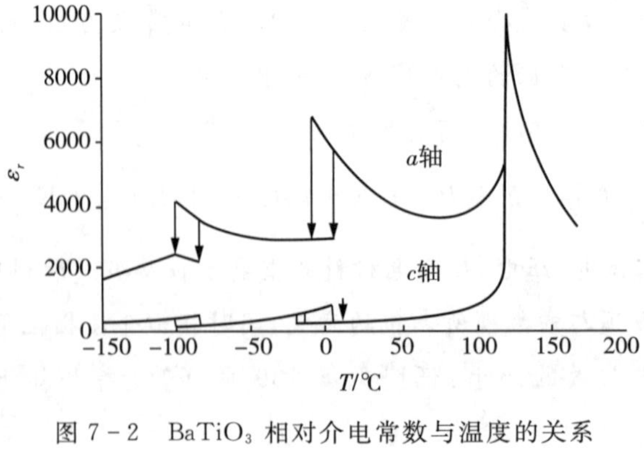

图 7-2 $BaTiO_3$ 相对介电常数与温度的关系

【参考答案】 物理现象：在 $BaTiO_3$ 晶体的相变转变温度处，随着晶体 a 轴与 c 轴比例的改变，$BaTiO_3$ 晶体的介电常数发生显著变化。

物理机制：铁电材料 $BaTiO_3$ 相对介电常数的突变主要是由相变所致的，$BaTiO_3$ 的自发极化机制主要是位移性极化，在相变点附近离子位移量发生突变，导致自发极化量也发生了突变。

（四）综合知识应用与能力考查

1. $BaTiO_3$ 钙钛矿陶瓷在 2200 Hz 时，其相对介电常数 ε_r 可以达到 1700。请用所学知识解释这种材料产生异常高的介电常数的原因。此外，如何鉴别各种起作用的机制？

【参考答案】（1）当电介质材料在外电场作用下产生电极化时，作用在质点上的局域电场强度由外加电场强度、退极化电场以及周围离子对质点共同作用而成。对于 $BaTiO_3$ 钙钛矿陶瓷，在室温 2200 Hz 时其相对介电常数 ε_r 可以达到 1700，产生这种现象的原因往往是介质内的质点产生了异常大的局域电场。

对于由不同离子构成的介质，设外电场方向沿晶体 z 轴，被考察离子周围的 E_3 情况如下：

① 第 k 种离子在被考察的第 k 种离子上的内建电场为 $E_{3kk}=\alpha_k E_k C_{kk}$；

② 第 j 种离子在被考察的第 k 种离子上的内建电场为 $E_{3kj}=\alpha_j E_j C_{kj}$。

C_{kk}、C_{kj} 为同种离子与不同离子间的内建电场结构系数，其值仅取决于晶胞参数，可正可负。高介电材料的内建电场结构系数 C_{kk} 和 C_{kj} 的值往往非常大。

（2）电极化的机理：电子位移极化，离子位移极化，材料中存在着弱联系电子、离子和偶极子的松弛极化，转向极化，空间电荷极化等。可以通过改变测试频率鉴别是何种机制在起作用。

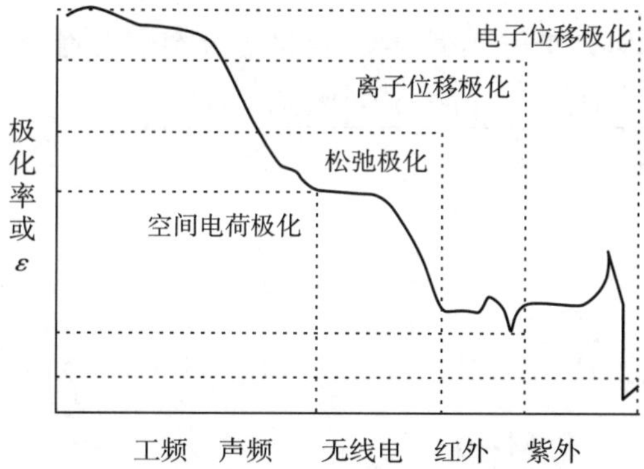

图 7-3 极化率和介电常数与频率的关系

2. 对于平行板电容器，截面积为 S，厚度为 d，设真空电容为 C_0，所填充介质的相对介电常数为 ε_r，介质的电导为 G，电导率为 σ。若不考虑介质极化造成的电流损失，仅考虑位移电流和漏导电流。

（1）在交流电 $U=U_0e^{-i\omega t}$ 作用下，试推导复介电系数，写出复介电系数的表达式，并说明

为什么复介电系数的复数相表示能量损失？

(2) 进一步写出介质的损耗因子。

(3) 上述模型往往不能解释介电弛豫现象。如果要解释介电弛豫现象，那么随时间变化的电极化强度 $P(t)$ 应如何修正(见图 7-4)。在给定电场强度 E 作用下，写出 $P(t)$ 随 E 变化的函数，设弛豫时间为 τ，瞬时极化强度为 P_0。

【参考答案】(1) 如图 7-4 所示，如果介质中有微弱的导电，则其中有一个与外加电压相位相同的小电流($I=\mathrm{i}\omega CV+GV$) 通过。

设电导 G 仅由自由电荷产生，则 $G=\sigma S/d$。

由于电容 $C=\varepsilon_1 S/d=\varepsilon_0\varepsilon_r S/d$，其中 $\varepsilon_1=\varepsilon_0\varepsilon_r$ 为绝对介电系数，则电流密度 $j=(\mathrm{i}\omega\varepsilon_1+\sigma)E=\sigma E=\mathrm{i}\omega\varepsilon_1 E$。

复电导率 σ^* 的定义：$\sigma^*=\mathrm{i}\omega\varepsilon_1+\sigma$。

复介电常数的定义：$\varepsilon_1^*=\sigma^*/\mathrm{i}\omega=\varepsilon_1-\mathrm{i}\sigma/\omega=\varepsilon'-\mathrm{i}\varepsilon''$。

常数项为 ε，反映材料的介电性能，ε 越大则电容越大，充电和放电所存储的电量越大；复数相为 $\mathrm{i}\sigma/\omega$，其系数的大小取决于充电和放电变化的频率和介电材料电导率的大小，复数相反映材料的漏导能力或损耗相，该值越大则电容存储电荷后的保持电量的能力越差。所以，复介电系数的复数相能够表示能量损失。

(2) 损耗因子：

损耗角 δ 的定义：$\tan\delta=$ 损耗项 / 电容项 $=\sigma/\omega\varepsilon_1$，得 $\sigma=\omega\varepsilon_1\tan\delta$。

损耗因子定义为 $\varepsilon_1\tan\delta$，其中 $\varepsilon_1\tan\delta$ 仅与介质有关，其大小可作为绝缘材料的判据。

(3) 如图 7-4 所示，电极化强度随时间发生变化，设弛豫时间为 t，瞬时极化强度为 P_0，那么极化强度随时间变化的速率与其最终数值和某时刻实际值之差可以写出如下表达式：$\mathrm{d}[P(t)-P_0]/\mathrm{d}t=\dfrac{(P_{1\infty}-P_0)-[(P(t)-P_0)]}{\tau}$。

由此，可以导出：

$$P(t)-P_0=(P_{1\infty}-P_0)(1-\mathrm{e}^{-\frac{t}{\tau}})$$

$$P(t)=P_0+(P_{1\infty}-P_0)(1-\mathrm{e}^{-\frac{t}{\tau}})$$

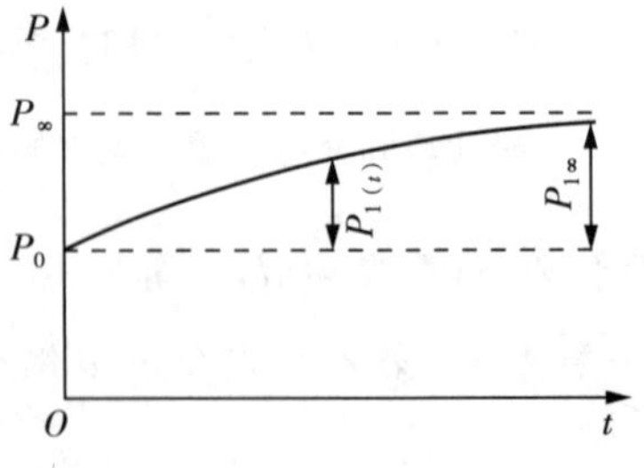

图 7-4　极化强度与时间的关系

3. 请解释复介电常数产生的原因。其中常数项与复数相每一项的贡献是什么？如何理解介质的损耗与介电强度？

【参考答案】如图7-5所示，如果介质中有微弱的导电，则其中有一个与外加电压相位相同的小电流 $I=(\mathrm{i}\omega C+G)V$ 通过。

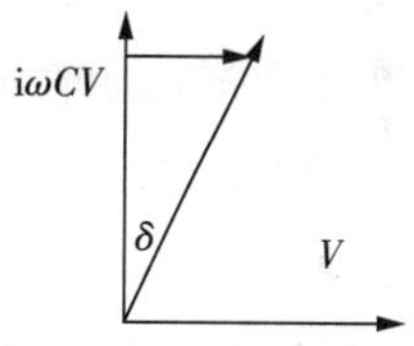

图7-5　电容器上的电流

复介电常数的定义：$\varepsilon_i^*=\dfrac{\sigma^*}{\mathrm{i}\omega}=\varepsilon_1-\mathrm{i}\dfrac{\sigma}{\omega}=\varepsilon'-\mathrm{i}\varepsilon''$

常数项为 ε_1，反映材料的介电性能，ε_1 越大则电容越大，充电和放电所存储的电量越大；复数相为 $\mathrm{i}\dfrac{\sigma}{\omega}$，其系数的大小取决于充电和放电变化的频率和介电材料电导率的大小，复数相反映材料的漏导能力或损耗相，该值越大则电容存储电荷后的保持电量的能力越差。

介电损耗由复介电常数的虚部 ε'' 引起，通常测得的介电常数 ε 相当于 ε'。

4. 对电介质材料，感应电荷密度通常用极化强度 P 表示，极化强度与真空介电系数 ε_0 和介质极化率 χ_e 之间通常满足关系式：$P=\varepsilon_0\times\chi_e\times E$。但是对于铁电材料，$P$ 与 E 往往是非线性的，呈现电滞回线特征。

(1) 请画出电滞回线，然后利用所学知识解释，铁电材料为什么出现电滞回线？

(2) 写出铁电材料在电场强度 E 作用下铁电材料表面总电荷密度的表达式；

(3) 一旦出现电滞回线特征，其极化率随时间是变化的，如图7-6所示，在给定电场强度 E 作用下，设弛豫时间为 τ，瞬时计划强度为 P_0，请写出 $P(t)$ 随时间变化的函数。

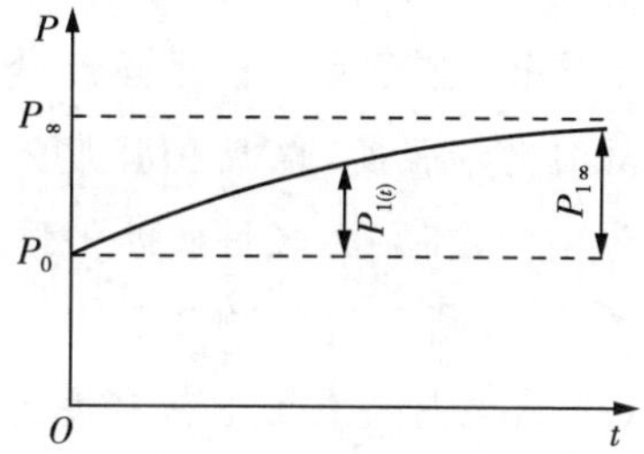

图7-6　介质弛豫过程电极化强度 P 随时间的变化

(4) 图7-7是铁电材料 $BaTiO_3$ 相对介电常数随温度的变化，请解释其变化机理。

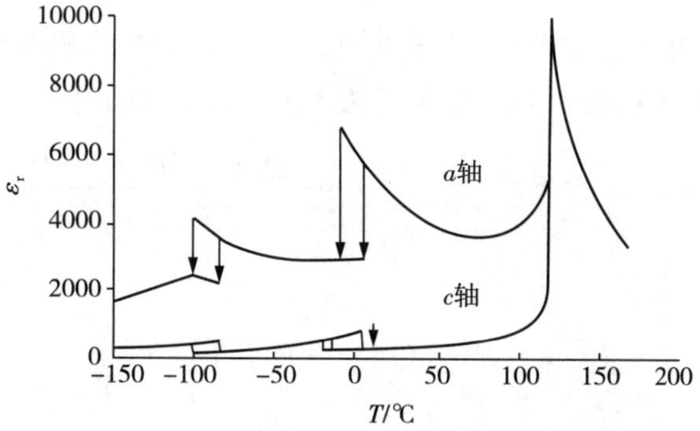

图7-7　$BaTiO_3$ 相对介电常数随温度的变化

【**参考答案**】(1) 电滞回线：

铁电材料的特性是自发极化，即不需要外加电场在材料内部会自发的感应电荷。正、负电荷分离，形成一对电偶极子。电偶极子定向排列，形成电畴。铁电材料由无数多个定向排列的电畴构成。但是在铁电材料中，为了降低系统能量，不是所有的电畴都是沿着一个方向定向排列的。在电畴内电偶极子沿着一个方向排列，但是电畴的方向是随机分布的。当施加外加电场作用时，电畴内部的电偶极子会沿着电场方向转动，相应的电畴会沿着电场方向转动，直至沿着电场方向定向排列，但这个过程不是瞬时发生的，而是电偶极矩朝着电场方向逐步转动，这个过程是一个耗能过程。由此造成铁电材料的电极化强度与外电场强度之间不是线性关系。

当没有外加电场作用时，电畴的存在对外已经显示感应电荷。随电场强度增大，电畴转向使电偶极子逐渐沿着外电场方向排列，电极化强度增加。当外加电场强度达到某一定值时，极化强度达到最大。然后逐渐降低电场强度，极化强度随之减小。但是当外加电场强度降为零时，材料依然存在剩余极化强度 P_r。然后施加反向电场强度，电偶极子逐渐沿反向电场排列。当反向电场强度达到某一定值时，极化电场强度为零。继续增大反向电场强度，电偶极子继续沿着反向电场旋转，直至反向极化强度达到最大值。逐渐降低反向电场强度，电极化强度降低。当反向电场强度为零时，存在反向剩余极化强度。如此循环，产生如图 7-8 所示的电滞回线。

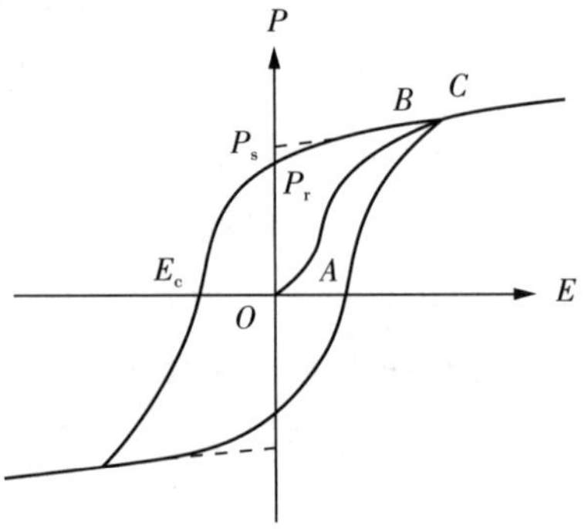

图 7-8　电滞回线

(2) 铁电材料表面电荷密度为

$$D=\varepsilon_0 E+P=\varepsilon_0 E+\varepsilon_0\chi_e E=\varepsilon_0 E+\varepsilon_0(\varepsilon_r-1)=\varepsilon_1 E$$

式中，χ_e 为介质极化率，$\chi_e=(\varepsilon_r-1)$；ε_1 为绝对介电常数，$\varepsilon_1=\varepsilon_0\varepsilon_r$；$\varepsilon_0$ 和 ε_r 分别为真空和相对介电常数；D 为表面电荷密度；E 为电场强度；P 为极化强度。

(3) 电极化强度随时间发生变化，设弛豫时间为 τ，瞬时极化强度为 P_0，那么极化强度随时间变化的速率与其最终数值和某时刻实际值之差可以写为如下表达式：

$$\mathrm{d}[P(t)-P_0]/\mathrm{d}t=\frac{(P_{1\infty}-P_0)-[P(t)-P_0]}{\tau}$$

由此，可以导出：

$$P(t)-P_0=(P_{1\infty}-P_0)(1-\mathrm{e}^{-\frac{t}{\tau}})$$

$$P(t)=P_0+(P_{1\infty}-P_0)(1-\mathrm{e}^{-\frac{t}{\tau}})$$

(4) 据居里-外斯定律，图 7-7 中铁电材料 $BaTiO_3$ 相对介电常数的突变主要是由相变所致的，电材料 $BaTiO_3$ 的自发极化机制主要是位移性极化，在相变点附件，离子位移量发生突变，导致自发极化量也发生了突变。

（五）开放试题

1. 如果给你一块压电材料，你能制作出什么产品或器件？

2. 如果给你一块热释电材料，你如何发挥其用途？

3. 哪些场合的应用需要铁电材料？举例说明。

4. 智能手机、智能手表等轻薄电子产品需要微型尺寸的超薄电容元件。针对此类应用，请你谈一谈如何制作具有异常大充放电量的微型超薄电容元件。

第八章　无机材料的磁学性能

【教学要求】 认识材料的磁性，理解材料磁性产生的物理本质，学习材料磁性与材料结构的关系，掌握硬磁与软磁材料的分类，能够正确选择和应用磁性材料，为开发新型磁性材料奠定坚实的物理基础；掌握有关磁性的基本概念、性能指标及分类，掌握铁氧体磁性材料的种类和特点。

【教学重点】 磁矩、磁化强度、磁化率、电子磁矩、"交换作用"、顺磁性、抗磁性、铁磁性、反磁性、磁畴的结构、磁滞回线、磁导率、铁氧体、软磁材料、硬磁材料、矩磁材料。

【教学难点】 "交换作用"、磁畴、顺磁性、铁磁性、反磁性、磁滞回线。

一、课后习题解答

1. 当正型尖晶石 $CdFe_2O_4$ 掺入反型尖晶石（如磁铁矿 Fe_3O_4）时，Cd 离子仍保持正型分布。试计算下列组成的磁矩：$Cd_xFe_{(3-x)}O_4$，(1) $x=0$；(2) $x=0.01$；(3) $x=0.5$。

【参考答案】 Fe_3O_4 为反型尖晶石结构，可以写为 $(Fe_A^{3+}Fe_B^{3+}Fe_B^{2+})O_4$。由于交换作用，相邻离子之间的自旋呈现反平行排列，故其自旋结构写为 $(Fe_A^{3+}\uparrow Fe_B^{3+}\downarrow Fe_B^{2+}\downarrow)O_4$。$Fe^{3+}$ 的外层电子排布为 $1s^22s^22p^63s^23p^63d^5$，有五个自选方向平行的电子，提供 $5\ \mu_B$；Fe^{2+} 的外层电子排布为 $1s^22s^22p^63s^23p^63d^6$，有 4 个自选方向平行的电子，提供 $4\ \mu_B$。所以，Fe_3O_4 的磁矩为 $\sum M = |(5\mu_B - 5\mu_B - 4\mu_B)| = 4\mu_B$。

$CdFe_2O_4$ 为正型尖晶石，其结构占位可以写为 $(Cd_A^{2+}Fe_B^{3+}Fe_B^{3+})O_4$。由于交换作用，相邻离子之间的自旋呈现反平行排列，故其自旋结构写为 $(Cd_A^{2+}\uparrow Fe_B^{3+}\downarrow Fe_B^{3+}\downarrow)O_4$。$Cd^{2+}$ 的外层电子排布为 $1s^22s^22p^63s^23p^63d^{10}4s^24p^64d^{10}$。所有电子两两自旋，方向为反向平行，不提供磁矩。所以，$CdFe_2O_4$ 的磁矩为 $\sum M = |(0 - 5\mu_B - 5\mu_B)| = 10\mu_B$。

据题意，$CdFe_2O_4$ 掺入反型尖晶石 Fe_3O_4 后 Cd 离子仍保持正型分布，即 Cd^{2+} 占据 A 位。但是，Cd^{2+} 掺入 A 位之后，原 Fe_3O_4 中占据 B 格位的 Fe^{3+} 和 Fe^{2+} 的数目是否变化，以及与 Cd^{2+} 近邻配位的 Fe 价态是否变化皆未知。

方法一：假定 Cd^{2+} 掺入 A 位之后，与 Cd 配位的 Fe 相应地形成 $CdFe_2O_4$ 正尖晶石结构，

并假设 $CdFe_2O_4$ 的摩尔比为 x，则掺入后的化学式可以写为

$$(1-x)(Fe_A^{3+}\uparrow Fe_B^{3+}\downarrow Fe_B^{2+}\downarrow)O_4+x(Cd_A^{2+}\uparrow\ Fe_B^{3+}\downarrow\ Fe_B^{3+}\downarrow)O_4$$
$$=[(1-x)Fe_A^{3+}+xCd_A^{2+}]\uparrow[(1+x)Fe_B^{3+}+(1-x)Fe_B^{2+}]\downarrow O_4$$

据此，总磁矩可以写为

$$|[(1-x)\cdot 5\mu_B+x\cdot 0\mu_B]-[(1+x)\cdot 5\mu_B+(1-x)\cdot 4\mu_B]|=(4+6x)\mu_B$$

所以，当 $x=0$ 时，总磁矩 $M=4\mu_B$；当 $x=0.01$ 时，总磁矩 $M=4.06\mu_B$；当 $x=0.5$ 时，总磁矩 $M=7\mu_B$。

方法二：假定 Cd^{2+} 掺入反尖晶石 Fe_3O_4 的 A 位之后，占据 B 格位的 Fe^{3+} 和 Fe^{2+} 均保持不变，不考虑电荷平衡，或者认为产生了不等价取代，则相应的磁结构式为 $[(1-x)Fe_A^{3+}+xCd_A^{2+}]\uparrow Fe_B^{3+}\downarrow Fe_B^{2+}\downarrow O_4$。

据此，总磁矩可以写为

$$|[(1-x)\times 5\mu_B+x\times 0\mu_B]-5\mu_B-4\mu_B\ |=(4+5x)\mu_B$$

所以，当 $x=0$ 时，总磁矩 $M=4\mu_B$；当 $x=0.01$ 时，总磁矩 $M=4.05\mu_B$；当 $x=0.5$ 时，总磁矩 $M=6.5\mu_B$。

方法三：考虑电荷平衡，Cd^{2+} 掺入反尖晶石 Fe_3O_4 的 A 位之后，假定占据 A 位的 Cd^{2+} 源于占据 B 格位的 Fe^{2+} 的减少，原占据 A 被取代的 Fe^{3+} 进入了 B 格位，则相应的磁结构式为 $[(1-x)Fe_A^{3+}+xCd_A^{2+}]\uparrow(1+x)Fe_B^{3+}\downarrow(1-x)Fe_B^{2+}\downarrow)O_4$。这种情况与方法一相同，总磁矩可以写为

$$[(1-x)\times 5\mu_B+x\times 0\mu_B]-[(1+x)\times 5\mu_B+(1-x)\times 4\mu_B]=(4+6x)\mu_B$$

所以，当 $x=0$ 时，总磁矩 $M=4\mu_B$；当 $x=0.01$ 时，总磁矩 $M=4.06\mu_B$；当 $x=0.5$ 时，总磁矩 $M=7\mu_B$。

提示

对于正尖晶石和反尖晶石型结构，在 AB_2O_4 尖晶石型晶体结构中，若 A^{2+} 分布在四面体空隙中，而 B^{3+} 分布于八面体空隙中，则称为正尖晶石；若 A 分布在八面体空隙中，而 B 一半分布于四面体空隙中，另一半分布于八面体空隙中，通式为 $B(AB)O_4$，则称为反尖晶石。$1\mu_B=9.27\times10^{24}\,A\cdot m^2$，可以进一步带入上述各式计算。

2. 试述下列反尖晶石型结构的单位体积饱和磁矩：$MgFe_2O_4$，$CoFe_2O_4$，$Zn_{0.2}Mn_{0.8}Fe_2O_4$。（以玻尔磁子表示）

【参考答案】 反尖晶石型晶体结构中电子自旋排布为 $(Fe_A^{3+}\uparrow Fe_B^{3+}\downarrow M_B^{2+}\downarrow)O_4$，三价离子占据相反方向的 A、B 格位，磁矩相互抵消，故只有二价原子提供磁矩。

$MgFe_2O_4$：Mg^{2+} 的外层电子排布为 $1s^22s^22p^6$，所有电子两两自旋方向为反向平行，不

提供磁矩。所以，$MgFe_2O_4$ 的磁矩为 0。单位晶胞含有 8 个“$MgFe_2O_4$”这样的分子，所以单位体积饱和磁矩亦为 0。

$CoFe_2O_4$：Co^{2+} 的外层电子排布为 $1s^22s^22p^63s^23p^63d^7$，有 3 个自旋方向平行的电子，提供 $3\mu_B$。所以，$CoFe_2O_4$ 的磁矩为 $3\mu_B$。单位晶胞含有 8 个“$CoFe_2O_4$”这样的分子，所以单位体积饱和磁矩为 $8\times3\mu_B=24\mu_B$。

$Zn_{0.2}Mn_{0.8}Fe_2O_4$：Zn^{2+} 的外层电子排布为 $1s^22s^22p^63s^23p^63d^{10}$，所有电子两两自旋方向为反向平行，不提供磁矩。$Mn^{2+}$ 的外层电子排布为 $1s^22s^22p^63s^23p^63d^5$，未满壳层有 5 个自选方向平行的电子，提供 $5\mu_B$。所以，$Zn_{0.2}Mn_{0.8}Fe_2O_4$ 的磁矩为 $0.2\times0+0.8\times5\mu_B=4\mu_B$。单位晶胞含有 8 个“$Zn_{0.2}Mn_{0.8}Fe_2O_4$”这样的分子，所以单位体积饱和磁矩为 $8\times4\mu_B=32\mu_B$。

3. 导致铁磁性和亚铁磁性物质的离子结构有什么特征？

【参考答案】 铁磁性物质一般是铁、钴、镍及其合金。铁磁性的磁性来源于铁磁物质中很强的内部交换场，未满壳层的电子自旋方向相同，磁矩为平行取向。铁磁体物质的自发磁化沿一个方向排列。

亚铁磁性的物质一般是由多种金属的氧化物复合而成的，亚铁磁性是由两种次晶胞上的磁矩合成的，两种磁矩的大小不等、方向相反，两种磁矩相互抵消，但未完全抵消，显现亚铁磁性。

4. 为什么由未满电子壳层的原子组成的物质中只有一部分具有铁磁性？

【参考答案】 物质产生的磁性主要是由电子的自旋磁矩贡献的，当原子中存在未被填满的电子壳层，其电子的自旋磁矩未被抵消时，原子才具有“永久磁矩”，但要想表现出磁性，还需要满足交换作用，只有当物质的交换积分为正值且较大时，才会在物质内部形成磁畴，在铁磁性物质未被磁化之前，所有磁畴的方向杂乱无章分布时，对外也不呈现磁性。简而言之，对于由未被填满的电子壳层的原子组成的物质，由于不满足交换作用以及电子自旋方向杂乱无章分布，因此可能因没有磁性或呈现顺磁性而没有铁磁性。

二、典型错题分析

课后习题 1 的典型错题如下。

典型错题 1：

1. 解：依题意将正型尖晶石 $CdFe_2O_4$ 掺入反型尖晶石 Fe_3O_4 时，
由于 Cd 仍然保持正型分布，所以结构为：

$Cd^{2+}(Fe^{3+})_2O_4$ 和 $Fe^{3+}(Fe^{3+}Fe^{2+})O_4$

掺入后的组成为 $Cd_xFe_{3-x}O_4$，当 $x=0$ 时，组成为 Fe_3O_4

即 $Fe^{3+}(Fe^{3+}Fe^{2+})O_4$，所以两个 Fe^{3+} 分别占据 A 位及 B 位，
为反平行自旋的，所以磁矩全部抵消，则 Fe_3O_4 的磁矩来源于 B 位上的 Fe^{2+}，

因为 Fe^{2+} 有6个3d电子分布在5条d轨道上，有4个半被填满，即有4个平行自旋电子，磁矩为 $4\mu_B$

(2) 当 $x=0.01$ 时，组成为 $Cd^{2+}_{0.01}Fe^{2+}_{0.99}(Fe^{3+})_2O_4$

Cd^{2+}各电子轨道均被填满.

由于 Fe^{2+} $3d^6$ 有4个平行自旋自旋电子，而 Fe^{3+} $3d^5$ 中有5个平行自旋电子，且A，B位置的电子反平行自旋，磁矩反向排列

即磁矩为 ~~$5\times2\mu_B$~~ $2\times5\mu_B-0.99\times4\mu_B=6.04\mu_B$.

(3) 当 $x=0.5$ 时，组成为 $Cd^{2+}_{0.5}Fe^{2+}_{0.5}(Fe^{3+})_2O_4$

同理可得磁矩为 $2\times5\mu_B-0.5\times4\mu_B=8\mu_B$

【点评】 对尖晶石与反尖晶石的结构模型不清楚。

典型错题2：

1. 解：由题得：Cd仍保持正型分布，所以结构为：

$Cd^{2+}(Fe^{3+})_2O_4$ 和 $Fe^{3+}(Fe^{3+}Fe^{2+})O_4$

(a) 掺入后组成为 $Cd_xFe_{3-x}O_4$，当 $x=0$ 时，组成为 Fe_3O_4

即：$Fe^{3+}(Fe^{3+}Fe^{2+})O_4$ 故两个 Fe^{3+} 占据A和B位

∴磁矩全部相消

∴ Fe_3O_4 的磁矩来源于B位上的 Fe^{2+}

∵ Fe^{2+} 有6个3d电子分布在5条d轨道上，有4个半被填满.

∴磁矩为 $4\mu_B$.

(b) $x=0.01$ 时，组成为 $Cd^{2+}_{0.01}Fe^{2+}_{0.99}(Fe^{3+})_2O_4$

∵ Fe^{2+} 有4个平行自旋电子，而 Fe^{3+} $3d^5$ 中有5个平行自旋电子

且A.B位的电子反平行自旋.

即 $2\times5\mu_B-0.99\times4\mu_B=6.04\mu_B$

(c) $x=0.5$ 时，组成为 $Cd^{2+}_{0.5}Fe^{2+}_{0.5}(Fe^{3+})_2O_4$

同理得：磁矩为 $2\times5\mu_B-0.5\times4\mu_B=8\mu_B$　$7\mu_B$

【点评】 没有理解题意，且计算错误。

典型错题 3：

(1) 由于 Cd 仍然保持正型分布，则结构为

$Cd^{2+}(Fe^{3+})_2O_4$ 和 $Fe^{3+}(Fe^{3+}\ Fe^{2+})O_4$

掺入后的组成为 $Cd_xFe_{3-x}O_4$，当 $x=0$ 时，为 Fe_3O_4

即 $Fe^{3+}(Fe^{3+}\ Fe^{2+})O_4$，所以两个 Fe^{3+} 分别占据 A 位及 B 位，为反平行自旋的，所以磁矩全部抵消，则 Fe_3O_4 的磁矩来源于 B 位上的 Fe^{2+}

因为 Fe^{2+} 有 6 个 3d 电子分布在 5 个 d 轨道上，有 4 个半被填满，即有 4 个平行自旋电子，磁矩为 $4\mu_B$

(2) 当 $x=0.01$ 时，组成为 $Cd^{2+}_{0.01}Fe^{2+}_{0.99}Fe^{3+}_2O_4$

Cd^{2+} 各电子轨道均被填满

由于 Fe^{2+} $3d^6$ 上有 4 个平行自旋电子，而 Fe^{3+} $3d^5$ 中有 5 个平行自旋电子，且 A、B 位置的电子反平行自旋，磁矩反平行排列

即磁矩 $2\times5\mu_B-0.99\times4\mu_B=6.04\mu_B$

(3) $x=0.5$ 时，$Cd^{2+}_{0.5}Fe^{2+}_{0.5}Fe^{3+}_2O_4$

同理可得 $2\times5\mu_B-0.5\times4\mu_B=8\mu_B$

【点评】 题意分析合理，但计算错误。

典型错题 4：

1. 解：(a) 当 $x=0$ 时，为 Fe_3O_4，为反型尖晶石，Fe^{2+} 的磁矩为 $4\mu_B$，Fe^{3+} 磁矩为 $5\mu_B$

$\sum\mu=5\mu_B+4\mu_B-5\mu_B=4\mu_B$

(b) 当 $x=0.1$ 时，为 $Cd_{0.1}Fe_{2.9}O_4$，可视作 $0.1CdFe_2O_4+0.9Fe_3O_4$

Cd^{2+} 的磁矩为 0

$\sum\mu=0.1\times(5\mu_B+5\mu_B-0)+0.9(5\mu_B+4\mu_B-5\mu_B)=4.6\mu_B$

(c) 当 $x=0.5$ 时，为 $Cd_{0.5}Fe_{2.5}O_4$，可视作 $0.5CdFe_2O_4+0.5Fe_3O_4$

$\sum\mu=0.5\times(5\mu_B+5\mu_B-0)+0.5(5\mu_B+4\mu_B-5\mu_B)=7\mu_B$

【点评】 $x=0.01$，数字抄写错误。

课后习题 2 的典型错题如下。

典型错题 5：

2. (1) Fe^{3+} 占 A 位，一个 Fe^{3+} 占 B 位，彼此磁矩抵消

Mg^{2+} 轨道充满电子，无磁矩，所以为 $0\mu_B$

(2) Co^{2+} $3d^54s^2$ $3d^7$ Fe^{3+} A 位与 B 位抵消，则总磁矩为 $3\mu_B$

(3) Zn^{2+}：$3d^{10}$

Mn^{2+} $3d^5$　　Fe^{3+} A、B 位抵消

总磁矩大小 $5\times0.8=4\mu_B$

【点评】 Co^{2+}的电子排布写错了，且所求结果并非单位晶胞的饱和磁矩。

典型错题6：

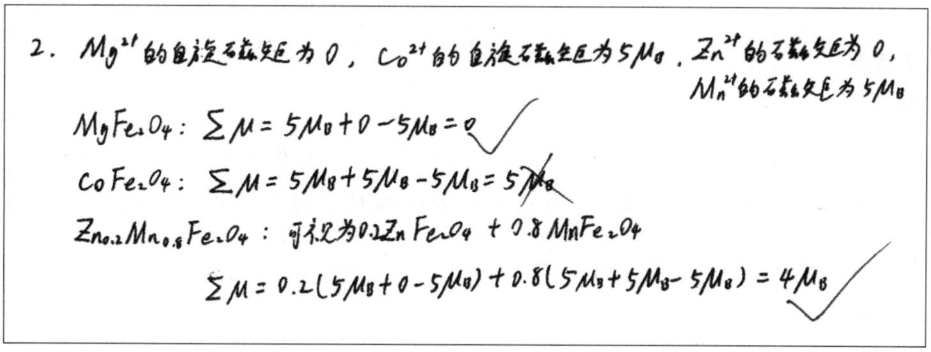

2. Mg^{2+}的自旋磁矩为0，Co^{2+}的自旋磁矩为$5\mu_B$，Zn^{2+}的磁矩为0，Mn^{2+}的磁矩为$5\mu_B$

$MgFe_2O_4$：$\sum\mu=5\mu_B+0-5\mu_B=0$

$CoFe_2O_4$：$\sum\mu=5\mu_B+5\mu_B-5\mu_B=5\mu_B$

$Zn_{0.2}Mn_{0.8}Fe_2O_4$：可视为$0.2ZnFe_2O_4+0.8MnFe_2O_4$

$\sum\mu=0.2(5\mu_B+0-5\mu_B)+0.8(5\mu_B+5\mu_B-5\mu_B)=4\mu_B$

【点评】 运算错误的原因在于Co^{2+}的电子排布错误，且所求结果并非单位晶胞的饱和磁矩。

典型错题7：

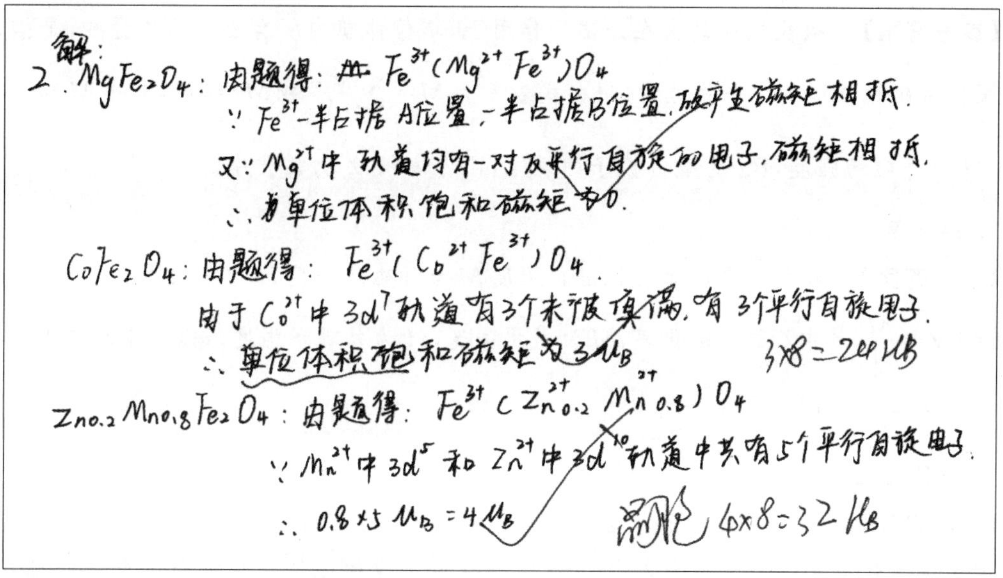

解：

2. $MgFe_2O_4$：由题得：$Fe^{3+}(Mg^{2+}Fe^{3+})O_4$

∵ Fe^{3+}一半占据A位置，一半占据B位置，故产生磁矩相抵。

又∵ Mg^{2+}中轨道均有一对反平行自旋的电子，磁矩相抵，

∴ 单位体积饱和磁矩为0.

$CoFe_2O_4$：由题得：$Fe^{3+}(Co^{2+}Fe^{3+})O_4$.

由于Co^{2+}中$3d^7$轨道有3个未被填满，有3个平行自旋电子.

∴ 单位体积饱和磁矩为$3\mu_B$　　$3\times8=24\mu_B$

$Zn_{0.2}Mn_{0.8}Fe_2O_4$：由题得：$Fe^{3+}(Zn^{2+}_{0.2}Mn^{2+}_{0.8})O_4$

∵ Mn^{2+}中$3d^5$和Zn^{2+}中$3d^{10}$轨道中共有5个平行自旋电子.

∴ $0.8\times5\mu_B=4\mu_B$　　晶胞 $4\times8=32\mu_B$

【点评】 每个晶胞中含有8个化学式所表达的“分子”。

三、辅导练习题

（一）名词解释

1. 磁化：

【参考答案】 磁化是指在外磁场作用下，各磁矩有规则地取向使磁介质从宏观上显示出磁性的现象。

2. 磁畴：

【参考答案】 磁畴是指物质内存在的微小的、磁化强度取向相同的自发磁化的小区域。

3. 顺磁性：

【参考答案】 不论外加磁场是否存在，原子内部始终存在永久磁矩。但是当无外加磁场时，由于顺磁物质的原子做无规则的热振动，从宏观上来看没有磁性。在外加磁场作用下，每个原子磁矩比较规则地取向，物质显示极弱的磁性。磁化强度（或磁感应强度）与外磁场强度之间呈线性关系。

4. 铁磁性：

【参考答案】 材料具有自发磁化特性，即使在较弱的磁场中，铁磁性物质也可以获得极高的磁化强度，而且当外磁场移去后，仍可保留极强的磁性。磁化强度（或磁感应强度）与外磁场强度之间具有磁滞回线特征。

5. 磁化强度：

【参考答案】 磁化强度是指在外磁场作用下，单位体积内所有磁矩的矢量和，是描述磁质被强化后磁性强弱的一个物理量，用公式表示为$M=\sum \frac{P_m}{V}$或$M=\chi H$，其中M称为磁化强度，H为外磁场强度，P_m为磁偶极子的磁矩，V为体积，χ为磁化率。

6. 磁化率：

【参考答案】 磁化率是用于表征磁化强度M与外磁场强度H之间关系的物理量，用公式表示为$\chi=\frac{M}{H}$，其中χ称为磁化率，M为磁化强度，H为外磁场强度。磁化率χ与相对磁导率μ_r满足$\chi=\mu_r-1$。

7. 亚铁磁性：

【参考答案】 亚铁磁性在宏观性能上与铁磁性类似，区别在于亚铁磁性材料的饱和磁化强度比铁磁性的低。成因是材料结构中原子磁矩不像铁磁体中那样向一个方向排列，而是有一部分呈反方向排列，相互抵消了一部分磁矩。

8. 磁滞回线：

【参考答案】 磁滞回线是描述铁磁性物质磁化率或磁感应强度随外磁场强度变化关系的一种曲线。将一未经磁化的或退磁状态的铁磁体放入外加磁场H中，其磁体内部的B随外磁场H的变化是非线性的，而显示出类似电滞回线的双降封闭回线。

9. 交换作用：

【参考答案】 用于描述处于不同原子间的未被填满壳层上的电子发生的特殊的相互作

用称为交换作用。交换作用分为直接交换作用、超交换作用和双重交换作用。晶体中相邻离子未充满壳层的电子之间的这种作用，会使相邻电子的磁矩趋向于平行或反平行排列。当低温骚动不至于破坏磁矩的有效排列时，晶体内就出现了磁结构。在晶体内，参与这种相互作用的电子已不再局限于原来的原子，而是"公有化"了。原子间好像在交换电子，故称为交换作用。

（二）填空题

1. 物质的磁性源于原子的磁性，原子的磁矩包括________、________和________以及电子的________作用，其中物质的磁性主要取决于________。

【参考答案】 电子轨道磁矩　电子自旋磁矩　原子核磁矩　交换　电子自旋磁矩

2. 强磁材料包括________；磁有序材料包括________。

【参考答案】 铁磁和亚铁磁材料　铁磁、亚铁磁和反铁磁材料

（三）简答题

1. 材料磁性的起源是什么？利用有关知识解释铁磁材料为什么有磁滞回线特征？画出磁滞回线，并进一步说明铁电材料与铁磁材料的本质区别。

【参考答案】(1) 材料磁性本质上源于电子自旋磁矩、电子轨道磁矩和原子核磁矩。

(2) 对于铁磁材料，由于电子自旋会自发产生磁矩，材料体系为了降低静磁能，在热力学作用下会产生分化，形成方向各异的磁畴，磁畴与磁畴之间有磁畴壁。在磁化过程中，磁畴壁的磁矩首先会发生转向，随着磁极增强，与外磁场方向相同的区域会逐渐扩大，与外磁场方向相反的区域会逐渐减小，直至饱和，形成一个方向一致的较大磁场区域。外磁场去除后，依然保持较强的剩磁。施加反向磁场，磁矩发生转向，当反向磁场强度达到H_c时，磁感应强度为0，继续增大反向磁场强度，反向磁感应强度逐渐增大，直至饱和，形成如图8－1所示的磁滞回线。由于磁矩转向是一个耗能过程，磁化强度与外磁场强度之间不是线性关系，而是非线性关系。铁磁材料由此产生了电滞回线特征。

(3) 铁磁性和铁电性有相似的规律，但应该强调的是它们的本质差别：

① 铁电性是由离子位移引起的，而铁磁性则是由原子取向引起的；

② 铁电性在非对称的晶体中发生，而铁磁性发生在次价电子的非平衡自旋中；

③ 铁电体的居里点是由熵的增加(晶体相变)引起的，而铁磁体的居里点是由原子的无规则振动破坏了原子间的

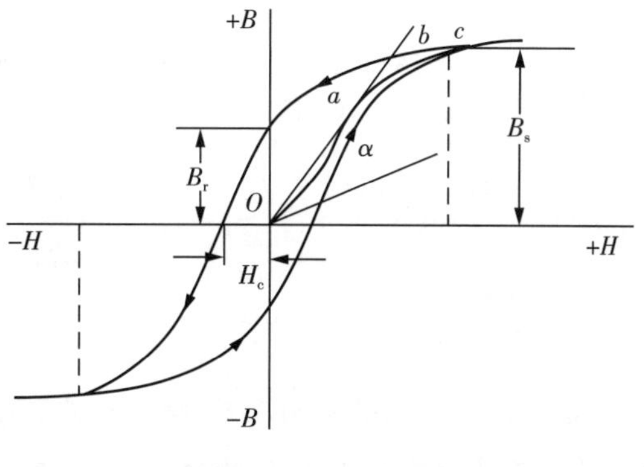

图8－1　磁滞回线

交换作用，从而使自发磁化消失引起的。

2. 对于磁性材料，磁化强度 M 如何定义？对于某种磁性材料，其真空磁导率为 μ_0，相对磁导率为 μ_r，磁化率为 χ，写出磁感应强度 B 与外磁场强度 H 和磁化强度 M 之间的关系式。

【参考答案】磁化强度是描述磁质被磁化后其磁性强弱的一个物理量，其表达式为

$$M=\frac{\sum P_m}{V}=\chi\mu$$

磁感应强度 B 与外磁场强度 H 和磁化强度 M 之间的关系式为

$$M=\frac{\chi}{\mu}B$$

$$B=\mu H/\mu=\mu_0\mu_r$$

3. 对于磁性材料，磁感应强度 M 与外磁场强度 H 之间通常满足关系式：$M=\chi H$，其中 χ 为磁化率。但对于铁磁材料，M 与 H 往往是非线性的，出现如图 8-2 所示的磁滞回线。利用所学知识解释，铁磁材料为什么出现磁滞回线？若真空磁导率为 μ_0，相对磁导率为 μ_r，铁磁材料的磁化率为 μ，写出铁磁材料在外磁场强度 H 作用下的磁感应强度。

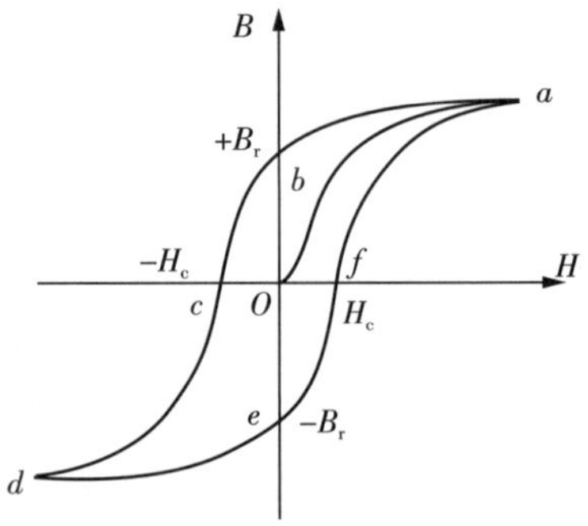

图 8-2 磁滞回线

【参考答案】磁滞回线：铁磁体在外电场中的磁化过程主要为磁畴的移动和磁畴内磁矩的转向。在无外加电场的情况下，各磁畴首尾相接，对外不表现磁性。在外加磁场强度不太大的情况下，磁畴发生移动，使与外磁场方向一致的磁畴范围扩大，其他方向的磁畴范围相应缩小。这种效应不能进行到底，当外加磁场强度继续增至比较大时，与外磁场方向不一致的磁畴的磁化矢量会按外加磁场方向转动。此后，磁场强度再增加，磁感强度增加极其缓慢，这主要是因为外磁场克服了部分热骚动量，使磁畴内部各电子自旋方向逐渐都和外磁场方向一致。因为磁畴朝磁场方向转的过程是耗能的，所以磁感强度和磁场强度之间不是线性关系，呈现磁滞回线特征。

铁磁材料在外磁场强度 H 作用下的磁感应强度为

$$B=\mu H=\mu_0\mu_r H$$

（四）开放试题

1. 材料物理性能的本质反映感应物理量与作用物理量之间的关系。据此，分析物质磁性的本质以及产生磁性的作用物理量。

【答案提示】(1) 物质的磁性表现在同性相吸、异性相斥的磁场作用性能上。

(2) 物质产生宏观有效期性的微观机制源于电子自旋磁矩、电子轨道磁矩和原子核磁矩，因为电子轨道磁矩和原子核磁矩相对于电子自旋磁矩来说非常小，所以宏观磁性主要来源于电子自旋磁矩。

(3) 对于电子自旋磁矩，产生磁性的作用物理量是原子核外层未充满电子的自旋运动以及原子与原子之间电子的交换作用。

2. 结合你从《无机材料物理性能》课程中学到的本征物理参数，从作用物理量与感应物理量角度，谈谈你对材料物理性能本质的认识？如何突破现有的认识境界，以及如何利用所学到的知识改进材料的性能？

提示

(1) 材料物理性能从本质上反映感应物理量与作用物理量之间的关系。

(2) 可以分别就热学、电学、光学和磁学章节的本征物理参数分析本征物理性能。

(3) 现有物理性能认识的境界基本上停留在原子层次，包括原子核与电子，物质运动的能量、质量、时间和空间的关系，要突破现有认识境界，需要突破微粒。

(4) 学好现有知识是改进材料性能的基础，可以采用改变成分、结构、工艺、物理作用条件等措施。

3. 结合本课程所学知识，举例说明材料物理学中包含的辩证唯物主义思想，据此谈谈你对材料物理课程的认识与体会。

提示

物理学中很多物理现象都是在一定条件下成立的，超越一定条件之后将从一种现象变成另一种现象，物理学中充满了这种辩证唯物主义思想。例如：

① 热学部分，晶格热振动、简谐振动可以解释导热与热容，但是无法解释热膨胀，要解释热膨胀必须考虑非线性作用；

② 电极化强度与电场强度成正比，但是铁电材料的电极化强度与外电场强度呈非线性；

③ 材料的磁化强度与外磁场强度成正比，但是铁磁材料的磁化强度与外磁场强度之间呈非线性。

第二部分

随堂测试样题与参考答案

随堂测试　样题一(绪论)

何谓材料的性能本质？至少举三个例子说明你所了解的反映材料本质性能的本征物理参数,并描述宏观现象对应的微观机制。(100 分)

随堂测试　样题二(热学)

目前,智能手机最高端的屏幕采用蓝宝石材质,经久耐磨,长期使用没有划痕。已知蓝宝石导热系数约为 25 W/(m·K),垂直于 c 轴的热膨胀系数为 $8.3\times10^{-6}\,K^{-1}$,平行于 c 轴的热膨胀系数为 $9.0\times10^{-6}\,K^{-1}$,断裂强度为 2000 MPa,弹性模量为 300 GPa,泊松比为 0.25。对于如图 1 所示的长×宽为 25 mm×12 mm 的蓝宝石手机屏幕,其厚度为 0.5 mm,假设经历温度骤降时,a 轴与 b 轴来不及形变,而 c 轴能够自由收缩,(1) 利用广义胡克定律,写出蓝宝石屏幕的应力-应变方程;(2) 在上述基础上,推导第一热力学因子和第二抗热力学因子;(3) 如果表面热传递系数 $h=0.06$ J/(cm^2·S·℃),形状因子 $S=1$,试估算蓝宝石手机屏幕在使用过程中能够承受的最大温差。(100 分)

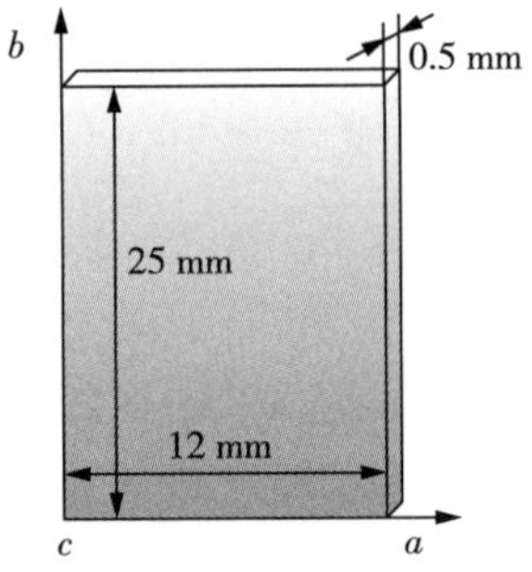

图 1　蓝宝石手机屏幕

随堂测试　样题三(热学)

一、名词解释(40 分)

1. 热应力：

2. 表面热传递系数：

二、简答题(60 分)

试用一个无限大薄板作为模型，推导第一热力学因子和第二热力学因子，并说明第一热力学因子和第二热力学因子表示的意义。

随堂测试　样题四(光学)

一、名词解释(2 × 10 = 20 分)

1. 朗伯特定律：

2. 光泽：

二、简答题(2 × 20 = 40 分)

1. 影响折射率的因素有哪些以及有什么影响？

2. 影响散射率的因素有哪些以及有什么影响?

三、计算题(40 分)

对于如图 1 所示的三种双层玻璃,已知其中一种玻璃的相对折射率为 1.5,吸收系数和反射系数都为 2.5 cm^{-1},玻璃的厚度为 2 mm,一束强度为 I_0 的光垂直透过该双层玻璃,估算该玻璃的透光率,要求写出计算公式与计算步骤。

图 1　双层玻璃

随堂测试　样题五(电导与介电)

一、名词解释(20分)

1. 质点极化率：

2. 铁电性：

3. 电光效应：

4. 居里-外斯定律：

二、填空题(40 分)

1. 当半导体表面产生物理或化学吸附时，往往在半导体表面产生空间电荷层，甚至使半导体类型发生变化。当 P 型半导体______________吸附与 N 型半导体______________吸附时，表面形成______________层，表面电导率减小。(15 分)

2. 物质的磁性源于原子的磁性，原子的磁矩包括____________、____________、____________，其中物质的磁性主要取决于____________磁矩和____________作用。(25 分)

三、综合与应用题(40 分)

对于电介质材料，感应电荷密度通常用极化强度 P 进行表示，极化强度与真空介电系数 ε_0、介质极化率 χ_e 之间通常满足关系式 $P=\varepsilon_0\chi_e E$，但是对于铁电材料 P 与 E 往往是非线性的，呈现电滞回线特征，也就是具有时间依赖效应。(1) 请画出电滞回线，然后利用所学知识解释，铁电材料为什么出现电滞回线？(2) 写出铁电材料在电场强度 E 作用下铁电材料表面总电荷密度的表达式；(3) 图 1 是 $BaTiO_3$ 铁电材料的相对介电常数随温度的变化情况，为什么发生图中的变化？解释其机理；(4) 解释图 1 中的相对介电常数产生的机理。

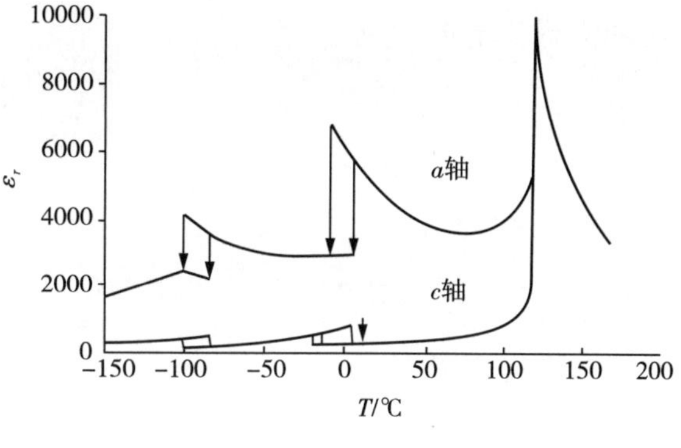

图 1　$BaTiO_3$ 铁电材料的相对介电常数随温度的变化情况

随堂测试　样题六(介电)

一、名词解释(4×10＝40分)

1. 电偶极子 μ：

2. 质点极化率 α：

3. 电极化强度 P：

4. 电介质电极化率 χ_e：

二、简答题（$3 \times 20 = 60$ 分）

1. 什么是电介质？为什么会产生电极化？如何把宏观电极化强度 P 与质点的微观极化率联系起来？写出相应的关系式，并说明该关系式的意义。

2. 电介质的极化机理有哪些？

3. 对于某种电解质，设其真空介电常数为 ε_0，相对介电常数为 ε_r，电极化率为 χ，在电场强度 E 作用下，写出介质表面感应的电荷密度 D 的表达式。

随堂测试　样题七(介电与磁性)

1. 什么是电介质？为什么会产生电极化？如何把宏观电极化强度 P 与质点的微观极化率联系起来？写出相应的关系式。(30 分)

2. 对于某种电解质，设其真空介电常数为 ε_0，相对介电常数为 ε_r，电极化率为 χ，在电场强度 E 作用下，写出介质表面感应的电荷密度 D 的表达式。(20 分)

3. 对于磁性材料，磁化强度M如何定义？对于某种磁性材料，其真空磁导率为m_0，相对磁导率为m_r，磁化率为χ，写出磁感应强度B与外磁场强度H和磁化强度M的关系式。(20分)

4. 对于平行板电容器，若不考虑介质极化造成的电流损失，仅考虑位移电流和漏导电流，推导复介电系数，写出复介电系数的表达式，并说明为什么复介电系数的复数相表示能量损失，进一步写出介质的损耗因子。(30分)

随堂测试　样题八(综合)

一、填空题(48 分)

1. 材料导热的机理主要有________、________、________。

2. 材料热膨胀的机理主要是________________。

3. 气敏电阻的工作原理主要是半导体表面吸附了其他气体，导致电导率发生变化，当 N 型半导体________________吸附与 P 型半导体________________吸附时，表面形成________________层，表面电导率增加；当 N 型半导体________________吸附与 P 型半导体________________吸附时，表面形成________________层，表面电导率减小。

4. 在外电场作用下，电介质极化的机理与极化的形式主要有________________极化、______________极化、______________极化、______________极化、________________极化，其中耗能的极化主要有________________、________________和________________极化；非耗能的极化主要有________________和________________极化。

5. 高介电晶体具有异常大的介电系数，并不是因为其________________异常大，而是因为其具有异常大的________。

6. 有的电路要求介电系数的温度系数为正，如________________；有的电路要求介电系数的温度系数为负，如________________。

二、简答题(52 分)

1. 在电场作用下，固体材料产生电导的机理是什么？画出本征半导体、N 型半导体和 P 型半导体的能带结构示意图，写出电导率的表达式，并解释各参数的意义。(22 分)

2. 在电路中 ZnO 压敏电阻被广泛使用，什么是压敏效应？产生压敏效应的物理机理是什么？简要说明如何制作 ZnO 压敏电阻。（30 分）

随堂测试　样题九(综合)

1. 一个学生在实验室使用刚玉炉，其从室温一步直接升温至 1000 ℃，结果导致炉管瞬间断裂。已知氧化铝的弹性模量为 366 GPa，其热膨胀系数 α_1 为 8.8×10^{-6} K，对于一个完全受限的刚玉部件，试估算从 0 ℃ 升温至 1000 ℃ 时刚玉陶瓷内部积累的应力大小。已知铝离子的半径大小为 0.057 nm，估算 1 m 长的刚玉炉管从 0 ℃ 升温至 1000 ℃ 的膨胀尺寸相当于移动了多少个 Al 离子。(20 分)

2. 目前市场上制作智能手机屏最好的材质是蓝宝石，耐刮、耐磨，尺寸如图 1 所示。已知蓝宝石的折射率 n 约为 1.76，忽略双折射现象。有一家工厂技术不过关，其制作的蓝宝石吸收率与散射率均达到 10 cm^{-1}，试计算该蓝宝石手机屏的透光率。(10 分)

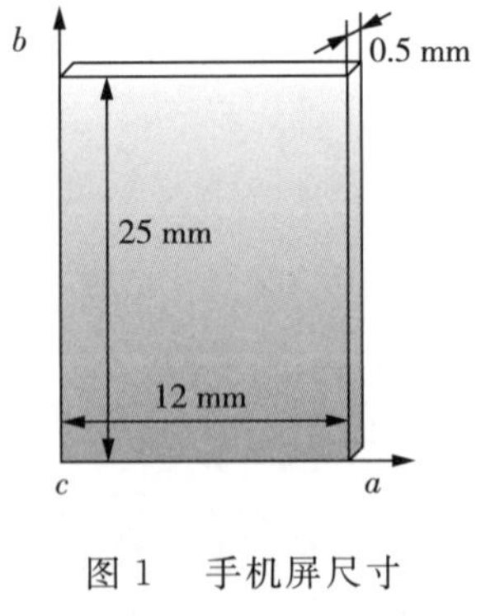

图 1　手机屏尺寸

3. 写出傅里叶定律表达的内容，并导出热流密度与热导率的关系式。(10 分)

4. 写出微分欧姆定律表达的内容，并解释各参数的意义。(10 分)

5. 对于如图 2 所示的晶格模型，原子节点数目为 N，间隙原子运动的能量势垒为 U_0，原子振动频率为 ν，两个原子之间的距离为 δ，沿 X 方向施加强度为 E 的电场，试推导其本征电导率。(20 分)

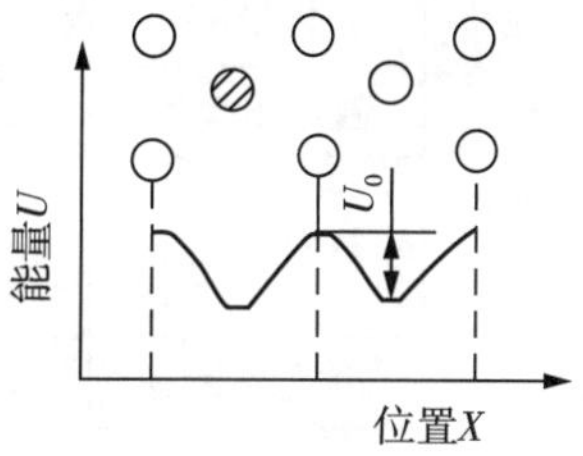

图 2　晶格模型

6. 对于一 P 型半导体，假设其等效状态密度为 N，价带的有效状态密度为 N_V，受主的等效状态密度为 N_A，导带底能级为 E_c，价带顶能级为 E_A，带隙为 E_g，受主能级位置为 E_P，电子与空穴的迁移率分别为 m_e 和 m_h，请写出该 P 型半导体的电导率。(30 分)

随堂测试　样题一(绪论)　参考答案

【参考答案】 (1) 材料的性能本质是反映感应物理量与作用物理量的关系。对于热学、光学、电学或磁学某种特定的物理性能,都有反映材料物理性能的本征物理参数。

(2) 举例:

作用物理量	感应物理量	公式	材料内部的变化	材料性能	性能的种类
应力 σ	形变 ε	$\varepsilon = S\sigma$	原子发生相对位移	柔性系数	力学性能
	表面电荷密度 D	$D = C\sigma$	原子发生相对位移引起偶极矩的变化	压电常数	压电性能
温差 Δt	形变 ε	$\varepsilon = \alpha\Delta t$	原子发生位移	热膨胀系数	热学性能
	热量 Q	$Q = C\Delta t$	原子振动加强	热容	热学性能
	温差电动势	$\Delta V = \alpha\Delta t$	载流子的定向运动	温差电动势系数	导电性能
温度梯度 $\mathrm{d}t/\mathrm{d}x$	热流密度 q	$q = k\mathrm{d}t/\mathrm{d}x$	原子热振动的相互作用	热导率	热学性能
电场 E	电流密度 J	$J = \sigma E$	荷电离子远距离的移动	电导率	导电性能
	极化强度 P	$P = \chi\varepsilon_0 E$ 宏观电场	荷电离子短距离的移动	介质电极化率	介电性能
	离子的偶极矩 μ	$\mu = \alpha E$ 局部电场	原子核与周围电子发生短距离的移动	离子的极化率	介电性能
	材料的形变 ε	$\varepsilon = \mathrm{d}E$	偶极矩的变化	压电常数	压电性能

随堂测试　样题二(热学)　参考答案

【参考答案】 (1) 根据广义胡克定律有

$$\varepsilon_x=\frac{\sigma_x}{E}-\mu\left(\frac{\sigma_y}{E}+\frac{\sigma_z}{E}\right)-\alpha\Delta T=0(不允许\ x\ 方向涨缩)$$

$$\varepsilon_y=\frac{\sigma_y}{E}-\mu\left(\frac{\sigma_x}{E}+\frac{\sigma_z}{E}\right)-\alpha\Delta T=0(不允许\ y\ 方向涨缩)$$

$$\varepsilon_z=\frac{\sigma_z}{E}-\mu\left(\frac{\sigma_x}{E}+\frac{\sigma_z}{E}\right)-\alpha\Delta T$$

(2) 解(1) 中公式得

$$\sigma_x=\sigma_z=\frac{\alpha E}{1-\mu}\Delta T$$

如果 $\sigma_{\max}$ 在数值上达到或超过了材料的极限抗拉强度 σ_f,则前后两表面将开裂破坏,代入上式得临界的最大温差为$\Delta T_{\max}=\frac{\sigma_f(1-\mu)}{\alpha E}$,由此定义第一热应力因子为 $R=\frac{\sigma_f(1-\mu)}{\alpha E}$。

材料是否出现热应力断裂还涉及材料的散热问题,考虑了材料的热导率后,定义第二热应力因子为 $R'=\frac{\lambda\sigma_f(1-\mu)}{\alpha E}$。

(3) 考虑了表面热传递系数,对于通常在对流及辐射传热条件下观察到的比较低的表面传热系数,S. S. Manson 发现无因次表面应力 σ 与毕奥模数 β 的关系为 $\sigma_{\max}=0.31\beta$。

薄板厚度的一半 $r=0.25\ \text{mm}=0.25\times10^{-3}\ \text{m}$。

表面热传递系数 $h=0.06\ \text{J/(cm}^2\cdot\text{S}\cdot{}^\circ\text{C)}=0.06\times10^4\ \text{J/(m}^2\cdot\text{S}\cdot{}^\circ\text{C)}$。

在考虑了表面热传递的情况下,无限大平板所能承受的最大温差为

$$\begin{aligned}\Delta T_{\max}&=R'S\frac{1}{0.31r_mh}=\frac{\lambda\sigma_f(1-\mu)}{\alpha E}S\frac{1}{0.31r_mh}\\&=\frac{25\times2000\times10^6(1-0.25)}{300\times10^9\times9.0\times10^{-6}}\times1\times\frac{1}{0.31\times0.25\times10^{-3}\times0.06\times10^4}\\&=\frac{3.75\times10^{10}}{2.7\times10^6}\times\frac{1}{4.65\times10^{-2}}\\&=2.97\times10^5(\text{K})\end{aligned}$$

随堂测试　样题三(热学)　参考答案

一、名词解释

1.【参考答案】 热应力是指材料在未改变外力作用时，仅因热冲击导致材料的膨胀或收缩而在材料内部产生的内应力。

2.【参考答案】 表面热传递系数是指材料表面比周围环境温度高出1 K，在单位表面积上，单位时间内散失的热量。

二、简答题

【参考答案】 根据广义胡克定律有

$$\varepsilon_x=\frac{\sigma_x}{E}-\mu\left(\frac{\sigma_y}{E}+\frac{\sigma_z}{E}\right)-\alpha\Delta T=0\text{(不允许 }x\text{ 方向涨缩)}$$

$$\varepsilon_y=\frac{\sigma_y}{E}-\mu\left(\frac{\sigma_x}{E}+\frac{\sigma_z}{E}\right)-\alpha\Delta T=0\text{(不允许 }y\text{ 方向涨缩)}$$

$$\varepsilon_z=\frac{\sigma_z}{E}-\mu\left(\frac{\sigma_x}{E}+\frac{\sigma_z}{E}\right)-\alpha\Delta T$$

解得

$$\sigma_x=\sigma_z=\frac{\alpha E}{1-\mu}\Delta T$$

如果 $\sigma_{\max}$ 在数值上达到或超过了材料的极限抗拉强度 σ_f，则前后两表面将开裂破坏，代入上式得临界的最大温差为 $\Delta T_{\max}=\frac{\sigma_f(1-\mu)}{\alpha E}$，由此定义第一热应力因子为 $R=\frac{\sigma_f(1-\mu)}{\alpha E}$。

材料是否出现热应力断裂还涉及材料的散热问题，考虑了材料的热导率后，定义第二热应力因子为 $R'=\frac{\lambda\sigma_f(1-\mu)}{\alpha E}$。

第一热应力因子的意义：表示材料所能承受的最大热应力值。当该值不超过材料的强度极限时，材料就不会被损坏。

第二热应力因子的意义：考虑到材料的热导率(散热)以后，材料所能承受的最大热应力值。

随堂测试　样题四(光学)　参考答案

一、名词解释

1.【参考答案】　朗伯特定律是描述一束光通过介质后强度随物质厚度变化而变化的规律。一束光通过介质后，光强的降低($-\mathrm{d}I$)与光通过的厚度($\mathrm{d}x$)成正比，即$-\mathrm{d}I=\alpha I\mathrm{d}x$，其中$\alpha$为吸收系数。若初始光强为$I_0$，积分后得光强$I$随厚度$x$变化的表达式为$I=I_0\mathrm{e}^{-\alpha x}$，此关系式称为朗伯特定律。

2.【参考答案】　光泽是用来表征材料表面颜色、亮度及反射影像的清晰度和完整性的一种手段，材料的光泽取决于镜面反射光带的宽度与强度，其与总漫反射光强度的相对含量有关。

二、简答题

1.【参考答案】（1）构成材料元素的离子半径：离子半径越大，折射率越大。

（2）材料的结构、晶型和非晶态：各向同性材料的对称性越高，折射率越小；各向同性（非晶和立方系）材料的对称性越低，折射率越大；均质介质只有一个折射率，而非均质材料有可能出现不止一个折射率。各向异性材料会发生双折射现象，在不同晶向折射率不同。

（3）材料所受的内应力：垂直于受拉主应力方向的折射率大，平行于受拉主应力方向的折射率小。

（4）同质异构体：高温时的晶型折射率较低，而低温时的晶型折射率较高。原因：温度越高，晶型对称性越高，对光线的阻碍越小。

2.【参考答案】（1）宏观与微观缺陷：缺陷越多，散射率越大。

（2）晶粒排列方向：对于存在双折射现象的多晶颗粒，晶粒数目越多，两个方向的相对折射率差异越大，散射越大。

（3）对于玻璃体材料，基体中含有的第二相硬质颗粒的相对折射率与基质折射率差异越大，第二相硬质颗粒数目越多，体积分数越大，散射率越大；对于多晶材料，晶界越多且两相之间的相对折射率差异越大，散射率越大。

(4) 气孔率:气孔与基质的相对折射率相差越大,气孔率越多,散射率越大。

(5) 光程越长或者说光传播过程中经历的散射路程越长,散射率越大。

三、计算题

【参考答案】 反射系数为

$$m=\left(\frac{n_{21}-1}{n_{21}+1}\right)^2=\left(\frac{1.5-1}{1.5+1}\right)^2=0.04$$

透光度为

$$\frac{I}{I_0}=(1-m)^2 e^{-(2.5+2.5)\times 0.2}=0.96^2\times e^{-1}=34.1\%$$

随堂测试　样题五(电导与介电)　参考答案

一、名词解释

1.【参考答案】　质点极化率是指质点在局域电场强度下产生电偶极矩的大小，用公式表示为 $\alpha=\mu/E_{\mathrm{loc}}$，其用于表征材料的极化能力。

2.【参考答案】　铁电性是指材料的电极化强度与外电场作用之间具有电滞回线特征的性能。在一定温度范围内，材料具有自发极化的特性，在外电场作用下，自发极化能重新取向，电偶极子重新取向是一个耗能过程，电位移矢量与电场强度的关系呈电滞回线特征。具有这种性能的材料称为铁电体。

3.【参考答案】　电光效应是指由外加电场导致介电系数或折射率发生改变的效应。

4.【参考答案】　居里-外斯定律是指对于电介质材料或磁性材料，介电常数或磁化率在居里温度以上顺电相或顺磁相的关系。有些气体、液体和固体的顺磁性磁化率χ 与温度 T 的关系不符合居里定律($\chi=C/T$) 的情况，而往往符合所谓的居里-外斯定律，即$\chi=C/(T-Tc)$，其中 Tc 为居里点，C 为常数。对于介电常数，其关系类似地写为 $\varepsilon_r=C/(T-Tc)$。

二、填空题

1.【参考答案】　正　负　耗尽

2.【参考答案】　电子自旋　原子核　电子轨道　电子自旋　交换

三、综合与应用题

【参考答案】 (1) 电滞回线如图1所示。(图不完整，适当扣分，如无 x、y 轴标记)

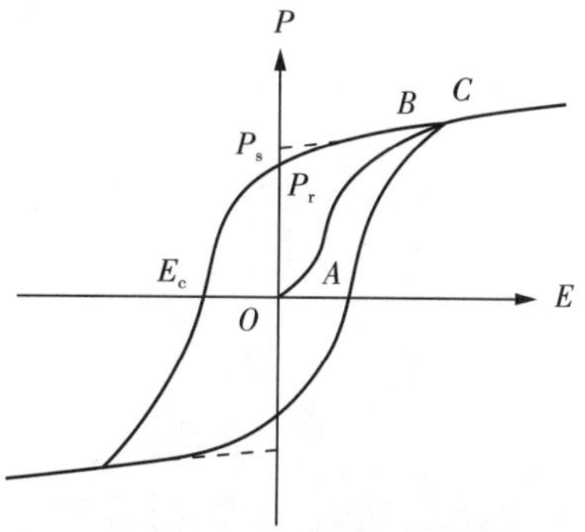

图1　电滞回线

电滞回线产生机制：铁电材料的特性是自发极化，即不需要外加电场在材料内部会自发的感应电荷。正负电荷分离，形成一对电偶极子。电偶极子定向排列，形成电畴。铁电材料由无数个定向排列的电畴构成。但是在铁电材料中，为了降低系统能量，不是所有的电畴都是沿着一个方向定向排列的。在电畴内电偶极子沿着一个方向排列，但是电畴的方向是随机分布的。当施加外加电场作用时，电畴内部的电偶极子会沿着电场方向转动以及相应的电畴会沿着电场方向转动，直至沿着电场方向定向排列，但这个过程不是瞬时发生的，而是电偶极矩朝着电场方向逐步转动，这个过程是一个耗能过程。由此造成，铁电材料的电极化强度与外电场强度之间不是线性关系。当没有外加电场作用时，存在的电畴对外显示出感应电荷。随着电场强度增大，电畴转向，电偶极子逐渐沿着外电场方向排列，电极化强度增加。当外加电场强度达到某一定值时，极化强度达到最大。然后逐渐降低电场强度，极化强度随之而减小。但是当外加电场强度降为零时，材料依然存在剩余极化强度 P_r。然后施加反向电场强度，电偶极子逐渐沿反向电场排列。当反向电场强度达到某一定值时，极化电场强度为零。继续增大反向电场强度，电偶极子继续沿着反向电场旋转，直至反向极化强度达到最大值。逐渐降低反向电场强度，电极化强度降低。当反向电场强度为零时，存在反向剩余极化强度。如此循环，产生如图 1 所示的电滞回线。

(2) 铁电材料表面总电荷密度为

$$
\begin{aligned}
D &= \varepsilon_0 E + P \\
&= \varepsilon_0 E + \varepsilon_0 \chi_e E \\
&= \varepsilon_0 E + \varepsilon_0 (\varepsilon_r - 1) E \\
&= \varepsilon_1 E
\end{aligned}
$$

式中，D 为表面电荷密度；E 为电场强度；P 为极化强度；χ_e 为介质极化率，$\chi_e = (\varepsilon_r - 1)$；$\varepsilon_1$ 为绝对介电常数，$\varepsilon_1 = \varepsilon_0 \varepsilon_r$，其中 ε_0 和 ε_r 分别为真空和相对介电常数。

(3) 据居里-外斯定律，题中给的 $BaTiO_3$ 铁电材料的相对介电常数随温度的突变主要是由相变所致的，铁电材料 $BaTiO_3$ 的自发极化机制主要是位移性极化，在相变点附件发生离子位移量突变，导致自发极化量也发生了突变。

(4) 题目中图 1 的相对介电常数产生的机理：由于局域电场强度异常大，不是由克劳修斯莫索帝方程显示的质点数目多或者质点系数大所致的。

随堂测试　样题六(介电)　参考答案

一、名词解释

1.**【参考答案】** 构成质点的正、负电荷沿电场方向在有限范围内短程移动，形成一个电偶极子束缚系统，这个系统称为电偶极子。电偶极子具有大小和矢量方向，用电偶极矩表示为 $\mu = ql$。

2.**【参考答案】** 质点极化率是指微观质点受到局部电场 E_{loc} 作用产生的电偶极矩 μ 的大小，表达式为 $\alpha = \mu / E_{loc}$，质点极化率可以表征材料的极化能力。

3.**【参考答案】** 电极化强度是指单位介质体积内的电偶极矩的总和，或束缚电荷的面密度，表达式为 $P = \sum \mu / V$。

4.**【参考答案】** 电介质电极化率 χ_e 的表达式为 $\chi_e = \varepsilon_r - 1$，其可以表示电介质极化能力的大小。确定了电介质电极化率 χ_e，则电极化强度与外电场强度成正比，其关系式可以写为 $P = \chi_e \times E$。

二、简答题

1.**【参考答案】** (1) 电介质是在电场作用下能建立极化的一切物质。

(2) 电极化是介质内的质点(原子、分子、离子、原子核与电子云)在外电场作用下正、负电荷重心分离，转变成偶极子的过程。在外电场作用下，正、负电荷尽管可以逆向移动，但它们并不能挣脱彼此的束缚而形成电流，只能产生微观尺度的相对位移。

(3) 将电极化强度 P 定义为单位介质体积内的电偶极矩的总和，表达式为 $P = \sum \mu / V$，宏观电极化强度 P 与质点的微观极化率可以用如下关系式把两者联系起来：$P = \mu n = n\alpha E_{loc}$。该关系式表明，质点数目 n 越多，质点极化率 α 越大，所受到的局域电场强度 E_{loc} 越大，则宏观电极化强度 P 越大。

2.**【参考答案】** 位移极化，松弛极化，转向极化，空间电荷极化，自发极化。

3.**【参考答案】** $D = \varepsilon_0 E + P$，$D = \varepsilon_0 E + \varepsilon_0 (\varepsilon_r - 1) E$，$D = \varepsilon_0 \varepsilon_r E$，或 $D = \varepsilon_0 E + \varepsilon_0 \chi E$。

随堂测试　样题七(介电与磁性)　参考答案

1.【参考答案】(1)电介质是在电场作用下能建立极化的一切物质。

(2)电极化是介质内的质点(原子、分子、离子、原子核与电子云)在外电场作用下正、负电荷重心分离,转变成偶极子的过程。在外电场作用下,正、负电荷尽管可以逆向移动,但它们并不能挣脱彼此的束缚而形成电流,只能产生微观尺度的相对位移。

(3)将电极化强度 P 定义为单位介质体积内的电偶极矩的总和,表达式为 $P=\sum\mu/V$,宏观电极化强度 P 与质点的微观极化率可以用如下关系式把两者联系起来:$P=\mu n=n\alpha E_{\mathrm{loc}}$。该关系式表明,质点数目 n 越多,质点极化率 α 越大,所受到的局域电场强度 E_{loc} 越大,则宏观电极化强度 P 越大。

2.【参考答案】$D=\varepsilon_0E+P$,$D=\varepsilon_0E+\varepsilon_0(\varepsilon_r-1)E$,$D=\varepsilon_0\varepsilon_rE$,或 $D=\varepsilon_0E+\varepsilon_0\chi E$。

3.【参考答案】将磁化强度 M 定义为单位体积的总磁矩,磁感应强度 B 与外磁场强度 H 和磁化强度 M 的关系式为 $B=\mu_0H+M=(\mu_0+\chi)H=\mu H$。

4.【参考答案】如果介质有微弱的导电,其中有一个与外加电压相位相同的小电流($I=\mathrm{i}\omega CV+GV$)通过,设电导 G 仅由自由电荷产生,则有 $G=\sigma S/d$。

由于电容 $C=\varepsilon_1S/d$,因此电流密度为 $j=(\mathrm{i}\omega\varepsilon_1+\sigma)E=\sigma^*E=\mathrm{i}\omega\varepsilon_1^*E$。

根据复电导率 σ^* 的定义 $\sigma^*=\mathrm{i}\omega\varepsilon_1+\sigma$,复介电常数的定义 $\varepsilon_1^*=\sigma^*/\mathrm{i}\omega=\varepsilon_1-\mathrm{i}\sigma/\omega$,损耗角 δ 的定义 $\tan\delta=$损耗项/电容项$=\sigma/\omega\varepsilon_1$,得 $\sigma=\omega\varepsilon_1\tan\delta$,其中 $\varepsilon_1\tan\delta$ 为损耗因子,其仅与介质有关,其大小可以作为绝缘材料的判断依据。

随堂测试　样题八(综合)　参考答案

一、填空题

1.**【参考答案】** 声子　电子　光子

2.**【参考答案】** 温度升高导致原子热振动加剧,原子与原子之间产生非线性作用力

3.**【参考答案】** 正电　负电　积累　负电　正电　耗尽

4.**【参考答案】** 电子位移　离子位移　松弛　转向　空间电荷　松弛　转向　空间电荷　电子位移　离子位移

5.**【参考答案】** 原子数目 / 离子数目 / 电偶极子数据　局域电场强度

6.**【参考答案】** 补偿电路滤波　整流电路

二、简答题

1.**【参考答案】** (1) 在电场作用下固体材料产生电导的机理是载流子的运动,主要是电子在导带的运动和空穴在价带的运动。

(2)P 型半导体是在本征半导体基础上掺入受主杂质,以空穴为主要载流子的半导体材料。本征半导体、N 型半导体和 P 型半导体的能带结构对比如图 1 所示。

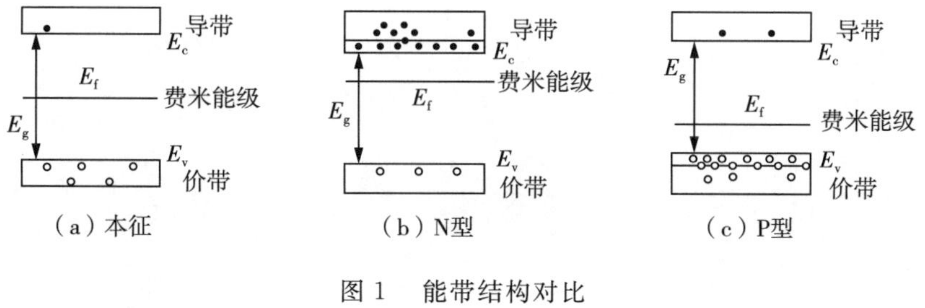

图 1　能带结构对比

(3) 电导率 σ 的表达式为

$$\sigma = nq\mu$$

式中,n 为载流子浓度;q 为载流子携带电量;μ 为载流子迁移率。

2.**【参考答案】** (1) 压敏效应是指对电压变化敏感的非线性电阻效应。在某一临界电压以下,其电阻值非常高,可以认为是绝缘体,当超过临界电压(敏感电压)时,电阻迅速降低,让电流通过。

(2) 物理机理:压敏效应是一种晶界效应,在电压较高时,由于热激励电子必须越过肖特基势垒而流过,因此电压到某一数值以上,晶界面上所捕获的电子由于隧道效应通过势垒,造成电流急剧增大,从而呈现出异常的非线性关系。

(3) 制作 ZnO 压敏电阻的方法:利用 ZnO 掺杂 Bi_2O_3 或 Pr_6O_{11},在空气气氛下高温灼烧,缓慢冷却,使晶界充分氧化,产生高电阻氧化层,在被电极之前将此氧化层除去。在晶界 2 ~ 10 nm 内高浓度 Bi^{3+} 偏析形成电子耗尽层,产生很高的肖特基势垒。

随堂测试 样题九(综合) 参考答案

1.【参考答案】 (1) 温度从 0 ℃ 升温至 1000 ℃ 产生的应变量为

$$\varepsilon = \alpha_1 \cdot \Delta T = 8.8 \times 10^{-6} \times 1000 = 8.8 \times 10^{-3}$$

假设为完全刚性约束,则刚玉陶瓷内部积累的应力为

$$\sigma = \varepsilon \cdot E = \varepsilon \times \alpha_1 \cdot \Delta T = 366 \times 10^{9} \times 8.8 \times 10^{-3} = 3.22 \times 10^{9}$$

(2) 根据应变的定义,热膨胀产生的应变关系为

$$\frac{\Delta l}{l_0} = \alpha_1 \cdot \Delta T$$

式中,l_0 为物体线性尺寸;,Δl 为物体在 ΔT 温度变化范围内线性尺寸的相对变化量;α_1 为线膨胀系数,即温度升高 1K 时,物体的相对伸长量。

1 m 长的刚玉炉管从 0 ℃ 升温至 1000 ℃ 的膨胀尺寸为

$$\Delta l = \alpha_1 \cdot \Delta T \times l_0 = 8.8 \times 10^{-6} \times 1000 \times 1 = 8.8 \times 10^{-3}$$

对应移动的铝离子半径数目为

$$N = \frac{\Delta l}{2r} = \frac{8.8 \times 10^{-3}}{2 \times 0.057 \times 10^{-9}} = 7.72 \times 10^{7}$$

因此,炉管瞬间膨胀产生的尺寸相当于移动了 7.72×10^{7} 个铝离子。

2.【参考答案】 因为 $m = \left(\frac{n-1}{n+1}\right)^2 = 0.0758$,所以透光率为

$$\frac{I}{I_0} = (1-m)^2 \mathrm{e}^{-(\alpha+S)x} = (1-0.0758)^2 \mathrm{e}^{-(10+10)\times 0.5\times 10^{-1}} = 31.6\%$$

3.【参考答案】 (1) 傅里叶定律(稳态传热):$\Delta Q = -\lambda \cdot \frac{\mathrm{d}T}{\mathrm{d}x} \cdot \Delta S \cdot \Delta t \cdot \Delta Q = -\lambda \cdot \frac{\mathrm{d}T}{\mathrm{d}x} \cdot \Delta S \cdot \Delta t$,即通过单位截面的热量 ΔQ 与温度梯度$\frac{\mathrm{d}T}{\mathrm{d}x}$、截面积 ΔS 和时间 Δt 成正比,比例系数为热导率 λ。

(2) 定义单位时间通过单位垂直截面的热量为热流密度 J，则 $J=-\lambda \dfrac{dT}{dx}$。

4.**【参考答案】** 微分欧姆定律：$J=\sigma E$，材料中电流密度 J 的大小与电场强度 E 成正比，比例系数为电导率 σ。该关系式不仅适用于宏观均匀导体，而且适用于导体中微观不均匀的区域。

5.**【参考答案】** 某一间隙离子由于热运动，越过位势垒。根据玻尔兹曼统计规律，单位时间沿某一方向跃迁的次数为

$$P=\frac{\nu_0}{6}\exp\left(-\frac{U_0}{kT}\right)$$

式中，ν_0 为间隙离子在半稳定位置上振动的频率。

设电场 E 在 $\dfrac{\delta}{2}$ 距离上造成的位势差为

$$\Delta U=F\Delta\frac{\delta}{2}=qE\Delta\frac{\delta}{2}$$

则在顺电场方向和逆电场方向上间隙离子在单位时间内的跃迁次数分别为

$$P_{顺}=\frac{\nu_0}{6}\exp\left[-\frac{(U_0-\Delta U)}{kT}\right]$$

$$P_{逆}=\frac{\nu_0}{6}\exp\left[-\frac{(U_0+\Delta U)}{kT}\right]$$

则单位时间内每一间隙离子沿电场方向的剩余跃迁次数为

$$\Delta P=P_{顺}-P_{逆}=\frac{\nu_0}{6}\left\{\exp\left[-\frac{U_0-\Delta U}{kT}\right]-\exp\left[-\frac{U_0+\Delta U}{kT}\right]\right\}$$

$$=\frac{\nu_0}{6}\exp\left[-\frac{U_0}{kT}\right]\left\{\exp\left[\frac{\Delta U}{kT}\right]-\exp\left[-\frac{\Delta U}{kT}\right]\right\}$$

设每跃迁一次距离为 δ，迁移速度为 v，则有

$$v=\Delta P\Delta\delta=\frac{\nu_0\delta}{6}\exp\left[-\frac{U_0}{kT}\right]\left\{\exp\left[\frac{\Delta U}{kT}\right]-\exp\left[-\frac{\Delta U}{kT}\right]\right\}$$

当电场强度不大时，$\Delta U\ll kT$，则有

$$e^{\frac{\Delta U}{kT}}=1+\frac{\frac{\Delta U}{kT}}{1!}+\frac{\left(\frac{\Delta U}{kT}\right)^2}{2!}+\frac{\left(\frac{\Delta U}{kT}\right)^2}{2!}+\frac{\left(\frac{\Delta U}{kT}\right)^3}{3!}+\cdots\approx 1+\frac{\Delta U}{kT}$$

因为 $\Delta U=F\Delta\dfrac{\delta}{2}=qE\Delta\dfrac{\delta}{2}$，所以 $v=\dfrac{\nu_0\delta}{6}\times\dfrac{q\delta}{kT}\exp\left(-\dfrac{U_0}{kT}\right)\times E$。

载流子沿电流方向的迁移率为

$$\mu=\frac{v}{E}=\frac{\delta^2\nu_0 q}{6kT}\exp\left(-\frac{U_0}{kT}\right)$$

$$\sigma = nq\mu = \frac{\delta^2 q^2}{6kT} e^{-\frac{U_s}{kT}} \times \nu_0 \times N_1 e^{-\frac{E_s}{2kT}} = N_1 \times \frac{\delta^2 q^2}{6kT} \times \nu_0 e^{-\frac{U_s + \frac{1}{2}E_s}{kT}}$$

$$= A_s e^{-\frac{W_s}{kT}}$$

式中，W_s 为电导活化能，$W_s = U_s + 0.5E_s$；$A_s = N_1 \times \frac{\delta^2 q^2}{6kT} \times \nu_0$。

6.**【参考答案】** 根据题意，该P型半导体的电导率为

$$\sigma = N e^{-\frac{E_g}{2kT}} \Delta(\mu_e + \mu_h) e + (N_v + N_A)^{\frac{1}{2}} e^{-\frac{E_p - E_A}{2kT}} \mu_h e_h$$

第三部分

期中考试样题与参考答案

期中考试样题一

1. 写出线膨胀系数的定义式，并从应力与应变角度，解释热膨胀系数的意义，说明热膨胀产生的原因。（10 分）

2. 利用热容的爱因斯坦模型，可以将热容写为 $C_V = 3Nkf_e\left(\frac{\hbar\omega}{kT}\right)$，其中 $f_e\left(\frac{\hbar\omega}{kT}\right) = f_e\left(\frac{\theta_E}{T}\right)$ 称为爱因斯坦比热函数，$\theta_E = \frac{\hbar\omega}{k}$ 定义为爱因斯坦温度。对于德拜模型，(1) 照此写出德拜特征温度与德拜比热函数；(2) 利用德拜比热函数写出热容的表达式；(3) 说明爱因斯坦模型与德拜模型的差异。（10 分）

3. 对于声子导热机制，写出导热系数的表达式，并说明各参数的意义。（10 分）

4. 对于稳定传热，写出热流密度的表达式，并解释各参数表示的意义。（10 分）

5. 写出光在材料中的速度与光速关系式，并解释在材料中光速为什么变慢？（10 分）

6. 假设一种透明物质的相对折射率为 n，吸收系数为 α，入射光强度为 I_0，首先推导朗伯特定律表达式。若散射系数为 σ，进一步写出其透光率关于物质厚度 x 的表达式。(10 分)

7. 载流子的类型有哪些？根据电导率的一般表达式，从微观角度解释电导机制。(10 分)

8. 写出费米-狄拉克分布函数,并解释其意义。对于一种本征半导体,其带隙为 E_g,假设电子的等效状态密度为 N,写出电子与空穴浓度的表达式。(10 分)

9. 什么是半导体陶瓷的压敏效应?利用肖特基能量势垒模型解释压敏效应产生的机理。(20 分)

期中考试样题二

一、填空题(15分)

1. 晶态材料热容的量子理论认为，在一物体内即使温度 T 相同，不同质点热振动(简谐振动)的________也不尽相同，因此，谐振子的能量具有________性。

2. 热容爱因斯坦模型的假设：____________________。

二、名词解释(4×5＝20分)

1. 晶格热振动：

2. 光泽：

3. 温差电动势系数：

4. 平衡载流子：

5. PCT 效应（正温度系数效应）：

三、简答题（40 分）

1. 图 1 是几种化合物 $CaSiO_3$、CaO、SiO_2 以及 CaO 与 SiO_2 的混合物（$CaO+SiO_2$）的热容随温度变化而变化的曲线图。首先用文字表述图中所反映的物理现象，进而用所学物理知识解释图中热容随温度变化而变化的机理以及几种材料热容之间的差异。（12 分）

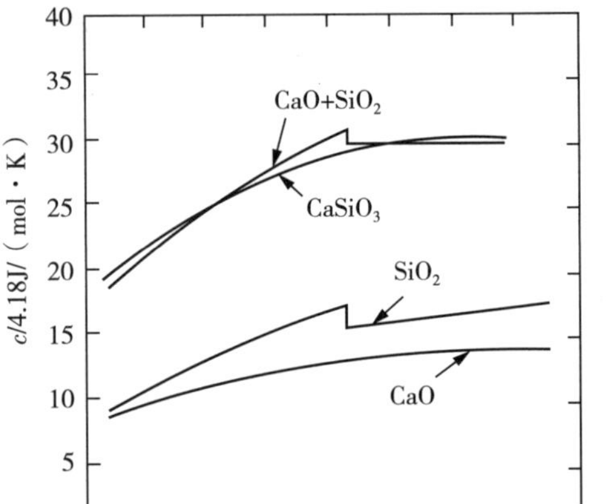

图 1　几种材质的热容随温度变化而变化的曲线

2. 请解释光通过材料时为什么速度变慢，以及为什么有折射率存在？（10 分）

3. 利用所学 P－N 结与能带结构知识解释光生伏特效应。（8 分）

四、计算题（15 分）

碳化硅是目前国家重点关注的第三代半导体。光在碳化硅中传播为什么速度变慢？写出光在碳化硅中传播的速度与真空中光速的关系式。

五、开放试题(10 分)

在科学研究中,尤其是在物理学研究中,抽象、提炼科学问题,然后提出模型或方法解决问题,是揭示科学真相的必要过程。结合本课程所学知识,举例说明材料物理中如何通过建立物理模型解决相应的科学问题(不少于 2 例,7 分),据此谈谈你将来如何把该方法用于解决生产实践中遇到的技术或科学难题。

期中考试样题三

一、填空题(10 分)

1. 当一束光通过各向异性晶体时，会产生________，其传播方向分为________、________的两个波，它们分别构成两条折射光线，其中平行于入射面光线的折射率称为________，严格服从________定律；另一束与入射面垂直的光线的折射率称为________，则不遵守________定律。(7 分)

2. 半导体的施主有________、________、________。(3 分)

二、名词解释(4 × 5 = 20 分)

1. 晶格热振动：

2. 热应力：

3. 表面热传递系数：

4. 迁移率：

5. 受主与受主能级：

三、简答与计算题($7 \times 10 = 70$分)

1. 高温管式炉通常采用刚玉(氧化铝)材质的炉管，使用过程中涉及快速升降温，但热应力得不到释放，因此炉管易断裂。(1) 写出线膨胀系数的定义式，并解释式中各参数的意义；(2) 已知氧化铝的弹性模量为 400 GPa，其热膨胀系数 α 为 $9 \times 10^{-6}\ K^{-1}$，对于一个完全受限的刚玉部件，试估算从 0 ℃ 升温至 1000 ℃ 时刚玉陶瓷内部积累的应力大小；(3) 已知铝离子的半径大小为 0.06 nm，估算 1 m 长的刚玉炉管从 0 ℃ 升温至 1000 ℃ 的膨胀尺寸相当于移动了多少个 Al 离子？(4) 结合上述，计算内应力大小与原子迁移距离，解释炉管断裂的原因以及应采取哪些适当措施以防止断裂。(10 分)

2. 利用热容的爱因斯坦模型，可以将热容写为 $C_V = 3Nkf_e\left(\frac{\hbar\omega}{kT}\right)$，其中 $f_e\left(\frac{\hbar\omega}{kT}\right) = f_e\left(\frac{\theta_E}{T}\right)$ 称为爱因斯坦比热函数，$\theta_E = \frac{\hbar\omega}{k}$ 定义为爱因斯坦温度。对于德拜模型，(1) 照此写出德拜特征温度与德拜比热函数；(2) 利用德拜比热函数写出热容的表达式；(3) 说明爱因斯坦模型与德拜模型的差异。(10 分)

3. 请写出傅里叶定律表达的内容，导出热流密度与热导率的关系式，并解释各参数表示的意义。(10 分)

4. 碳化硅是目前国家重点关注的第三代半导体。写出光在碳化硅中传播的速度与真空中光速的关系式，并解释在碳化硅中传播光速为什么变慢？(10 分)

5. 为了节能、保温，建筑中的窗户通常采用双层玻璃。已知普通玻璃的折射率 n 为 1.5，其吸收率与散射率假定均为 1.25 cm^{-1}，玻璃厚度为 4 mm，忽略双层玻璃之间的间隙。(1) 计算光线通过该双层玻璃的透光率；(2) 假定太阳光每年通过一个窗户入射到房间内的能量为 100 kJ，采用双层玻璃比采用单层玻璃的窗户入射光能减少了多少？($e^{-0.5}=0.607$；$e^{-1}=0.368$)(10 分)

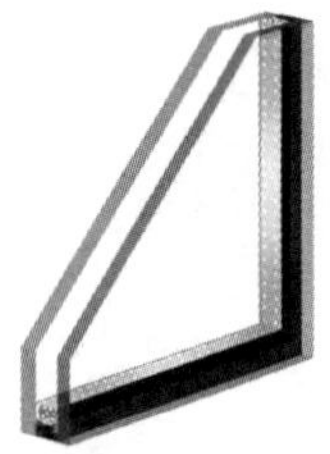

图 1　双层玻璃窗示意图

6. 写出电导率最一般的表达式，说明各参数的意义，并据此解释导电机理。对于锂离子电池，若要提高其续航能力与保电时间，应采取什么关键措施？(10 分)

7. 透明陶瓷耐磨、耐用、热导率高，综合性能非常好。采用氧化铝透明陶瓷制作手机屏，其尺寸如图 1 所示。已知多晶氧化铝的弹性模量为 379 GPa，热膨胀系数为 $8.8\times10^{6}\ K^{-1}$。(1) 试估算该手机屏从 100 ℃ 沸水调入 0 ℃ 的冰水混合物中所积累的最大热应力是多少？(2) 若氧化铝的热导率为 29.3 J/(m·S·K)，断裂强度为 345 MPa，泊松比为 0.22，请计算该手机屏的第一热应力因子、第二热应力因子。(3) 如果表面热传递系数 $h=0.06\ J/(cm^{2}\cdot S\cdot ℃)$，形状因子 $S=1$，试估算该手机屏在使用过程中能够承受的最大温差是多少？(10 分)

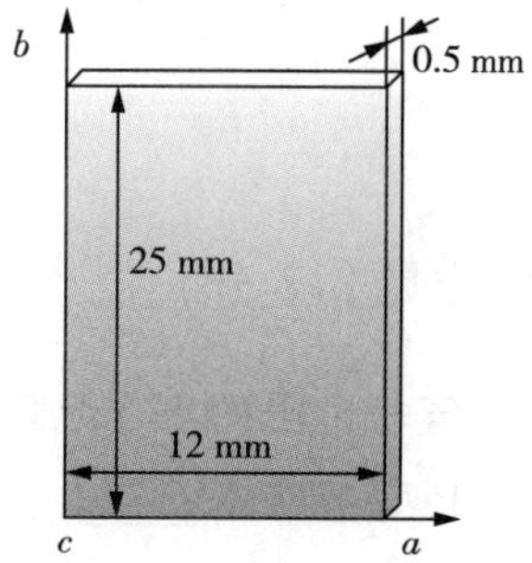

图 1　透明陶瓷手机屏尺寸

期中考试样题四

一、填空题(12 分)

1. 气敏电阻的工作原理主要是表面吸附导致电导率发生变化，当 N 型半导体________吸附与 P 型半导体________吸附时，表面成________层，表面电导率增加。

2. 电光材料中的电光效应主要是因为外加应力引起材料内部的________、________或________发生变化。

二、名词解释(4 × 5 = 20 分)

1. 热应力：

2. 声光效应：

3. 温差电动势：

4. 受主与受主能级：

5. 电导活化能：

三、简答题($3\times12=36$分)

1. 热膨胀的机理是什么？为什么热膨胀不是原子的线性简谐振动？从原子振动微小位移与其能量的关系进行证明，要得出热膨胀系数是一个随温度变化的量，请问至少要考虑几阶变量关系？

2. 蓝宝石的主要成分是氧化铝。氧化铝粉末是白色的，用高纯氧化铝做成的炉管、陶瓷片往往是不透明的，但是蓝宝石单晶却是透明的。请用所学知识解释上述几种物质光学性能有差别的原因。如果我们要用氧化铝粉末作为原料来制作透明陶瓷，那么我们可以采用什么措施？

3. 什么是半导体陶瓷的正温度系数效应？请利用晶界能量势垒模型解释正温度系数效应产生的机理。

四、计算题(22 分)

根据费米-狄拉克分布函数，本征半导体导带中的电子浓度 n 与价带中的空穴浓度 p 分别为$n=2\left(\frac{2\pi m_e^*}{h^2}\right)^{\frac{3}{2}}\exp\left(-\frac{E_c-E_f}{KT}\right)$，$p=2\left(\frac{2\pi m_h^*}{h^2}\right)^{\frac{3}{2}}\exp\left(-\frac{E_f-E_v}{KT}\right)$，其中 m_e^* 与 m_h^* 分别为电子和空穴的有效质量，h 为普朗克常数。试回答以下问题：

(1) 本征半导体中电子与空穴浓度相等，$n=p$，利用上式写出 E_f 的表达式。(5 分)

(2) 当 $m_e^*=m_h^*$ 时，E_f 位于能带结构中的什么位置(画出示意图)？通常 $m_e^*<m_h^*$，E_f 的位置将随温度如何变化？(5 分)

(3) 令 $n=p=\delta$，带隙 $E_g=E_c-E_v$，试求 n 随温度变化的函数关系(含 E_g)。(12 分)

五、开放试题(10 分)

结合你在本课程所学的材料物理知识与你对自然现象的思考，如果让你总结一个物理规律，提出一个定律，推导一种理论，或者开发一种新材料造福人类，请问你会做什么？同学们可以谈一谈自己的梦想以及对自然现象的思考，任何你能够造福人类与对社会发展有贡献的设想都可以谈一谈。

期中考试样题五

1. 利用热容的爱因斯坦模型，可以将热容写为 $C_V = 3Nkf_e\left(\frac{\hbar\omega}{kT}\right)$，其中 $f_e\left(\frac{\hbar\omega}{kT}\right) = f_e\left(\frac{\theta_E}{T}\right)$ 称为爱因斯坦比热函数，$\theta_E = \frac{\hbar\omega}{k}$ 定义为爱因斯坦温度。对于德拜模型，(1) 照此写出德拜特征温度与德拜比热函数；(2) 利用德拜比热函数写出热容的表达式；(3) 说明爱因斯坦模型与德拜模型的差异。(10 分)

2. 对于声子导热机制，写出导热系数的表达式，并说明各参数的意义。(10 分)

3. 对于非稳定传导，写出该物体内单位面积上温度关于时间的变化方程，并解释各参数表示的意义。(10 分)

4. 写出欧姆定律的微分表达式，并解释各参数的意义。(10 分)

5. 写出光在材料中的速度与光速关系式，并解释在材料中光速为什么变慢？(10 分)

6. 解释乳浊机理，以及影响散射系数和光泽的因素。(10分)

7. 载流子的类型有哪些？根据电导率的一般表达式，从微观角度解释电导机制。(10分)

8. 写出费米-狄拉克分布函数，并解释其意义。对于一种本征半导体，其带隙为 E_g，假设电子的等效状态密度为 N，写出电子与空穴浓度的表达式。(10分)

9. 图 1 反映的是陶瓷材料的什么物理效应？利用所学物理知识，解释其机理。(20 分)

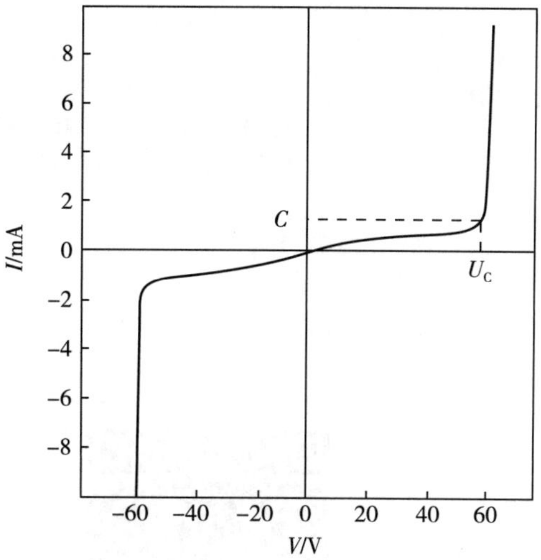

图 1　$V-I$ 特性曲线

期中考试样题参考答案

期中考试样题一
参考答案

期中考试样题二
参考答案

期中考试样题三
参考答案

期中考试样题四
参考答案

期中考试样题五
参考答案

第四部分

期末考试样题与参考答案

期末考试样题一

一、填空题(12 分)

1. 材料的热学性能主要包括____________、____________、____________、____________等,解释材料的这些热学性能可以共同采用________模型。(5 分)

2. 热膨胀系数是一个随温度变化而变化的参数。采用晶格热振动模型解释热膨胀,至少需要考虑晶格点阵势能与原子振动位移的________________次方项,才能得出此结论。若只考虑点阵势能与原子振动位移的 2 次方和 3 次方项,推导出来的结果分别是____________、____________。(3 分)

3. 影响折射率的因素:____________、____________、____________等。(3 分)

4. 已知金属钾的原子半径为 227 pm,金属铍的原子半径为 112 pm。如果这两种金属的电极化机理都是电子极化,则这两种金属的质点极化率的比值约为____________(取整数)。(1 分)

二、名词解释(3 × 7 = 21 分)

1. 裂纹亚临界生长:

2. 黏性系数：

3. 热膨胀系数与热膨胀机理：

4. 抗热冲击损伤与抗热冲击断裂：

5. 受主(并指出半导体中受主类型)：

6. 压敏效应与正温度系数(PTC)效应：

7. 电偶极子与电偶极矩：

三、简答题($4\times8=32$分)

1. 根据Griffith微裂纹理论,裂纹扩展的动力和阻力分别是什么？提高无机材料韧性、降低无机材料脆性断裂的方式有哪些？

2. 关于固体热容,爱因斯坦模型和德拜模型理论提出的假设条件、局限性和成功之处分别是什么？

3. 定义了有效质量概念以后,晶体能带结构中电子的运动状态可写为 $F=ma$ 的形式,请问有效质量和电子质量有什么区别？其大小和什么因素有关？

4. 声光材料和电光材料都属于介电材料。请问:(1) 介电常数与折射率有什么关系?(2) 请利用光场理论和电极化知识,解释光照射到介质上之后速度变慢的机理;(3) 折射率与材料的透光性有什么关系?(4) 影响折射率的因素有哪些以及有何作用?

四、计算题(20 分)

1. 对于图 1 所示的多晶氧化铝透明陶瓷手机屏,已知氧化铝的折射率为 1.76,假设其对光的吸收与散射系数均为 2.5 cm^{-1},计算该手机屏的透光率。(8 分)

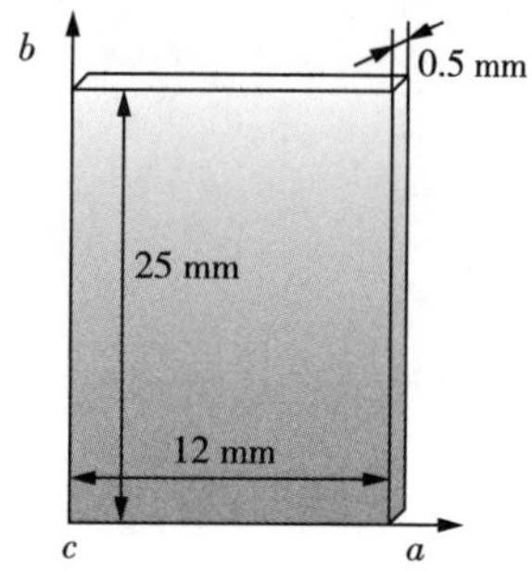

图 1 透明陶瓷尺寸

2. 什么是固体发光？对于不同类型的发光材料，发光中心有哪些类型？对于发光材料，通常采用激发与发射光谱表征其性能，请问什么是激发光谱？图 2 为目前最广泛使用的白光 LED 黄色荧光粉 $Y_3Al_5O_{12}$:Ce 的发射光谱，请问发射光谱峰值为何会随着基质中 Gd 掺杂量的增多而移动？在发光过程中，电子如何跃迁？发光中心 Ce 取代哪个离子的格位？(12 分)

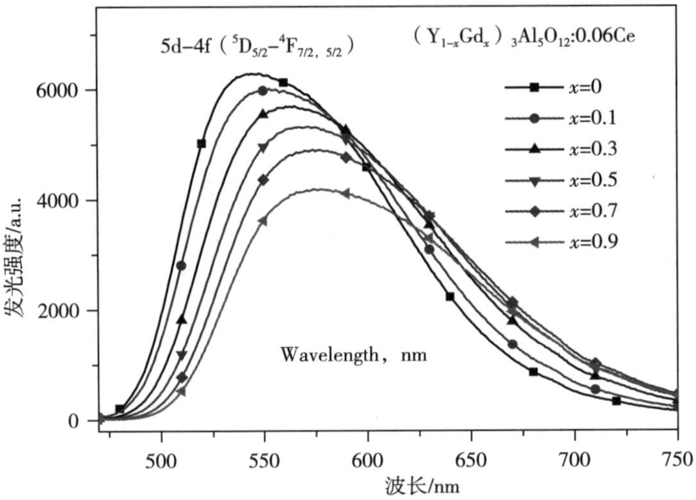

图 2　黄色荧光粉 $Y_3Al_5O_{12}$:Ce 的发射光谱

五、综合与应用题(15 分)

$FeLiPO_4$ 是当前动力电池研究的热点材料体系之一。在此体系中，Li^+ 在 PO_4^{3-} 基团组成的四面体间隙中移动进行充电和放电。Li^+ 跃迁受到的周期性势场的变化情况如图 3 所示。(1) 请问沿 X 坐标轴方向施加电场强度 $E=10^2$ V/m 的电场强度时，Li^+ 跃迁受到的周期性势场如何变化？请画出示意图。(2) 假设 PO_4^{3-} 基团的平均距离 $\delta=5.6\times10^{-10}$ m，Li^+ 浓度为 8.9×10^{15} 个 /m^3，Li^+ 单位时间沿某一方向跃迁的次数为 $P=\frac{\nu_0}{6}\exp(-U_0/kT)$，其中 ν_0 为离子振动的频率，$\nu_0=3.6\times10^{13}$ Hz；U_0 为离子跃迁克服的能量障碍，$U_0=0.02$ eV；k 为波尔兹曼常数，$k=1.3806505\times10^{-23}$ J/K。分别求出在室温 25 ℃ 施加电场后的离子迁移率和由此形成的电导率。(3) 从物理学载流子运动角度，应采取哪些适当措施以提高动力电池的续航能力？

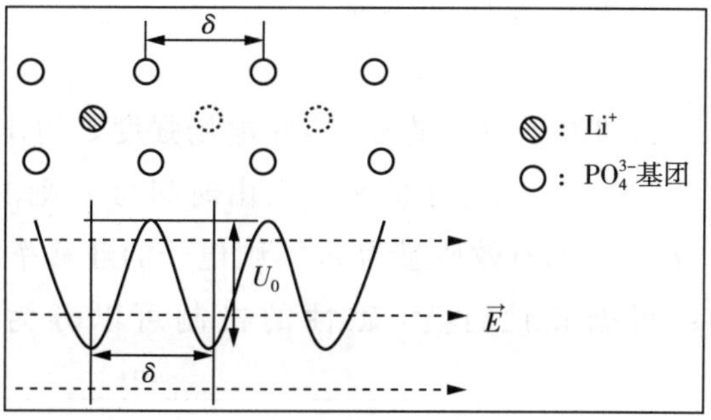

图 3　Li^+ 跃迁受到的周期性势场的变化情况

期末考试样题二

一、填空题(18 分)

1. 热容的量子理论模型有________________模型和________________模型。(4 分)

2. 影响透光性的因素有________________、________________、________________、________________。(4 分)

3. 已知电子的质量为m_e,在电场强度E的作用下,携带单位电量为e的一个电子的加速度为________。若电子的平均自由时间为τ,则电子的迁移率为________________。在半导体中,若电子的有效质量为m^*,则电子的迁移率为________________。(5 分)

4. 根据磁性行为,磁性的机制可以分为________________、________________、________________、________________和________________。(5 分)

二、名词解释(3 × 7 = 21 分)

1. 真实应变:

2. 抗热冲损伤(并指出表征方法):

3. 电光效应：

4. 迁移率：

5. 受主(指出半导体中受主类型)：

6. 正温度系数(PTC) 效应：

7. 电偶极子与电偶极矩：

三、简答题(26 分)

1. 针对储能动力电池应用,请问如何提高离子电导?(6 分)

2. $BaTiO_3$ 钙钛矿陶瓷在室温、2200 Hz时的相对介电常数 ε_r 可以达到1700。请用所学知识解释,这种材料为什么会产生异常高的介电系数。如何鉴别各种起作用的机制?(8 分)

3. 请解释为什么有复介电系数产生?其中常数项与复数相每一项的贡献是什么?如何理解介质的损耗与介电强度?(12 分)

四、计算题(35 分)

1. 目前，智能手机最高端的屏幕采用蓝宝石材质，经久耐磨，长期使用没有划痕。已知蓝宝石导热系数约为 25 W/(m·K)，垂直于 c 轴的热膨胀系数为 $8.3\times10^{-6}\ K^{-1}$，平行于 c 轴的热膨胀系数为 $9.0\times10^{-6}\ K^{-1}$，断裂强度为 2000 MPa，弹性模量为 300 GPa，泊松比为 0.25。对于如图 1 所示长×宽为 25 mm×12 mm 的蓝宝石手机屏，其厚度为 0.5 mm，假设经历温度骤降时，a 轴与 b 轴来不及形变，而 c 轴能够自由收缩。(1) 利用广义胡克定律，写出蓝宝石手机屏的应力应变方程；(2) 在上述基础上，推导第一热应力因子和第二热应力因子；(3) 如果表面热传递系数 $h=0.06\ J/(cm^2\cdot S\cdot ℃)$，形状因子 $S=1$，试估算蓝宝石手机屏在使用过程中能够承受的最大温差。(9 分)

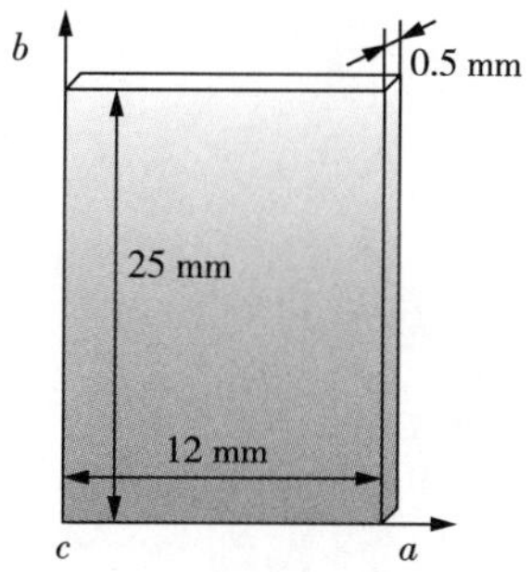

图 1　蓝宝石手机屏

2. 蓝宝石材质实为氧化铝 Al_2O_3，蓝宝石属于三方晶系，具有六方结构，晶格常数为 $a=b=4.758$ Å，$c=12.991$ Å，折射率为 1.765，双折射为 0.009。(1) 请解释为什么多晶氧化铝不透光，而单晶蓝宝石是透明的；(2) 忽略双折射，根据折射率计算蓝宝石对垂直入射光的反射率；(3) 假设蓝宝石对可见光的吸收系数 $a=0.01\ \mathrm{cm}^{-1}$，计算一束垂直入射光照射到厚度为0.5 mm 蓝宝石之后的透光率；(4) 蓝宝石没有磁性，其磁导率近似为 1.0，请由折射率推导其介电常数；(5) 估算光在蓝宝石中传播的速度。(15 分)

3. 有一氮氧化物陶瓷 $SrSi_2O_2N_2$ 的基本结构是由 Sr^{2+} 与 SiN_3O 四面体组成的堆叠结构，该材料体系有可能成为新一代超大容量蓄电池。假设有一 Li^+ 在此材料体系中跃迁，晶格振动频率 $\nu_0=4.8\times10^{13}$ Hz，晶胞参数 $a=4.8$ Å。(1) 请画出 Li^+ 在温度作用下随机跳跃所受到的周期性势场；(2) 假设 Li^+ 跳跃所要克服的迁移能 $U_0=0.02$ eV，写出 Li^+ 在温度作用下沿某方向跳跃的频次；(3) 现沿着水平方向施加电场强度 $E=10^3$ V/m 的电场，Li^+ 跃迁受到的周期性势场如何变化？请画出示意图；(4) 假设 Li^+ 浓度为 4.8×10^{15} 个 /m^3，已知玻尔兹曼常数 $k=1.3806505\times10^{-23}$ J/K，分别求出在室温 25 ℃ 施加电场后的离子迁移率和电导率。(11 分)

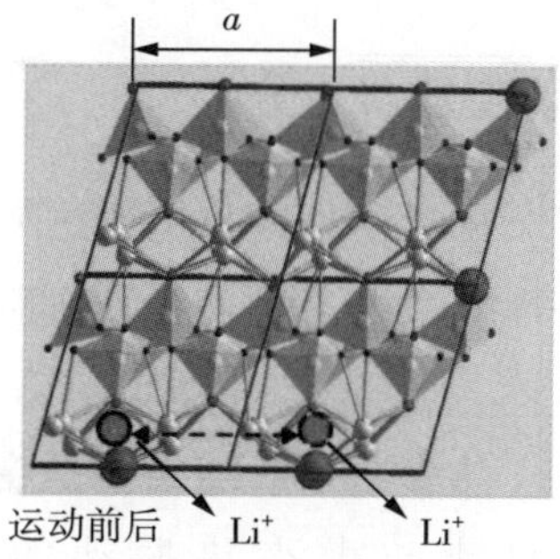

图 2　Li^+ 在 $SrSi_2O_2N_2$ 晶体中的运动示意图

期末考试样题三

一、填空题(20 分)

1. 据量子理论与统计热力学模型，在温度 T 下，圆频率为 ω 的谐振子，它具有能量为 $nh\omega$ 的概率与__________成正比，其中 h 为普朗克常量，$h=1.05\times10^{-34}$ J・s；k 为________________常数，$k=1.38\times10^{-23}$ J/K。(4 分)

2. 热膨胀系数随温度是变化的量。采用________________模型解释热膨胀机理时，若点阵势能与微小热振动的位移成________________次方关系时，热膨胀系数为________________；当点阵势能与微小热振动的位移成________________次方关系时，热膨胀系数为________________；只有考虑到点阵势能与微小热振动的位移成________________次方及其以上的项，才能得到合理的结果。(6 分)

3. 影响折射率的因素有________________、________________、________________、________________。(4 分)

4. 在半导体以及电介质中，高价阳离子取代低价阳离子易于形成________________能级。(2 分)

5. 物质的磁性本质上源于________________磁矩、________________磁矩、________________磁矩和________________作用。(4 分)

二、名词解释(3 × 7 =21 分)

1. 滞弹性：

2. 格里菲斯微裂纹理论：

3. 热容的爱因斯坦模型：

4. 透光性：

5. 电导率与欧姆定律微粉形式：

6. 电导活化能：

7. 电子有效质量：

三、简答题(26 分)

1. 写出克劳修斯-莫索蒂方程,请说明克劳修斯-莫索蒂方程的意义与不足之处,结合克劳修斯-莫索蒂方程推导的前提条件,说明克劳修斯-莫索蒂方程不能解释介电常数异常大的原因。(8 分)

2. 请问铁磁性与铁电性有何本质区别?(8 分)

3. 画出典型的铁电体电滞回线，并用所学知识解释电极化过程和铁电材料出现电滞回线特征的原因。(10 分)

四、计算题(2 × 10 = 20 分)

1. 试从格里菲斯(Griffith)微裂纹理论角度，论述如何在材料设计时提高材料的安全性，以及如何提高材料的强度与韧性。

2. 解释图 1 中单晶与多晶 Al_2O_3、TiO_2 和 CaF_2 三种物质在平行于 c 轴以及垂直于 c 轴方向上的热导率随温度变化所产生各种差异的物理机制。

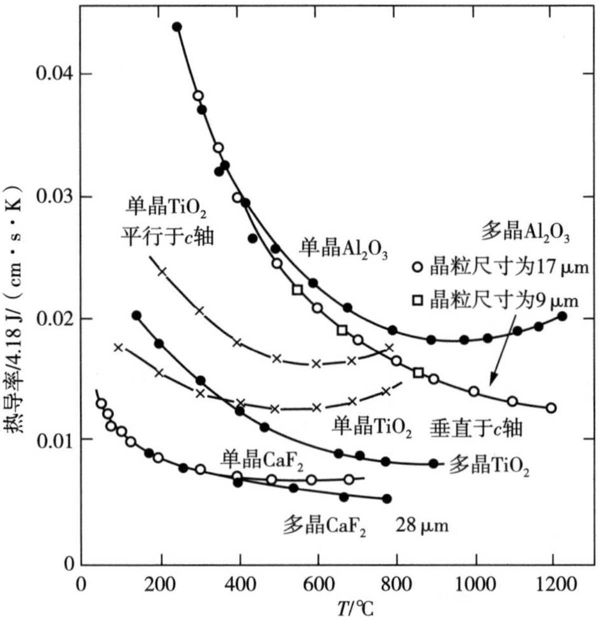

图 1　几种不同晶型的无机材料热导率与温度的关系

五、综合与应用题(10 分)

1. 图 2 反映了什么物理效应？利用所学材料物理知识，解释其机理。这类材料或该物理效应在生产与生活中有什么用处？

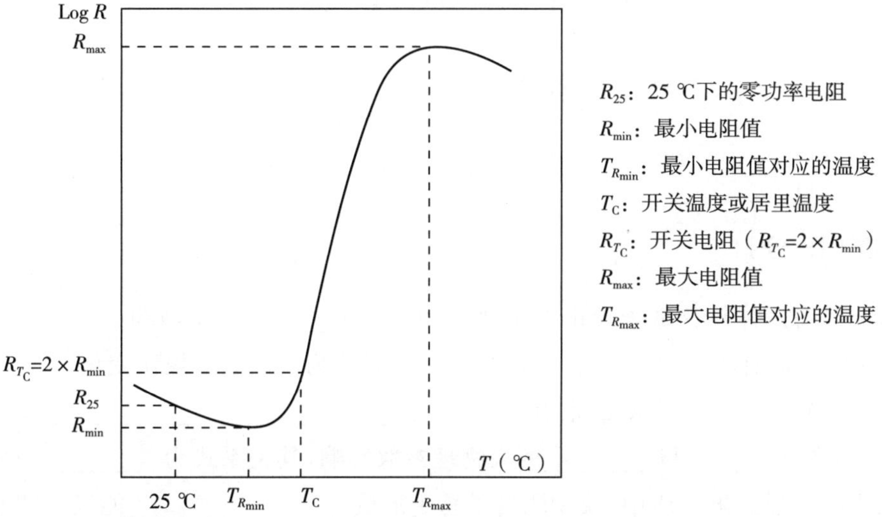

图 2　某种陶瓷材料的电阻随温度的变化情况

期末考试样题四

一、填空题(19 分)

1. 研究晶态固体热容量子理论的主要模型有____________模型和____________模型，其主要结论分别是前者认为________规律变化，后者认为________规律变化。(6 分)

2. 影响材料折射率大小的因素有________、________、________、________。本质上折射率 n 的大小受________与________两大物理参数影响，其关系式为________。(6 分)

3. 在半导体以及电介质中，缺少阴离子易于形成________________能级。(2 分)

4. 根据磁性行为，可以将磁性的机制分为________________、________________、________________、________________、________________。(5 分)

二、名词解释(3 × 7 = 21 分)

1. 微分欧姆定律：

2. 施主与施主能级：

3. 正温度系数(PTC) 效应：

4. 介质的极化强度：

5. 介电强度：

6. 压电性：

7. 电滞回线：

三、简答题(18 分)

1. 如何提高材料的抗热稳定性?(5 分)

2. 如何提高材料的透光性?(5 分)

3. 画出电滞回线,并进一步说明铁电材料与铁磁材料的本质区别。(8 分)

四、计算题(27 分)

1. 目前高端智能手机采用的超薄钢化玻璃,其性能参数:导热系数约为 25 W/(m · K),热膨胀系数为 $5.6\times10^{-6}\ K^{-1}$,断裂强度为 200 MPa,弹性模量为 300 GPa,泊松比为 0.28。(1) 求第一热应力因子和第二热应力因子;(2) 如果表面热传递系数 $h=65\ J/(m^2\cdot S\cdot K)$,形状因子 $S=0.8$,试估算手机在使用过程中能够承受的最大温差。(12 分)

2. 一块透明陶瓷，其尺寸为0.01 m×0.04 m×0.06 m，测得其电容为2.4 μF，损耗因子 $\tan\delta$ 为0.03。真空介电系数 $\varepsilon_0 = 8.85\times10^{-12}$ F/m。(1) 求相对介电常数；(2) 求损耗因素；(3) 写出该陶瓷的复介电系数表达式；(4) 磁性测试表明这种材料没有磁性，试估算这种透明陶瓷的折射率；(5) 进一步估算光在这种透明陶瓷中传播的速度；(6) 解释光速变慢的机理。(15 分)

五、综合与应用题(15 分)

何谓材料的性能本质？至少举三个例子说明你所了解的反映材料本质性能的本征物理参数，并描述宏观现象对应的微观机制。

期末考试样题五

一、填空题(13 分)

1. 声光材料中所利用的声光效应主要是利用外加应力引起材料内部________、________或________发生变化。(3 分)

2. 电子电导的载流子是________,可以利用________效应鉴别;离子电导的载流子是________,可以利用________效应鉴别。(4 分)

3. 半导体的受主有________、________、________。(3 分)

4. 对于半导体表面效应,当N型半导体________吸附与P型半导体________吸附时,表面形成________层,表面电导率减小。(3 分)

二、名词解释(4×6＝24 分)

1. 朗伯特定律:

2. 微分欧姆定律:

3. 铁电性：

4. 磁畴：

5. 居里-外斯定律：

6. 铁磁性：

三、简答题(3 × 10 = 30 分)

1. 图 1 是几种化合物 $CaSiO_3$、CaO、SiO_2 以及 CaO 与 SiO_2 的混合物($CaO+SiO_2$)的热容随温度变化的曲线图。首先用文字表述图 1 中所反映的物理现象,进而用所学物理知识解释图中热容随温度变化的机理以及几种材料热容之间的差异。

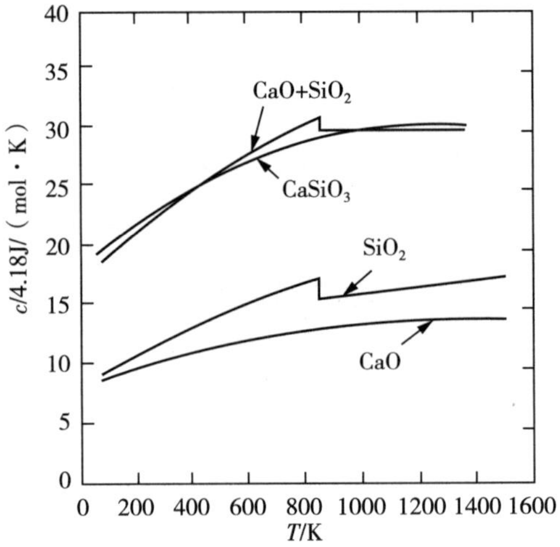

图 1　几种材质的热容随温度变化的曲线图

2. 蓝宝石的主要成分是氧化铝。请用所学知识解释,为什么蓝宝石单晶是透明的,而氧化铝粉末是白色的,而用高纯氧化铝做成的炉管、陶瓷片等材料是不透明的。如果用氧化铝粉末作为原料制作透明陶瓷,我们应该采取什么措施?

3. 对电介质材料，感应电荷密度通常用极化强度 P 表示，极化强度 P 与真空介电系数 ε_0 和介质极化率 χ_e 之间通常满足关系式：$P=\varepsilon_0\chi_e E$。但是对于铁电材料，P 与 E 往往是非线性的，呈现如图 2 所示的电滞回线。利用所学知识解释，铁电材料为什么出现电滞回线？并写出铁电材料在电场强度 E 作用下铁电材料表面总电荷密度的表达式。

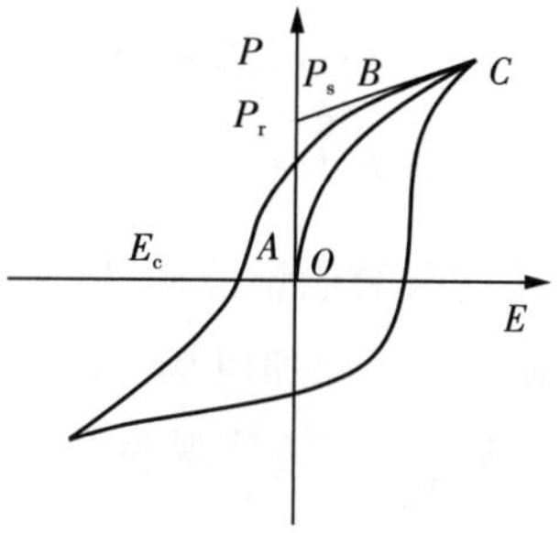

图 2　铁电材料的电滞回线

四、计算题(10 分)

在 NaCl 晶体中,Na^+ 在 Cl^- 结构中的穿梭移动是产生电导的主要机制。Na^+ 跃迁受到的周期性势场如图 3 所示。(1) 请问沿 X 坐标轴方向施加电场强度为 $E=10^2$ V/m 的电场强度时,Na^+ 跃迁受到的周期性势场如何变化?请画出示意图。(2) 假设 Cl^- 的平均距离 $\delta=5.64\times10^{-10}$ m,由热激活产生的 Na^+ 浓度为 9.3×10^{23} 个 /m^3,Na^+ 单位时间内沿某一方向跃迁的次数为 $P=\frac{\nu_0}{6}\exp(-U_0/kT)$,其中 ν_0 为离子振动的频率,$\nu_0=9.6\times10^{13}$ Hz;U_0 为离子跃迁克服的能量障碍,$U_0=0.01$ eV;k 为波尔兹曼常数,$k=1.38\times10^{-23}$ J/K。请分别求出在室温 25 ℃ 施加电场后的离子迁移率和由此形成的电导率。(3) 在 NaCl 晶体两端通电一段时间后,请问能够观察到什么现象,导电类型是什么?

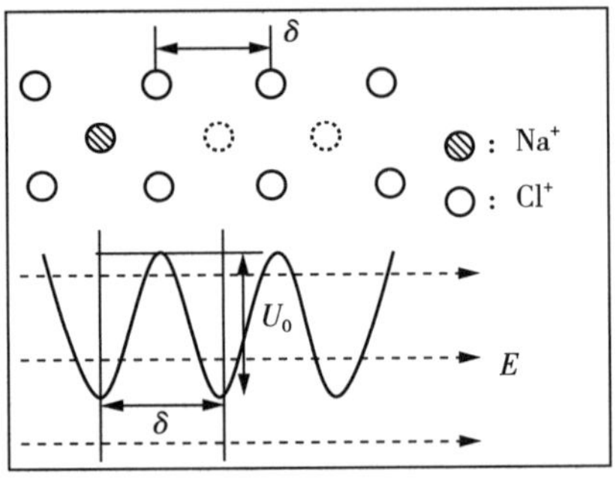

图 3　Na^+ 跃迁受到的周期性势场

五、综合与应用题(15 分)

对于平行板电容器，截面积为 S，厚度为 d，设真空电容为 C_0，所填充介质的相对介电常数为 ε_r，介质的电导为 G，电导率为 σ。若不考虑介质极化造成的电流损失，仅考虑位移电流和漏导电流，在交流电 $U=U_0e^{-i\omega t}$ 作用下，试推导复介电系数，写出复介电系数的表达式，并说明为什么复介电系数的复数相表示能量损失？进一步写出介质的损耗因子。但是，上述模型往往不能解释介电弛豫现象。要解释介电弛豫现象，如图 4 所示，那么随时间变化的电极化强度 $P(t)$ 应如何修正？在给定电场强度 E 的作用下，写出 $P(t)$ 随 E 变化的函数，设弛豫时间为 t，瞬时计划强度为 P_0。

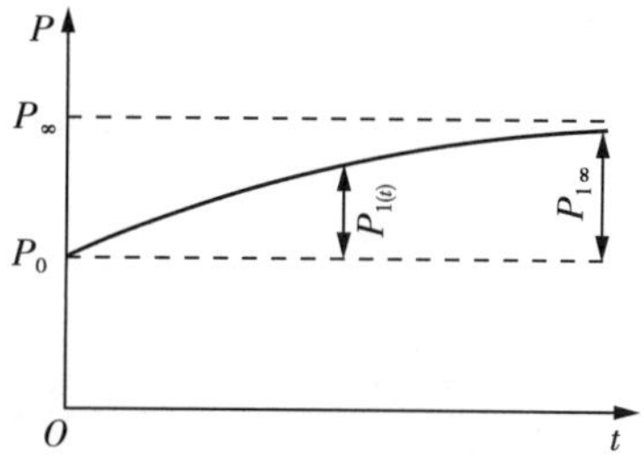

图 4　介质弛豫过程电极化强度 P 随时间的变化情况

六、开放试题(8 分)

电场与磁场虽然看不见,但都是客观存在的物质,都可以通过一定的手段感知其存在。请比较电场与磁场有关的物理量,分析这两种场对物质的作用有哪些相似性或异同的规律,谈一谈你对物质电极化与磁化的认识。

期末考试样题六

一、填空题(17 分)

1. 电光材料中所利用的电光效应主要是利用外加电场引起材料内部的________、________、________发生变化。(至少填写 2 空,2 分)

2. 固体材料中含有气泡会导致透光性急剧降低,这是因为介质与气泡之间的__________存在显著差异,从而能量因__________(行为)损失严重而使透光度降低。(2 分)

3. 气敏电阻的工作原理主要是表面吸附导致电导率发生变化,当 N 型半导体________吸附与 P 型半导体________吸附时,表面形成________层,表面电导率增加;当 N 型半导体__________吸附与 P 型半导体__________吸附时,表面形成________层,表面电导率减小。(6 分)

4. 在同质异构材料中,高温下稳定的晶型折射率较________;低温下稳定的晶型折射率较________。(2 分)

5. 强磁材料包括_________和_________;磁有序材料包括_________、_________和_________。(5 分)

二、名词解释($4\times6=24$ 分)

1. 压碱效应:

2. 压敏效应：

3. 宏观热传导的傅里叶定律：

4. 居里-外斯定律：

5. 机电耦合系数：

6. 交换作用：

三、简答题(20 分)

1. 请比较铁电性与铁磁性的本质区别。(6 分)

2. 为什么由未充满电子壳层的原子组成的物质中只有一部分具有铁磁性？(6 分)

3. 晶态材料热容的量子理论的主要思想是什么？如何利用数学工具表达该思想？(8 分)

四、计算题（12 分）

图 1 为理想化的具有 NaCl 晶体结构的储能材料离子迁移与周期性势场模型，在此结构中 Na^+ 的穿梭移动是产生电导的主要机制。Na^+ 跃迁受到的周期性势场如图 1 所示。(1) 请问沿 X 坐标轴方向施加电场强度为 $E=10^2$ V/m 的电场强度时，Na^+ 跃迁受到的周期性势场如何变化？请画出示意图。(2) 假设 Cl^- 的平均距离 $\delta=5.64\times10^{-10}$ m，由热激活产生的 Na^+ 浓度为 9.3×10^{23} 个/m^3，Na^+ 单位时间沿某一方向跃迁的次数 $P=\frac{\nu_0}{6}\exp(-U_0/kT)$，其中 ν_0 为离子振动的频率，$\nu_0=9.6\times10^{13}$ Hz；U_0 为离子跃迁克服的能量障碍，$U_0=0.01$ eV；k 为波尔兹曼常数，$k=1.38\times10^{-23}$ J/K。请分别求出在室温 25 ℃ 施加电场后的离子迁移率和由此形成的电导率。(3) 在 NaCl 晶体两端通电一段时间后，请问能够观察到什么现象，导电类型是什么？

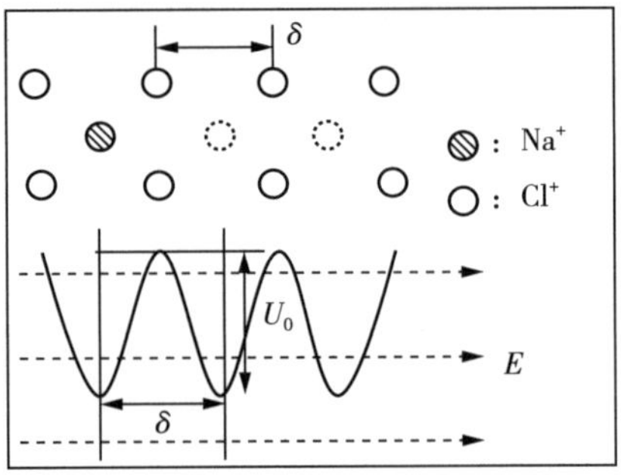

图 1　Na^+ 跃迁受到的周期性势场

五、综合与应用题(20 分)

P－N结的能带结构如图2(a)所示，P区与N区的费米能级相差位为U_0。如果只考虑电子运动，那么热平衡状态下，P区的极少量电子由于势垒的降低而产生的电流(饱和电流I_0)与N区的电子由于势垒的升高U_d靠扩散产生的电流(扩散电流I_d)相互抵消。I_d可表示为$I_d = A\exp\left(-\frac{eV_d}{kT}\right)$，其中$A$为常数。当P－N结上施加正偏压$U$时，能带结构变为如图2(b)所示的结构，势垒高度为$(U_d - U)$。求：

(1) 此时的扩散电流I'的表达式。

(2) 证明正偏压下电子产生的净电流公式为$I = I_0\left[\exp\left(\frac{eU}{kT}\right) - 1\right]$。

(3) 设正偏压为U_1时的电流为I_1，则电流为$2U_1$时电流I_2为多少？(用I_1的函数表示)

(4) 负偏压下，施加极大电压时($U \to \infty$)，I的极限值是多少？

(5) 实际上在施加负偏压的情况下，当电压至某一值($-U_B$)时，电流就会突然增大，引起压降。试利用上述计算结果，描绘P－N结的I－V特性，并解释二极管的单向整流特性。

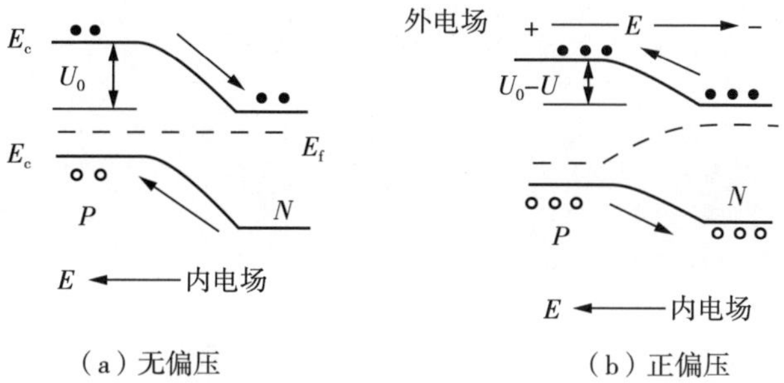

图2 P－N结能带结构

六、开放试题(7 分)

半导体芯片是制约我国当今经济与社会发展的“卡脖子”难题之一。利用所学材料与物理知识,请谈一谈如何解决该难题?不限于此难题,为了祖国的美好明天,你打算如何利用所学的知识服务于祖国和社会?

期末考试样题七

一、填空题(24 分)

1. 热容的本质：________________________________。(4 分)

2. 热容德拜模型的假设：________________________________。(4 分)

3. 一束光通过各向异性晶体时，其传播方向将分为________、________的两个波，它们分别构成两条折射光线，其中平行于入射面光线的折射率称为________，严格服从________定律；另一束与入射面垂直的光线的折射率称为________，则不遵守________定律。(6 分)

4. 克劳修斯-莫索蒂方程的意义是________(2 分)。根据克劳修斯-莫索蒂方程，获得高介电系数的条件是________、________(2 分)；而事实上，高介电晶体具有异常大介电系数主要是由于________________________________(2 分)。

5. 磁性的本质源于________、________、________以及电子的________作用。(4 分)

二、名词解释($4 \times 6 = 24$ 分)

1. 杜隆-珀蒂定律：

2. 声光效应：

3. 铁磁性：

4. 材料的抗热稳定性：

5. 傅里叶定律(稳态传热)：

6. 磁化率：

三、简答题(4 × 8 = 32 分)

1. 图 1 为几种不同无机材料热导率随温度的变化曲线，首先采用文字描述图 1 所反映的物理现象，然后利用所学知识解释这些现象的物理机理。

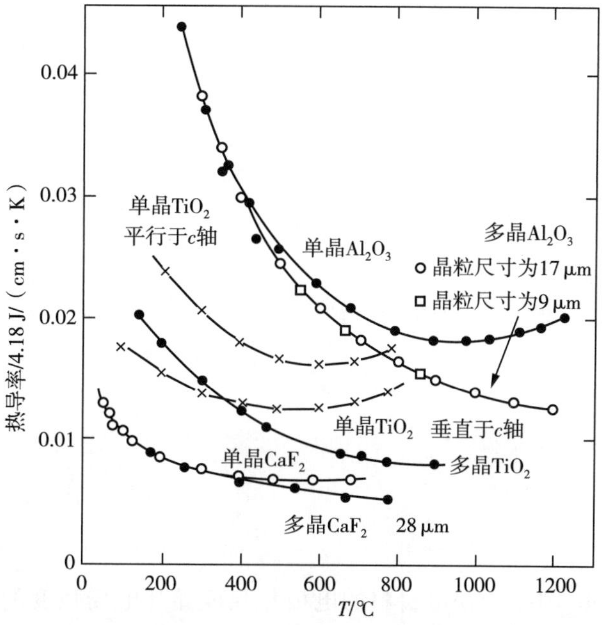

图 1　某些材料热导率随温度的变化曲线

2. 蓝宝石的主要成分是 Al_2O_3。请利用所学光学知识，解释为什么氧化铝粉末和氧化铝陶瓷片都是白色的，而单晶蓝宝石是透明的？

3. 图 2 为某种无机陶瓷材料电阻率随温度变化而变化的曲线。该图反映的是什么物理现象？然后利用所学知识解释该现象的物理机理。

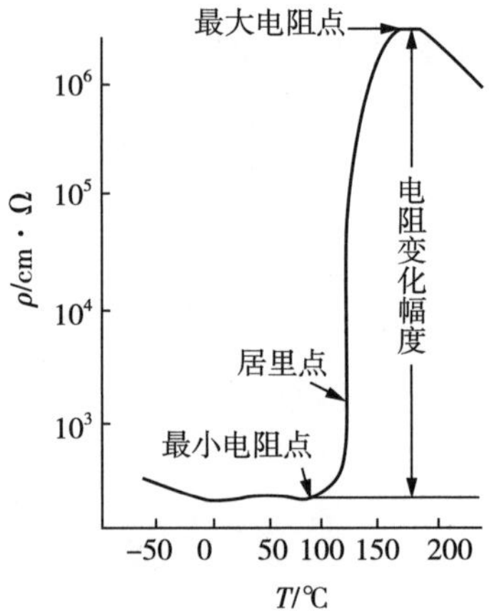

图 2　某种无机陶瓷电阻率随温度变化而变化的曲线

4. 图 3 为铁电材料的电极化强度随外电场强度的变化曲线，即电滞回线。请描述该图所反映的电极化过程，并利用所学知识解释铁电材料为什么出现电滞回线特征。

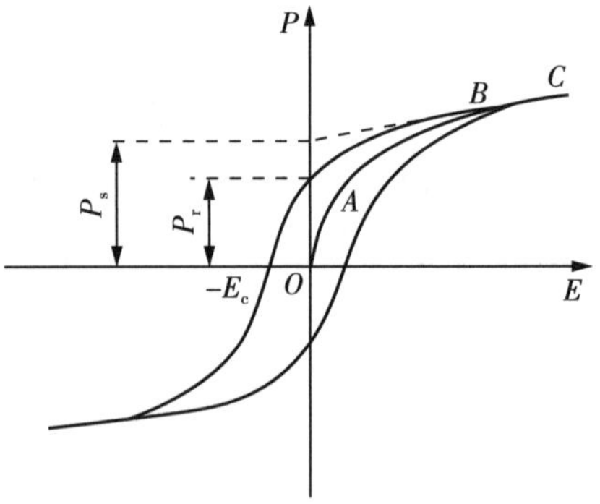

图 3　铁电材料电滞回线

四、综合与应用题(10 分)

图 4 为某种电压敏感材料的电流与电压的关系。(1) 该图反映了什么物理效应？(2) 利用所学知识解释该现象的物理机理。

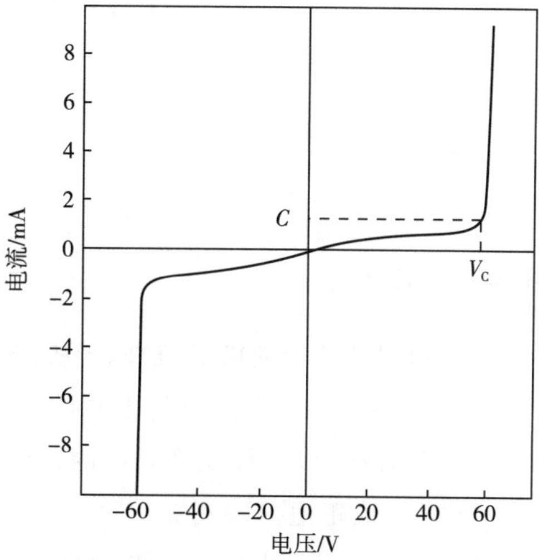

图 4　电压敏感材料的电流与电压的关系

五、开放试题(10 分)

结合本课程所学知识，举例说明材料物理学中包含的辩证唯物主义思辨思想(不少于 3 例，7 分)，据此谈谈你对材料物理课程的认识与体会(3 分)。

期末考试样题八

一、填空题(18 分)

1. 关于材料热传导的微观机理，无机固体材料的热传导主要是由________，高温时还可能有________热传导，而金属材料主要是由________传热。(3 分)

2. 关于热容理论，德拜模型假设的条件是________、________。根据德拜模型，低温下热容与________成正比。(3 分)

3. 声光材料中所利用的声光效应主要是利用外加应力引起材料内部的________、________或________发生变化。(3 分)

4. 半导体的受主有________、________、________。(3 分)

5. 当半导体表面产生物理或化学吸附时，往往在半导体表面产生空间电荷层，甚至使半导体类型发生变化。当 N 型半导体________吸附与 P 型半导体________吸附时，表面形成________层，表面电导率增加；当 N 型半导体________吸附与 P 型半导体________吸附时，表面形成________层，表面电导率减小。(6 分)

二、名词解释(4 × 6 = 24 分)

1. 压敏效应：

2. 极化强度：

3. 铁电畴：

4. 双碱效应：

5. 声子：

6. 松弛极化：

三、简答题(28 分)

1. 蓝宝石的主要成分是氧化铝。氧化铝粉末是白色的,用高纯氧化铝做成的炉管、陶瓷片往往是不透明的,但是蓝宝石单晶却是透明的。请用所学知识解释产生上述几种物质光学性能差别的原因。如果我们要用氧化铝粉末作为原料制作透明陶瓷,那么我们可以采取什么措施?(8 分)

2. 何谓材料的性能本质?至少举四个例子说明,在温差(或温度梯度)作用下引起的感应物理量,写出相应的关系式,并说明反映该感应物理量与作用物理量之间的材料本征性能参数以及材料内部的变化(提示:最好采用列表方式予以对比)。(12 分)

3. 材料磁性的起源是什么？利用有关知识解释铁磁材料为什么有磁滞回线特征？(8 分)

四、计算题(10 分)

请问为什么有复介电系数产生？其中常数项与复数相每一项的贡献是什么？如何理解介质的损耗与介电强度？

五、综合与应用题(15 分)

一块透明陶瓷,尺寸为 0.08 m × 0.005 m × 0.03 m,测得电容为 2.4 μF,损耗因子 $\tan\delta$ 为 0.02。真空介电系数 $\varepsilon_0 = 8.85 \times 10^{-12}$ F/m。(1) 求相对介电常数;(2) 求损耗因素;(3) 写出该陶瓷的复介电系数表达式;(4) 磁性测试表明这种材料没有磁性,试估算这种透明陶瓷的折射率;(5) 进一步估算光在这种透明陶瓷中传播的速度;(6) 解释光速变慢的机理。

六、开放试题(没有标准答案)(5分)

你听说过哪些多种功能的复合材料？综合所学的光学、电学、介电和磁学知识，谈一谈采用哪些手段可以改变材料的折射率、介电常数或磁化行为(任选一种性能进行说明)，进而谈一谈如何利用多种物理手段的共同作用开发兼具多种功能的新材料。

期末考试样题九

一、填空题(18 分)

1. 声光材料的声光效应，主要利用__________(1 分)作用引起材料内部________、________、________或________(3 分，答出 3 空即得满分)发生变化。(4 分)

2. 电子电导的载流子是________，可以利用________效应鉴别。(4 分)

3. 对于半导体表面效应，当 N 型半导体________吸附与 P 型半导体________吸附时，表面形成________层，表面电导率增加。(6 分)

4. 磁性的本质源于__________、__________和__________磁矩以及电子的__________作用(4 分)。

二、名词解释(4 × 6 =24 分)

1. 热流密度：

2. 材料的透光性：

3. 光的色散：

4. 施主(指出施主类型)：

5. 介电损耗角：

6. 介电强度：

三、简答题(3 × 10 = 30 分)

1. 写出反射率的表达式,解释其意义,并说明推导该关系式的物理条件。

2. 电材料与铁磁材料有什么本质区别?

3. 对于固态绝缘物质，通常观测到的击穿电场强度范围为 $1\times10^5\sim5\times10^6$ V/cm。从宏观尺度看，这些电场属于高电场，但从原子尺度看，击穿电场强度很低，10^6 V/cm 相当于 10^{-1} V/nm。(1) 请分析电介质击穿的原因；(2) 为了防止电介质击穿，如何改进材料？(8 分)

四、计算题(10 分)

一块透明玻璃，厚度为 1 mm，相对折射率为 1.5，透光度为 92.16%，请计算该玻璃的吸收与反射系数之和。

五、综合与应用题(10 分)

图 1 为晶体与非晶体材料热导率关于温度的变化曲线,首先用文字描述图 1 所反映的物理现象,然后利用所学知识解释这些现象的物理机理。

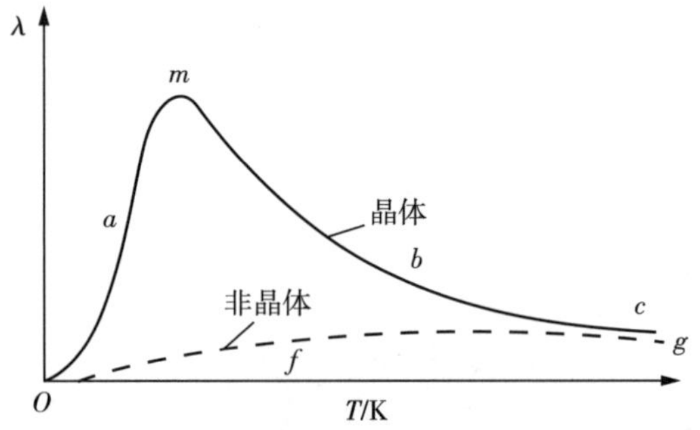

图 1 晶体与非晶体材料热导率随温度的变化曲线

六、开放试题(8 分)

结合你从本课程中学到的本征物理参数,从作用物理量与感应物理量角度,谈谈你对材料物理性能本质的认识。如何突破现有的认识境界?如何利用所学知识改进材料的性能?

期末考试样题十

一、填空题(19 分)

1. 影响热导率的因素有____________、____________、____________、____________、____________(不少于 4 项 4 分)。

2. 据量子理论与统计热力学模型,在温度 T 下,圆频率为 ω 的谐振子具有能量为 $nh\omega$ 的概率与________成正比,其中 $\hbar$ 为普朗克常数,$\hbar=1.05\times10^{-34}$ J·s;k 为____________常数,$k=1.38\times10^{-23}$ J/K。(4 分)

3. 热膨胀系数随温度是________的量。当采用____________模型解释热膨胀机理时,若点阵势能与微小热振动的位移成____________次方关系时,热膨胀系数为零;当点阵势能与微小热振动的位移成____________次方关系时,热膨胀系数为________;只有考虑到点阵势能与微小热振动的位移成____________次方及其以上的项,才能得到合理的结果。(4 分)

4. 已知电子的质量为 m_e,在电场强度 E 的作用下,携带单位电量为 e 的一个电子的加速度为________。若电子的平均自由时间为 t,则电子的迁移率为________。在半导体中,若电子的有效质量为 m^*,则电子的迁移率为________。(3 分)

二、名词解释(4 × 6 = 24 分)

1. 应力场强度因子:

2. 断裂韧性：

3. 导温系数：

4. 郎伯特定律：

5. 介质损耗因子：

6. 压电性：

三、简答题(27 分)

1. 为什么含有碱土金属的玻璃更适于制作介电绝缘体？(8 分)

2. 对于固态绝缘物质，通常观测到的击穿电场强度范围为 $1\times10^5\sim5\times10^6$ V/cm。从宏观尺度看，这些电场属于高电场；但从原子尺度看，击穿电场强度很低，10^6 V/cm 相当于 10^{-1} V/nm。(1) 请分析电介质被击穿的原因；(2) 为了防止电介质被击穿，请谈一谈如何改进材料。(10 分)

3. 铁磁性与亚铁磁性物质的离子结构有什么特征？（9 分）

四、计算题(15 分)

一块透明玻璃，其尺寸为 4 cm×8.85 mm×6 cm，测得其电容为 2.4 μF，损耗因子 $\tan\delta$ 为 0.03。真空介电系数 $\varepsilon_0 = 8.85\times10^{-12}$ F/m。(1) 求相对介电常数；(2) 求损耗因素；(3) 写出该玻璃的复介电系数表达式；(4) 磁性测试表明这种材料没有磁性，试估算这种透明陶瓷的折射率；(5) 进一步估算光在这种透明陶瓷中的传播速度。(15 分)

五、综合与应用题(10 分)

图 1 反映了什么物理效应？利用所学材料物理知识，解释其机理。这类材料或该物理效应在生产与生活中有什么用处？

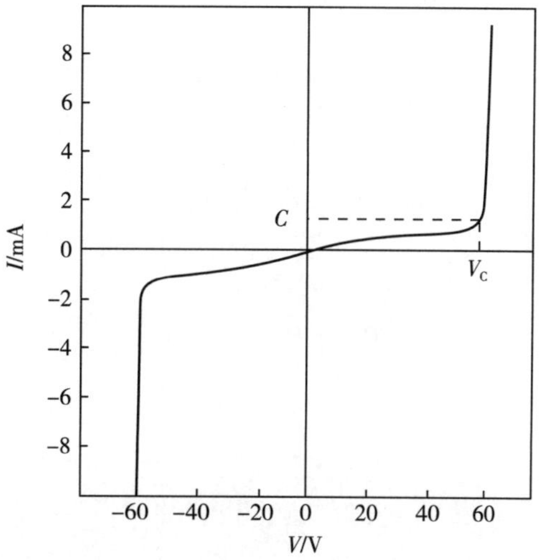

图 1　某种陶瓷材料的 $V-I$ 特性曲线

六、开放试题(5分)

半导体芯片是制约我国当今经济与社会发展的“卡脖子”难题之一。利用所学材料与物理知识,请谈一谈如何解决该难题。不限于此难题,为了祖国的美好明天,你打算如何利用所学知识服务于祖国和社会?

期末考试样题参考答案

期末考试样题一
参考答案

期末考试样题二
参考答案

期末考试样题三
参考答案

期末考试样题四
参考答案

期末考试样题五
参考答案

期末考试样题六
参考答案

期末考试样题七
参考答案

期末考试样题八
参考答案

期末考试样题九
参考答案

期末考试样题十
参考答案